海南三亚市新建风景区草坪 （黄雅文 摄）

海南三亚市新建风景区草坪 （黄雅文 摄）

贺龙元帅领导建造之重庆人民大礼堂 （周晓星 摄）

重庆人民大礼堂休闲广场之草坪 （周晓星 摄）

南京中山植物园'爬地青'草坪 （周久亚　郭爱桂　摄）

重庆渝州宾馆草坪 （周晓星　摄）

青岛海滨之休闲草坪 （徐锦锷 摄）

重庆休闲广场之草坪 （周晓星 摄）

青岛滨海别墅区大片地被与草坪绿化 （刘维章 摄）

青岛滨海大道大片地被绿化景观 （刘维章 摄）

青岛滨海别墅区草坪与乔木、花卉的配置 （刘维章 摄）

重庆南山公园原生假俭草群落 （周晓星 摄）

美国密苏里植物园 （刘建秀 摄）

美国密苏里植物园 （刘建秀 摄）

美国农业部海滨平原试验站 （刘建秀 摄）

野生紫萁地被 （李德汇 摄）

小冠花地被 （李德汇 摄）

南京中山植物园大草坪边的诸葛菜地被 （周久亚 摄）

南京街边之八角金盘地被 （周久亚 摄）

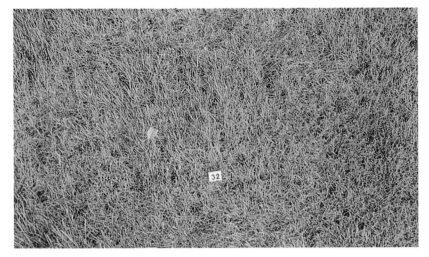

褐斑病症状 （刘维章 摄）

腐霉病症状 （刘维章 摄）

草坪地被景观设计与应用

（第二版）

谭继清　刘建秀　谭志坚　编著

中国建筑工业出版社

图书在版编目（CIP）数据

草坪地被景观设计与应用/谭继清，刘建秀，谭志坚编著.—2版.
—北京：中国建筑工业出版社，2013，3
ISBN 978 - 7 - 112 - 15094 - 6

Ⅰ.①草…　Ⅱ.①谭…②刘…③谭…　Ⅲ.①草坪草—景观
设计②草坪—地被植物—景观设计　Ⅳ.①S688.4②TU985.12

中国版本图书馆 CIP 数据核字（2013）第 023711 号

　　本书将造园学和植物学、环境保护学相结合，针对中国的气候特
点，主要介绍了造园与草坪地被景观，园林规划设计对草坪草和地被
植物的选择程序以及种植、养护管理方法，并附有常见草坪草 56 种
和地被植物 258 种的名称、生态习性与实用价值。全书图文并茂，理
论联系实际，实用性强，文字深入浅出。本书可供广大园林绿化工程
技术人员，农林草（牧）业、建筑、环保等科学工作者，大专院校
的园林（艺）专业师生和运动场管理者参考。

责任编辑：吴宇江
责任设计：李志立
责任校对：陈晶晶　刘　钰

草坪地被景观设计与应用
（第二版）
谭继清　刘建秀　谭志坚　编著

*
中国建筑工业出版社出版、发行（北京西郊百万庄）
各地新华书店、建筑书店经销
北京中科印刷有限公司印刷
*
开本：850×1168 毫米　1/32　印张：10　插页：4　字数：280 千字
2013 年 8 月第二版　　2013 年 8 月第三次印刷
定价：**32.00** 元
ISBN 978 - 7 - 112 - 15094 - 6
（23125）

郊原的青草

郊原的青草呵，你理想的典型！
你是生命，你是和平，你是坚忍。
任人们怎样地蹂躏、蚕食你，
你总是生生不息，青了又青。

你不怕眼泪，不怕霜雪，
不怕风暴，不怕猛狮猛虎。
你敢去剥制南极的冻荒原，
你能攀登上世界的屋顶。

你喜欢牛羊们在你身上嘶嚼
你喜欢儿童们在你身上打滚，
你喜欢工人和农民莅坐休憩，
你喜欢革命的诗人们歌唱爱情。

你是生命，你也哺育着生命。
你虽变化无穷，变成生命的结晶。
你是和平，你也哺育着和平，
你使大地绿化，庄稼生发的彩意。

郊原的青草呵，你理想的典型！
你是诗，你是音乐，你是优美的作品。
大地的诗泉中永远为你歌唱，
太阳的光辉也永远为你渲染。

郭沫若
1966年五月31日

郊原的青草

郊原的青草呵，你理想的典型！
你是生命，你是和平，你是坚忍。
任人们怎样烧毁你，剪伐你，
你总是生生不息，青了又青。

你不怕艰险，不怕寒冷，
不怕风暴，不怕自我牺牲。
你能飞翔到南极的冻苔原，
你能攀登上世界的屋顶。

你喜欢牛羊们在你身上蹂躏，
你喜欢儿童们在你身上打滚，
你喜欢工人和农民并坐着谈心，
你喜欢年青的侣伴们歌唱爱情。

你是生命，你也哺育着生命，
你能变化无穷，变成生命的结晶。
你是和平，你也哺育着和平，
你使大地绿化，柔和生命的歌声。

郊原的青草呵，你理想的典型！
你是诗，你是音乐，你是优美的作品，
大地的源泉将永远为你歌颂，
太阳的光辉将永远为你温存。

郭沫若
1956 年 5 月 31 日

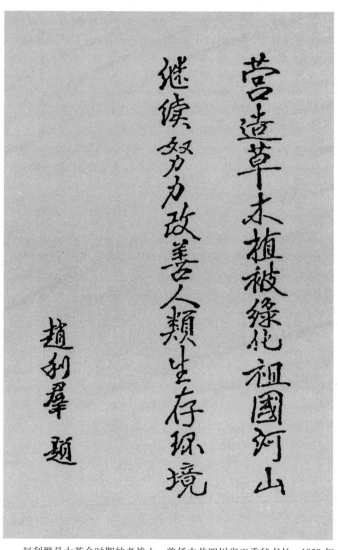

营造草木植被绿化祖国河山

继续努力改善人类生存环境

赵利群 题

赵利群是大革命时期的老战士，曾任中共四川省工委秘书长，1939 年在延安中共中央组织部工作，新中国建立后是副部级干部。

前　言

　　城市园林绿化和大地绿化都要有正确的规划设计、植物种群配置和先进的种植与养护管理技术。应该遵循自然规律，因地制宜，建造经济、实用、美观的绿色植物景观和稳固的人工植被，以平衡生态系统，保护和改善人类生存环境。各个国家和民族有自己的艺术特色和风格，有不同的气候环境和经济基础以及风俗习惯等，都影响着造园（Landscape Architecture）① 形式。中国造园艺术是以自然式园林为代表，主要表现大自然的山水和植物，强调植物造园，将乔木、灌木、花卉、草坪地被巧妙配置，山石人工雕琢，并与不同建筑物合理布局，使之成为人与自然和谐统一的景观。欧洲的造园源于希腊，多为几何规则式园林，总体布局往往具有对称轴线，道路多半是直线，形成矩形或放射交叉，草坪和花圃被划分成各种几何形状的块块，将林木常修剪成球形或圆柱形，多种处理都表现人的力量、人对自然的控制与改造的景观。

　　中国自然式园林艺术自 16 世纪起，就在法国的园林中有仿造的景观出现，17 世纪和 18 世纪时对欧洲园林影响更大。如英国著名建筑大师钱伯斯（Chambers，Sir William）曾两次来华，著有《中国建筑设计》一书，他赞扬"中国人设计园林的艺术确是无与伦比的。欧洲人在艺术方面无法和东方灿烂的成就相提并论，只能像对太阳一样，尽量吸收它的光辉而已。"钱伯斯于 1750 年建造的丘园，受中国园林的影响很大。这种造园艺术传到法国后被称为"英华庭园"。法国的娄吉埃在 1755 年再版的《论建筑》中写道："我认为，

---

　　① "造园"一词始见于我国明代计成氏（1631 年）所著《园冶》一书中，郑元勋之题词云："古人百艺，皆传于书，独无传造园者何？"

中国园林的品位比我们的好。""巧妙地把中国人的造园观念和我们的融合起来，我们便能成功地创造出具有自然的全部魅力的园林来。"德国人模仿中国江南园林建造了木兰园，后来又传到匈牙利、俄罗斯及瑞士等国，在欧洲掀起了中国造园热。中国人民也是善于学习外国造园艺术的，北京的清代皇家园林中如圆明园等就吸收有欧洲多个国家造园艺术的精华，在江南园林和岭南园林中也糅合有欧洲园林风格。现在有个别地方放弃"实事求是"、"因地制宜"、"入乡随俗"和利用自然地形地貌的造园原则，搞炸山夷丘填平溪流，重建新城和造景，且大量使用外来植物等，这种绿化理念值得商榷。

据史书记载，孟子："文王之囿，方七十里，刍荛者往焉。雉兔者往焉。与民同之。"这座三千多年前君王与民同乐的苑囿中有草地、树木和禽兽等，这既是中国公园的开端，也是公园草地最早的记述。草坪地被植物是园林造景的主要材料之一，铺展地面的绿化效果好，本身具有独特的色彩和姿态，利用它们造园和绿化可以形成多种多样的景观，给人们以艺术美的享受。近代国内外学者考证认同，草坪首推两千年前后中国长安（今西安）以西上林苑中使用结缕草和薹草草坪；清代初年，占地 $67hm^2$ 的承德避暑山庄疏林草坪，也具历史地位。日本则于奈良时期（相当于中国唐代中期）开始使用结缕草，并于 1713 年（清康熙五十二年）从中国引进沟叶结缕草。公元 500 年亚述王国波斯公园有草毯，1600 年印度斯坦大帝在阿克波尔建有草坪运动场，英国在 13 世纪才有中世纪草坪公园。但是，在 17~18 世纪欧洲产业革命出现了动力机器修剪草坪，开创了现代草坪历史。中国现代草坪开始于 19 世纪中叶的上海、南京、广州等城市，那时英、法、德等国的工程技术人员应用其先进的种植和养护技术，使用中国原生的结缕草、狗牙根、假俭草等草种（而不是从该国本土运来的现今人们称呼的冷季草草籽），雇用中国工匠（园林技师）营造公园、庭园、别墅和运动场修剪式草坪。19世纪以来，西方国家植物学家先后来华调查采集了许多园林植物回国栽培，或选育栽培品种，著名的有福芎（Fortune）受英国皇家园艺协会派遣于1839~1860年四次来华，英国人福雷斯特（Forrest）和美国植物学家梅尔（Meyer），威尔逊（Wilson）等更深入到我国西部探险调查采集植物，调查结果经德国人狄尔斯（Diels）研究发表于英国丘园植物名录上，其中就有许多是适宜作草坪、地被和花卉的低矮灌木与草本植物，威尔逊等根据调查纪实，把中国赞誉为"世界园林之母"。《CHINA - MOTHER OF GARDENS》一书于1929年由美国哈佛大学出版，对世界植物学和造园学有很大影响。美国始于1895年从中国东北地区引进结缕草，20世纪初又从中国引进沟叶结缕草和假俭草，后来再从中国、朝鲜、南亚、非洲等地引进草种和地被植物，或进行杂交育种应用，对该国草坪业和园林景观绿化工作有很大地推动作用。

辛亥革命以后，孙中山先生下令将广州越秀山辟为公园，布置有休息草坪（后来在后山又辟有草坪足球场），影响了许多城市兴建有草坪的公园。20世纪初，我国有一批留学法国、英国、日本、德国、美国的学者，将他们在国外学习的现代草坪知识，结合中国的实际，因地制宜在许多城市建造了公园、庭园、校园休息草坪和运动场草坪；上海、南京、广州等地的高等和中等农业、林业、建筑院校在讲授造园学时，就有草坪课。培养了技术人才，促进了中国现代草坪的发展。中国现代足球运动自20世纪初起，由中学生和大学生几次掀起热潮，有的城市相继建造多块足球场，尤以1937年上半年建成上海江湾体育场结缕草场地为最佳。新中国成立后，我国草坪绿化有一定发展，许多植物学家[①]对草坪草种提出了很好的意见，除提倡使用本国地域性原生草种外，也重视引进外国的适应性强、耐高温干旱、耐践踏和抗病害草种。在此期间，建设部系统对文化休息公园草坪和运动场草坪的建造与养护管理，制定了技术规范与标准。在20世纪70年代，中国科学院一批著名植物学家率

---

① 耿以礼主编. 中国主要植物图说（禾本科）. 北京：科学出版社，1959.

领各地科技人员，完成了全国植被的调查研究①，强调城市绿化和大地绿化与生态环境保护建设。随着国家经济建设的发展和人民生活水平的提高，加快了草坪和地被绿化步伐，1981～1982年，城乡建设环境保护部向各地园林（建设）部门下达园林草坪和地被植物资源普查与应用的研究项目。1983年成立了全国草坪学术组织，学会强调因地制宜，把草坪绿化和地被绿化放在同等位置，并按照气候环境相似或地域接近地区组织南方和北方两个协作组开展活动，避免将只适宜南方的植物和方法在北方应用，或者将只适宜北方的植物和方法在南方推广。多年来，很多单位的专家、学者和工程技术人员通过组织协作，获得了许多可喜的研究成果，促进了草坪地被事业的发展，为中国草坪地被科学和绿化祖国作出了贡献。

草坪是典型的地被，地被包括草坪，这是植物学、造园学（园林学）和农学工作者的共识。草坪地被科学是多学科交叉的现代自然科学技术，是造园学、园艺学、植物学（植物分类学、植被学、杂草学、植物生态学、恢复生态学）、城市学、环境保护学、草地学、林学、水土保持学、国土治理、体育运动和农业机械等相互学习、相互融合的综合性应用科学技术。草坪（草地）绿化有一定局限性，而地被绿化的适应范围广阔，抗逆性强，费用较少、效果亦好，这种认识欧美国家学者同我们是一致的。近30多年来，中国草坪面积增加了，质量提高了，草坪草种的国产化和选种育种获得了可喜的成果，地被植物更广泛地为各地绿化部门应用，特别是边坡治理，矿业废弃地绿化，湿地、河岸的保护和荒漠的防治等大地绿化，都有新的进展和成就。

《草坪地被景观设计与应用》一书于2002年初问世，已经多年了，我们感谢国内外学者和广大读者的关注和支持。由于初版印得不多，现在常有来函订阅者。城乡生态环境绿化日益为人们重视，因此我们对原书进行修订补充，以飨尊敬的读者。

---

① 吴征镒主编．中国植被．北京：科学出版社，1981.

目　　录

Contents

13

第一章 草坪与地被

第一节 名 称

一、名称

（一）草坪

草坪又叫做草地，是人工铺植草皮或播种培育的，经过细心修剪维护，用以覆盖地面的绿色毡毯。古人称人工栽培的草为芝草。芝草就是家草，有别于野草。唐代崇贤馆学士李善有"钟山仙家耕田种芝草"的名句。现代人称呼的狗牙根（百慕大草），在明代李时珍的《本草纲目》中叫作行仪芝。中国的草坪草种主要选择禾本科和莎草科植物中那些生长低矮、质地优良、适应性和扩展性强、长势均匀的草本植物。日本人称草坪为芝生或芝地。欧美国家通称草坪为 Turf，对种植和养护精细，且漂亮的草坪称为 Lawn。草坪地被和造园、观赏园艺有密切关系，同草原也有一定关系，但同天然牧场和人工牧场草地有明显区别，为了统一科学名词，1979 年在北京召开的全国园林学术会议上，正式确定了"草坪"一词。

（二）地被

地被（Ground Covers）又称地被植物。地被是植被的重要组成部分。植物（Vegetation）是指一定地区覆盖地面植物及其群落的总称。它包括乔木、灌木和草本层植物，一般分为自然植被和人工植被两大类型。现在城市的自然植被基本上已遭破坏，而草坪和地被都属于人工植被范畴。现在人们通称的地被，有别于维护精细的草坪，它是指生长低矮、扩展性强，控制高度在 30~50cm 或稍高的植物，特别强调覆盖地面的具有实用价值或观赏价值的植物。有人认为，"地被是一种生长低矮、扩展性强的植物，高度常常在45.75cm（18英寸）或更低"[①]；"地被是生长低矮、覆盖地面，高度为7.62～30.48cm（3～12英寸）的植物。在大宅园里台湾火棘高可达91.5cm或柽柳属、圆柏属植物（高61cm）也可视为低矮植物"[②]。也有人认为，"地被是指一群可以将地表被盖，使泥土不致裸露的植物，一般泛指株高60cm以下的植物"[③]。过去，有的球迷在室内观看球赛时羡慕足球场、网球场、曲棍球场等新式人工塑胶草皮，甚至自己的庭园也仿效铺装这种覆盖物，结果当主人步入其上，首先感到脚底板很热，然后闻到很不舒服的臭味，这是一种价格十分昂贵的"草坪"。这时才真正认识到它不如有生命的植物，有识之士因而叹之曰："还是绿色植物造园好"。

　　地被植物不像草坪草那么娇贵，养护管理不必那样精细，因而备受造园学家和环境保护学家的推崇。地被绿地具有粗犷、细致、柔滑、面积大小不等的景观效果，或波浪翻腾呈现绿毯，或是绿墙、绿网，光泽闪烁，气象万千。地被植物可以生长在平坦的地面，也可以生长在草坪草难于生长的地方，如阴湿处、岩石缝隙、过于干燥或潮湿等条件特殊的地方；或者常遭雨水冲刷的陡斜山坡以及风沙侵蚀地，遭受一定侵害程度的沙漠和石漠地方。还可以攀缘生长在钢筋混凝土建筑物表面。有的地方把适应性和抗逆性强的草坪草当成地被种植使用，不用进行修剪，实行低养护管理，以减少管理经费，很受欢迎。

　　二、绿化范围

　　草坪和地被植物绿化范围较为广泛，如图1-1所示。

---

① Jack E. Ingels, The Landscape Book, Van Nostrand Reinhold Company, New York, 1983.

② Hedley Donovan, LAWNS AND GROUND COVERS, Alexansria, Virginia, 1979.

③ 蔡福贵. 地被植物（上）（下）. 台北：地景出版部, 1993.

```
                    ┌ 典型地被，精细的草坪
                    │ 庭园、公园、风景区、城市公共绿地、广场休息草坪
                    │ 造景为目的的大面积草坪地被绿地
              大面积┤ 环保为目的的大面积草坪地被绿地
                    │ 以安全和环保为目的的飞机场（航空站）跑道尽头，
       ┌自然地面┐   │ 跑道周围的大面积草坪
       │        │   └ 多种运动场草坪
       │        │        ┌ 群植、寄植地被
       │        └ 小面积 ┤ 树盘基部地面覆盖地被
       │                  └ 缘植、境植地被
       │        └ 花坛绿化——石缝之间种植地被
       │                  ┌ 花坛绿化的草坪地被
1. 平面┤ 人工地表          │ 屋顶平台、阳台绿化的草坪地被
       │ （不透水层）      └ 公路安全岛草坪
       │ 工矿建设植被破坏之恢复、矿业废弃地恢复植被
       └ 侵蚀地和荒漠的防治

                    ┌ 墙面
                    │ 立交桥
         建筑斜面   ┤ 挡土墙
       ┌            └ 隔声墙
       │            ┌ 防止表土侵蚀崩塌为目的的斜坡保护
2. 斜面┤ 土壤斜面   ┤ 造园为目的的绿地坡面绿化
       │            └
       │            ┌ 包括城市岩坡地、公园、风景区、郊区别墅绿化
       └ 岩石斜面   ┤ 高速公路、铁路、湿地和河岸（堤）边坡及海岸绿化
                    └

         ┌ 军事设施之伪装
3. 特殊建筑│ 民间建筑的篱笆、墙垣、棚架、栅栏、拱门、杆柱
   的绿化 └ 别墅区内户主之各种不同地被植物及造景绿化
```

图 1-1　草坪和地被植物绿化图解

3

第二节 重要性与作用

一、人类住区环境绿化的重要性

人类居住的环境是自己劳动创造的，如果没有相应的环境绿化和保护性建设，生态系统就会失去平衡。20世纪50年代的城市生活环境是：到处树木遮阴，人们在绿草茵茵的草坪（地）上休息。溪水清澈，小鸟飞鸣。上下班乘公共汽（电）车不拥挤，晴天可以眺望远郊高山。环境既闲适又恬静。而现在林木稀少，高温烈日下人们在等候公共汽车时，粗大的水泥电杆一侧竟成了临时遮荫的地方；草坪不多，常见"不许践踏草坪"的标牌。有的清水溪变成了污水沟，淡水供应短缺，垃圾包围着城市。车辆如车水马龙，奔驰声彻夜哄鸣。抬头望去眼前到处是灰黄色的方盒子高楼耸立，好似钢筋混凝土森林。街道狭窄，除了熙熙攘攘的人群，几乎看不到其他生命。尽管人们对城市环境建设都有良好愿望，并为之艰辛劳动，为什么城市竟沦落到如此境地呢？这是我们为之奋斗的生活环境吗？造成上述状况的原因在于城市人口和热能消耗的急增所致。也有人认为是优先发展经济而忽视生活基本建设的恶果；还有人认为与单纯追求局部成效而不考虑城市总体功能，缺乏统筹安排城市空间。在一个城市空间里，可能容纳的人口数量和生产设施是有极限的，如果超越了极限，无论怎样实行人工保护和整顿环境措施，都无济于事。目前世界上很多城市已经面临窒息的危险时期，市民对绿地的要求特别迫切，感到市区绿地严重不足，影响到生活环境的安全与舒适。因此，中国人对于大自然和田园风光的赞美者增多，较之西方国家并不逊色。然而我国的天然植被和人工植被遭受的破坏，较许多国家严重。近些年来，一些地方的植树种草绿化取得了很大成就，局部生态环境确有好转。但是，"中国在一些重要的自然资源可持续利用和保护方面正面临着严峻的挑战。中国的人均资源占有量相对较小。1989年人均淡水、耕地、森林、草原资源分别只占世界平均水平的 28.1%、32.3%、14.3% 和 32.3%，而且人均资源数量和生态质量仍在继续下降和恶化"[①]。北方地区人均淡水量只及世界平均水平的 1/16。大面积的环境治理往往赶不上破坏。"中国荒漠化很严重，总面积已达国土面积的 8%，其中风沙活动和水蚀引起的荒漠化面积，几乎各占一半。""现代社会中自然灾害不断加重的趋势与人类活动的影响密切相关。""城市公共绿地偏少，城市建成区绿化覆盖率仅 19.2%，人均公共绿地面积仅 $3.9m^2$，并经常受到城市建设的挤占。"人均公共绿地指标只有发达国家水平的 1/10。地球是千千万万种生物生息繁衍的地方，是人类生存的摇篮，由于人为的不当干预自然，破坏草木植被，污染环境，现在千万种生物正在从地球上消失，唇亡齿寒，最终会危及到人类的生存。大自然对人类一无所求，人类却要依赖大自然的恩赐。人与大自然不应对立，而应和谐。由人主宰自然的思想必须摒弃！只有一个地球，保护地球就是保护人类自己。我们既要满足当代人需要，又不能对后代人满足其需要的能力构成危害。这个世界公认的"可持续发展"理论，无疑是人类进步的历史性重大转折，是人类诀别过去传统发展模式和开拓现代文明的一个重要里程碑。

公园和庭园都有地面。这些地面可以用无生命的石板、砖块、水泥沥青等铺地材料，用树叶、树皮、枯草、塑胶人工草皮等无生命的覆盖物；或用地被和草坪等有生命的植物覆盖地面。很多公园和庭园是应用上述两类材料相结合来覆盖地面。不同的覆盖物各具有利和不利的效果，都要花费许多经费，还要定期养护管理。由于它们的作用各异，就要根据不同的位置和目的选用。草坪和地被能与树木、花卉等植物和建筑物相互陪衬，和谐结合成美丽的景观，增加环境之美，提供人们丰富多彩的精神生活空间，促进人的健康和生活舒适与便利。

---

① 中华人民共和国国务院. 中国 21 世纪议程——21 世纪人口、环境与发展白皮书. 北京：中国环境科学出版社，1994.

草，甲骨文为屮或艸。古人称植物为"草木"，单言"草"者即"草木"的省文，犹如今人称谓之植物。《周礼·地官司徒》的官职中有"草人"，掌管土化之法，用以辨别土地，相其地宜而为之种。古代"草人"相当于现在的植物学者。"草人"对于草（植物）的应用很讲究，如不同土地能生长什么植物是有一定界限的。水生植物不能生长在陆地，高山植物与平原植物，潮湿地方与干旱地方的植物，沙漠地、盐碱地和酸性土壤的植物，不同气候条件下适宜生长的植物，都各有不同。

1988年黎渔农先生（88岁）为《新编中国草坪与地被》一书作序："高山之美，则于奇峰之突兀，怪石之嶙峋，林木之葱郁；大地之美，则于江河之奔流，湖泊之潋滟，地被之锦绣；都市之美，则于园林绿化。若岭秃无木，丘荒无树，犹人之无发；地无植被表土裸露，犹人之无衣。人无衣裳何以御寒暑，土无草木植被，何以挡风雨。山清则水秀，山穷则水恶。山清鸟兽栖焉，人皆仰之；水秀鱼虾存焉，人皆趋之。未有登穷山，临恶水以为乐而流连忘返者。""祖国河山之壮，原野之美，人文之秀，为人类开拓创造了悠久、灿烂、文明的中华文化。然而有的地方实行'野蛮工程'，毁林毁草，破坏草木植被，导致严重水土之流失和荒漠化，旱涝灾害频繁，给人民带来极大危害。""城市园林、住宅之绿化美化，大地之绿化与保护，都需要树木、花卉、草坪、地被，始能维护生态平衡，形成人类赖以生存之良好环境。草坪之与人，利莫大焉。我国城市较大的人工草坪，余在1920年代见于南京玄武湖五洲公园，第一公园，后见于上海跑马厅、兆丰公园。1930年代中期在日本留学时，又多见公园与民宅之草坪，当时对大小公私园林之设计建造无不以草坪为主体，且蔚然成风，给堆砌式的园林格式以较大的冲击。现在草坪又走出园林占领竞技场地，如足球场、高尔夫球场等，对改善运动环境，提高运动水平有很大作用。而园林（景观）中草坪如锦绣铺地，花团簇拥，与蓝天白云下绿茵草坪相映生辉，构成一幅天然画卷，令人心旷神怡。"

著名植物分类学家耿伯介教授（Keng f.）也在同一书作序："绿色植物最奇特的生物功能在于进行光合作用（Photosynthesis），即能将日光转化为贮能，同时又释放氧气以净化大气，一切动物（包括人类）无不借此以维护生命。今日世界诸大危机：有如生态失调、能源告缺、大气污染、气候失常、人口膨胀等，无一不与地球原有草木植物的衰退有关。挽救之道自是植树造林种草，在某些地区以种草植树相结合，或先种草，迅速恢复植被，改善生态环境，庶可收事半功倍之效。"

二、草坪和地被的作用

草坪和地被在城市园林绿化和大地绿化的作用可以分为物理效果和心理效果两种。

1. 保护环境，覆盖地面，实现黄土不见天。许多城市的建成区70%~90%的地面属于各种建筑物、道路等不透水地面覆盖，天空降的雨雪绝大多数水分迅速汇集，通过地下水道注入江河流走，导致淡水严重匮乏，这是市区较郊区和乡村环境恶劣的根本原因。草坪和地被植物的须根（根系）和表土紧密结合覆盖地面，不让黄土见天，对于保持水土，涵养水源是有效方法。在总降雨量为340mm时，土壤冲刷量农田为345g/m^2，草地为9.3g/m^2（仅为农田的2.6%）；狗牙根草地比玉米地的保土能力大300倍，保水能力大近1000倍。

2. 绿化美化环境，净化空气。当人们从喧嚷的闹市、嘈杂的车间、闷静的实验室和创作室移身于草坪地被环境，可以使脑神经系统从压抑状态中解放出来，感到静谧，倍感心旷神怡。草坪和地被植物的茎叶含有60%~70%的水分，给人们以新鲜感。这些植物在一年的春夏秋冬四季（或旱雨两季）里，按照自然规律生存，给人们一种生机勃勃的感觉或生态美的享受。有的学者研究认为，居民区凡是树木和地被草坪多的地方，能陶冶人的情操，孩子具有更多的创造性，减少近视疾病；对于成年人的心理有镇静作用，相互易于交往，减轻烦躁心理的病态。

地球上的氧气是绿色植物进行光合作用产生的，人类和一切需氧的生物都要呼吸，片刻不能缺少。城市由于建筑物密集，高楼林立，从远郊经近郊进入市区的风速，在途中就逐渐减弱，有的高大建筑群会阻挡风速，或改变风向，致使空气对流不畅。市区氧气不足，导致有的人患有多种疾病。一个成年人每天呼吸需要氧气750g，排出二氧化碳900g。空气中60%的氧气来自森林植被，而1hm^{2}面积的阔叶林每天可以吸收二氧化碳1000kg，释放氧气730kg；1hm^{2}草坪每天也能吸收二氧化碳900kg，释放氧气600kg。按此计算每人需要占有10m^{2}的草木绿地。但是，由于城市有众多工业机器、交通工具等放出大量二氧化碳，大于人们的呼吸量几倍。因此，每个人大致需要30～40m^{2}的绿地面积，才能保证市民经常呼吸到新鲜空气。

城市园林草坪和地被植物能与建筑物相互陪衬，增加城市美丽景观，是市民息息相关的生存环境。文化休息公园是人们正当的娱乐场所，实为市民道德教化之地。公园绿地是市民生活的重要设施，有如人之肺脏、居室之窗。我们从来没有听说人体健壮而肺弱者，从未闻居室舒适卫生而无窗者。

3. 调节小气候，减轻环境污染。草坪和地被植物能吸收太阳辐射热，降低温度，增加相对湿度。凡是裸露地面，其温度的上升和下降都很急剧，空气湿度减少亦快。市区气温普遍比郊区高2～4℃。有草坪和地被绿化的地方，夏季气温较裸地低8～10℃，冬季则较裸地高0.8～4℃；夏季空气湿度比裸地高10%～20%。草坪和地被植物是很好的空气过滤器，由于它们的叶面积比植株占地面积大20～30倍，其粗糙的叶片就像细筛能过滤尘埃和粉尘，或吸附滞留粉尘。草坪上空的粉尘量仅为裸地的1/3～1/6，即使冬季植物休眠期，仍有良好效果。

4. 草坪是体育竞技场的基础。足球场、高尔夫球等场地草坪是体育竞技、锻炼身体的基础设施。只有铺植草皮，才能防止泥泞，晴天扬尘也少。运动员在草坪上拼搏即使摔伤也较轻微，皮肤的伤口较塑胶场地或裸地受伤容易愈合。好的草坪场地能激励运动员技术的最大限度发挥，创造出优异成绩。

5. 防止灾害的安全岛。飞机场跑道尽头的草坪，高速公路旁紧急刹车草坪，都具安全岛的功能。城市草坪是空旷地面，距高层建筑物和钢架广告牌远。例如 1923 年日本关东大地震，震中心 8.3 级，地震又引起大火，东京、横滨等城市死亡达 15 万人。由于成群的人流疏散到后乐、上野、日比谷等公园草坪上，许多人得以幸免遭灾，故草坪被誉为城市的安全岛。

6. 草坪和地被植物在大地绿化中也具有重要作用。革命先行者孙中山先生大力提倡绿化，"多种森林便是防止水灾的治本方法"。毛泽东主席曾有"实行大地园林化"的号召。近代著名林学家梁希教授指出："原来草昧之世，全球都是树木。""饮水思源，我们要把森林看得神圣似的才对。""国无森林，民不聊生！"木、火、土、金、水"五行中惟有'木'有生气，春属木，主生。""若要把我们中国的春天挽回来，我们万万不可使中国五行缺木！"[①]。我们研究了林学家、农学家总结森林绿化的巨大作用，是指乔木、灌木和草本层植物组成的植被的效果，并非单指树木。草本层有许多是草坪和地被植物，草是植被的基础。我国是文字记载植被最早的国家，《诗经》、《禹贡》（公元前 11 世纪～前 403 年）就记载有黄河、长江流域许多地方乔灌草结合覆盖大地的植被状况。我国现存优美的自然保护区，其植被未遭人为破坏是重要原因，未见林木葱郁而地面裸露者。若林木遭砍伐，只要地面不裸露，能较快形成次生林或演替成草原植被。因此，防护林的人工植被是城市的安全屏障。

第三节　类　型

一、草坪类型和常见植物

（一）草坪类型

1. 按照草坪的用途分为：休息草坪、观赏草坪、运动场草坪等。

---

① 梁希：民生问题与森林，1929 年《林学》创刊号.

城市的封闭式观赏草坪是极少数，要提倡人与植物亲近，多建造适应性强，耐高温、干旱，需要淡水浇灌少，耐践踏，抗病害，养护费用较少的草坪。

2. 按照草坪草种组合分为：单一草坪、混合草坪、缀花草坪。单一草坪为纯粹的一个草种或品种；混合草坪为几个草种或品种，按一定比例配置种植；缀花草坪是在草坪上有目的散植或丛植少许低矮的开花的地被植物。混合（植）草坪一般指相同生长季节的草种，其植物生理生态特性，是相生不相克的。现在有的地方在狗牙根、结缕草草坪上秋季补播早熟禾亚科草种，只能在短期内有效果，或因商业活动需要使用。这两类草坪草的生态习性常常是相互克制的，效果不好，草坪寿命不长。

3. 新近国内外学者以植物分类学为主，结合植物形态结构学和生理生态特性分为：禾本科早熟禾亚科草坪草、虎尾草亚科和黍亚科草坪草以及莎草科草坪草。

另外，在 20 世纪中后期欧美国家出现暖季草（Warm season grass）和冷季草（Cool season grass）词汇，这只是民间俗称，并不是严谨的科学术语，后来却被有的人泛用，译成"暖季型草坪草"、"冷季型草坪草"。按照植物生态学和植物栽培学的理论与实践，世界各地的不同气候带（或不同海拔）的栽培植物，其种植时期有传统栽培或者反季节栽培，有原野（大地）或温室栽培之别。但是，世界各国的农学从来没有人将水稻、玉米、苹果、南瓜等叫作暖季型作物（果树、蔬菜）；将小麦、油菜、菠菜等叫做冷季型作物（蔬菜）。

（二）草坪草应具备的条件

1. 草本。草株地上部生长点位置要低，便于经常修剪，促进植株生长枝条或分蘖。

2. 秆节短，叶片多，具柔软性和触感。若草质细腻漂亮者，多被使用为观赏性草坪。

3. 草株低矮、分枝或分蘖力强，草株（枝）密度大，有一定弹性。

4. 具发达匍匐茎，扩展性强。如有根茎在表土层中横向生长，更是理想草种，能增加抗逆性，巩固其优势种群和使用价值。

5. 生长势强、繁殖容易，再生力和恢复力强。

6. 对环境的适应性强，需要淡水量少。对高温（或寒冷）、干旱的耐性强，耐践踏性（耐磨）强，或较耐阴，对病虫害的抗性和对杂草的竞争力强。

7. 草株不流浆汁、无怪味，对人畜无毒害。

（三）禾本科和莎草科

禾本科早熟禾亚科（*Pooideae*，又名羊茅亚科 *Festucoideae*）、虎尾草亚科（*Chloridoideae*，又名画眉草亚科 *Eragrostoideae*）和黍亚科（*Panicoideae*），以及莎草科（*Cypercacae*）草坪草，其商品栽培种来自天然选择和种内或种间作为亲本植物杂交选育的。

1. 禾本科 *Poaceae*（*Gramineae*）

（1）虎尾草亚科 *Chloridoideae*

结缕草属 *Zoysia* Willd.

狗牙根属 *Cynodon* Rich.

野牛草属 *Buchloë* Engelm.

马唐属 *Digitaria* Haller

虎尾草属 *Chloris* Swartz

格兰马草属 *Bouteloua* Lagasca

獐毛属 *Aeluropus* Trin.

（2）黍亚科 *Panicoideae*

假检草属 *Eremochloa* Büse

地毯草属 *Axonopus* Beauv.

雀稗属 *Paspalum* L.

钝叶草属 *Stenotaphrum* Trin.

金须茅属 *Chrysopogon* Trin.

狼尾草属 *Pennisetum* Rich.

（3）早熟禾亚科 *Pooideae*

早熟禾属 *Poa* L.

羊茅属 *Festuca* L.

剪股颖属 *Agrostis* L.

黑麦草属 *Lolium* L.

燕麦草属 *Arrhenatherum* Beauv.

梯牧草属 *Phleum* L.

冰草属 *Agropyron* Gaertn.

雀麦属 *Bromus* L.

鸭茅属 *Dactylis* L.

碱茅属 *Puccinellia* Parl.

潜草属 *Koeleria* Pers.

洋狗尾草属 *Cynosurus* L.

2. 莎草科 *Cyperaceae*

薹草属 *Carex* L.

嵩草属 *Kobresia* Willd.

二、地被类型和常见植物

（一）地被类型

1. 大面积景观地被　这类地被植物栽培后能开放十分艳丽的花朵，有的能就地自行扩散繁殖，适宜在大面积地面形成群落，具有美丽的景观，也可以在小面积栽培使用。如果植物配置得当，一年四季都能观赏到鲜花，有的植物在秋冬季节还有十分美丽的果实，更增加了植物群落景观之美。

2. 耐阴地被　这类植物能适应不同荫蔽度的生境，在乔木或灌木下也能较好地生长，覆盖树下裸露土壤，减少沃土的流失。

3. 步石（踏石）之间的地被　这类低矮的地被植物，经得起行人脚步的踏压，踩伤后植物基部又再生，始终覆盖着步石之间的间隙，它有利于地面雨水的渗透，并对补充城市地下水很有作用。

4. 悬垂和蔓生植物　这类植物也是优良的地被，以藤蔓扩展，其生长势旺盛，常用于住宅区绿化、墙面绿化和斜坡绿化等。

5. 防止侵蚀地地被　这类植物能在斜坡及河岸生存，根系生长迅速，扩展力强，能完全覆盖地面。它们还具有耐干旱和耐瘠薄性强的性能，在夏季高温到来之前，能有效控制杂草，覆盖坡地；在公路、铁路斜坡和堤岸，起到保护土壤，防止水土流失的作用。

6. 自身传播生长的植物　这类植物是靠自身传播繁殖，其适应性和抗逆性均很强，有的能在悬岩峭壁上旺盛生长定居，形成群落，并且繁衍后代，有的还能开放美丽的花朵。

7. 具潜在性杂草植物的利用　这类植物既有地被价值，又常有侵害性。由于它们生长繁殖极快，如果利用控制得当就是很好的地被。但是对它们千万不要失去控制，一旦侵入栽培植物的田园，就会成为有严重危害性的杂草，特别要警惕外来检疫性杂草的入侵为害。

（二）常见地被类型的植物选择

现在国内外利用的地被植物很多，强调选择适应性强的当地植物，诸如苔藓，蕨类；常绿或落叶低矮乔木和灌木，以及攀缘藤本植物；有一年生、越年生和多年生草本植物。它们都容易生长定居成为群落，养护费用较少，可在大块地面种植成为单一的群体或恰当的混植。使用低矮乔木和灌木时，要经过修饰造型控制，才能增加观赏价值，有些地被植物还有药用价值（表1-1）。

第四节　形态结构与特性

一、形态结构

（一）禾本科草坪草

主要有一年生、越年生和多年生三种类型。一般形态结构与特征，其营养体包含根、茎、叶；生殖器官主要有花和果实（内有种子）（图1-2和图1-3）。

常见地被类型的植物选择　　　　　　　　　　表 1-1

类　型	植　物　属　名				
1. 大面积景观地被	小冠花属	栒子属	卫矛属	连翘属	常春藤属	萱草属
	金丝桃属	圆柏属	马缨丹属	半边莲属	槛蓝属	忍冬属
	月见草属	蓼属	蔷薇属	景天属	长春花属	筋骨草属
	熊果属	杜鹃属	玉簪属	委陵草属	百里香属	豆科多种植物
	菊属	百子莲属	落新妇属	叶子花属	风铃草属	铃兰属
	旋花属	石竹属	花菱草属	石楠属	屈曲花属	过路黄属
	勿忘草属	迷迭香属	马鞭草属	美人蕉		
2. 耐阴地被	羊角芹属	银莲花属	马兜铃属	天门冬属	落新妇属	风铃草属
	苔藓类	蕨类	常春藤属	玉簪属	金丝桃属	鸢尾属
	野芝麻属	麦冬属	过路黄属	薄荷属	沿阶草属	卫矛属
	茶藨子属	淫羊藿属	长春花属	紫金牛属	八角金盘	
3. 步石间的地被	具根茎的禾本科草坪草	卷耳属	牻牛儿苗属	通泉草属	百里香属	
	婆婆纳属	治疝草属				
4. 悬垂和蔓生植物	叶子花属	栒子属	卫矛属	半日花属	圆柏属	野芝麻属
	马缨丹属	半边莲属	过路黄属	蔷薇属	迷迭香属	百里香属
	茑萝属	常春藤属	爬山虎属	旋花属	榕属	洛葵薯属
	木通属	西番莲属	枸杞属	忍冬属	凌霄花属	
5. 防止侵蚀地被	六道木属	熊果属	蒿属	滨藜属	中花草属	旋花属
	小冠花属	栒子属	花菱草属	卫矛属	欧石楠属	常春藤属
	萱草属	金丝桃属	马缨丹属	忍冬属	百脉根属	十大功劳属
	苦槛蓝属	迷迭香属	长春花属	箬竹属	雀麦属	羊茅属
	画眉草属	雀稗属	马鞭草属	牛筋草属	马唐属	狗牙根属
	类芦属	野古草属	狼尾草属	淡竹叶属		
6. 自身传播的植物	金雀儿属	长春花属	蒿属	花菱草属	牻牛儿苗属	半边莲属
	苔藓属	蕨类	勿忘草属	蓼属	马齿苋属	金鸡菊属
	千里光属					
7. 具潜在性杂草植物的利用	羊角芹属	滨藜属	小冠花属	金丝桃属	忍冬属	过路黄属
	牻牛儿苗属	蓼属	毛茛属	漆姑草属	婆婆纳属	长春花属
	酢浆草属	月见草属				

根（root）　禾草的根属须根系（fibrous root system），没有主根。自种子萌发长出的最初幼根，由幼茎基部生长出许多纤细、等粗的次生根所代替，须根通常分布在表土层 0.20～0.30m，只有少数深入 0.30m 以下，其作用是支撑植株和吸收土壤中的水分和养分。

茎（stem）　（禾草类的茎专称秆）秆（culm）多为圆形，中空，有节，是根、叶和花序等器官的着生处，亦为根和叶之间水分、养分等输导的通道，具有贮藏养分的功能。在同一节的两环间的上下距离称为节内，芽（bud）即生长在节内表面之一侧。如生长于地下的一种特殊水平茎，称为根茎或根状茎（rhizome）；如匍匐生长在地面的则称为匍匐茎（stolon）。自秆基部或接近地面处萌发的芽生长的苗称为分蘖（tiller）；秆及匍匐茎、根茎各节上萌发的芽长出地面的苗，通称为枝条（shoot）。草坪草的分蘖苗或枝条越多，扩展力越强，其覆盖地面的效果越好。

叶（leaf）　叶为绿色，包括叶片和叶鞘两部分。主要功能是光合作用，其内部和外部结构与光合作用、蒸腾作用有关。

花序（inflorescence）　花序的基本单位是小穗，小穗轴上有 1 个至多数小花。

果实（fruit）　禾草通常为一颖果（Caryopsis），干燥而不开裂，由果皮与种皮紧贴而成。植物分类学通称"果实"，在农业生产上，因其体型较小，常认作"种子"（seed）。种子中除去胚以外很大部分均系胚乳，为供给种子萌发时胚所需要的营养物质。胚的结构比较特殊，包括盾片、下胚轴、胚根和胚芽等，在胚根和胚芽之外，各覆盖一圆筒形的外鞘，分别称为胚根鞘和胚芽鞘。

（二）莎草科草坪草

都为多年生禾草状草本，由根、茎、叶和花、果实、种子组成。主要特征是茎硬，

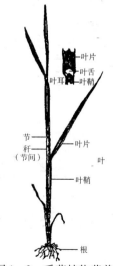

图 1-2　禾草植物营养体各部分（引自 A. Chase）

15

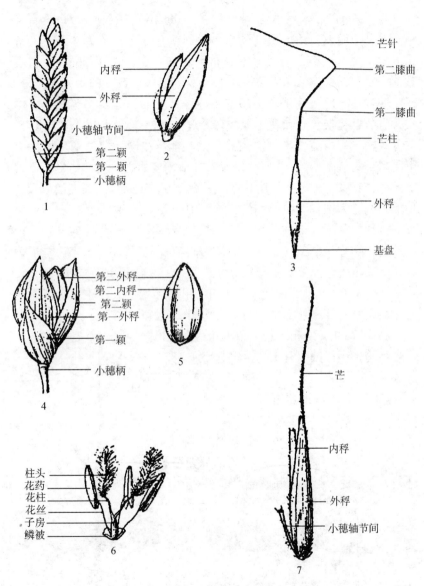

图 1-3　禾草植物生殖器官

1. 小穗（两侧扁）；2. 小花；3. 小花；4. 小穗（背腹扁）；5. 小花；6. 小花；7. 小花

16

横切面常呈三角形，实心。叶有抱茎的鞘，鞘两边愈合。花序穗状，小穗无苞叶环绕，每朵由一雌蕊和 2~3 雄蕊组成，生长在小苞片的胞中，果实为坚果。

二、禾本科草坪草的特性

（一）草坪草的进化路线

禾本科早熟禾亚科植物，为典型温带植物，适宜于冷凉至温暖气候，其生理生态特性多属于 C_3 植物，而虎尾草亚科和黍亚科植物，为典型亚热带和热带植物，适宜于温暖至高温气候，在暖温带许多地方生长良好，多为 C_4 植物。许多 C_4 植物是适应不良环境，由 C_3 植物进化而来的。草坪草的进化路线如图 1-4 所示。

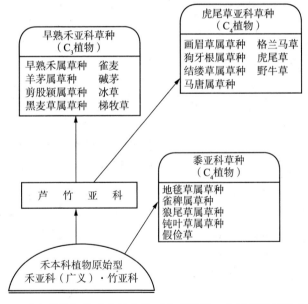

图 1-4　禾本科草坪草进化的路线（参考馆冈·北村等资料补充绘制）

（二）草坪草的特性

1. 形态结构。早熟禾亚科草坪草维管束数量少且不发达，厚壁组织（机械组织）也不发达，木质素和表皮的硅质沉积少，体态柔软。虎尾草亚科和黍亚科草坪草维管束多且很发达，秆、叶的机械组织明显增加，表皮的硅质沉积多，因此草株体态坚实，加之表皮的角质层很发达，因而非气孔蒸腾即角质蒸腾量很小（表 1 - 2）。

2. 光合作用（photosynthesis）。光合作用是绿色植物吸收阳光的能量，同化 CO_2 和水，制造有机物质并释放氧气的过程。这个过程可分为需光的光反应和不需光的暗反应。光反应需要水，暗反应需要 CO_2，后者也称为碳固定反应。

早熟禾亚科 C_3 植物的碳固定反应在叶肉细胞的叶绿体中进行，通过还原型戊糖磷酸循环（卡尔文循环）。但在夏季高温干燥条件下，由于 C_3 植物进行的不产生 ATP 等高能磷酸化合物的光呼吸而释放出 CO_2，故其光合效率降低到原来的 1/2 ~ 1/3。光合作用的饱和点低，最适温度为 15 ~ 25℃，高达 30℃。贮藏的营养物质一般是蓄存在靠近生长点的叶鞘基部或匍匐茎中，由于距利用营养物质的部位近，就成为在低温条件下也能生长的一个重要因素。C_3 植物的 CO_2 补偿点高达 30 ~ 70ppm，这类草坪草生产 1g 干物质所需水量比 C_4 植物多二倍。

虎尾草亚科和黍亚科 C_4 植物，CO_2 固定分别在叶肉细胞和维管束鞘细胞中进行。CO_2 首先与叶肉细胞中的烯醇式磷酸丙酮酸结合，成为草酰乙酸，进而转变成天门冬氨酸（C_4 化合物）。天门冬氨酸在近处的维管束鞘细胞中转变成草酰乙酸，进而在转变成为烯醇式磷酸丙酮酸的同时，释放出 CO_2。这些 CO_2 与维管束鞘细胞的二磷酸核酮糖结合，再一次被固定进行卡尔文循环，最终生成糖类等光合产物。这类草坪草的光合作用最适宜温度为 30 ~ 40（47）℃，比 C_3 植物高得多。主要贮藏的营养物质（淀粉）水解温度在 10℃ 以上，贮存在秆的基部、匍匐茎及根茎中。这类草种的 CO_2 补偿点在 5ppm 以下，甚至接近零。因此，即使天气干燥时气孔关闭，叶中的 CO_2 浓度降低，光合作用也能继续进行。这类草坪草生产 1g 干物质需要的水分只及 C_3 植物一半，因此耐干旱性强。C_4 植物的沟叶结缕草秆叶表面主要成分是二萜系的化合物，同竹叶和白茅等植物中的

表 1-2

草坪和地被植物的形态结构与生理生态特性①

特征	禾本科早熟禾亚科草坪草（C_3 植物）	禾本科黍亚科和禾本科虎尾草亚科草坪草（C_4 植物）	CAM（景天代谢型）地被植物
维管束鞘（护鞘）	数量少,不发达	数量多,发达	
木质素硅酸沉淀	少	多	
叶结构	无 Kranz 型结构,只有一种叶绿体	有 Kranz 型结构,常具两种叶绿体	无 Kranz 型结构,只有一种叶绿体
叶绿体 a/b	2.8±0.4	3.9±0.6	2.5±3.0
气孔张开时间	白天	白天	晚上
主要 CO_2 固定酶	RuBP 羧化酶	PEP 羧化酶,RuBP 羧化酶	PEP 羧化酶,RuBP 羧化酶
CO_2 固定途径	还原型戊糖磷酸循环,只有卡尔文循环途径	在不同时间分别进行 C_4 二羧化酶循环和 C_3 卡尔文循环环海奇—斯来兑斯途径	在不同时间分别进行 CAM 途径和卡尔文循环
最初 CO_2 固定的最初产物	RuBP	PEP	光下:RuBP,暗中:草酰乙酸
CO_2 固定的最初受体	PGA	草酰乙酸	光下:PGA,暗中:PEP
PEP 羧化酶活性 [μmol/(mgchl·min)]	0.30～0.35	16～18	0.20
光合作用速率 [mgCO_2/(dm²·h)]	15～35	40～80	1～4
CO_2 补偿点 (mg/L)	30～70	<10(0～10)	暗中:0～5
需要的理论能量（CO_2·ATP·NADPH）	1:3:2	1:5:2	1:6.5:2
饱和光照	全日照 1/2(2～5 万 lx)	无,>10 万 lx	同 C_4 植物
蒸腾系数 (g 水/g 干量)	450～950	250～350	18～125
生物产量 [干重/(干重·hm²·a)]	22±0.3	39±17	通常较低
植物类型,适宜生长生地域	典型温带植物。适宜冷凉至温暖气候(15～25℃,低光效植物),中等程度日照地域。在5℃时萌发,10℃以上直立生长,20～25℃时生长量最大,需水量多,易罹病害;在严寒冻土时或高温酷暑时休眠。也可在亚热带土壤和暖温带的非高温度季节种植利用	典型热带和亚热带热带植物。适宜热带酷暑气候(30～47℃,高温暖至高温酷暑气候,强日照,干旱地域,高光效植物),强日照,干旱地域。在10℃以上时萌发返青,25～35℃时生长量最大,需水量少及 C_4 植物的一半,耐高温,霜冻,干旱,践踏和抗病害均强,在冬季低温时休眠	典型干旱地区植物,温度≈35℃,适应性强

① 参考李扬汉教授、Salisbury,F. B. 和竹内安智等资料补充整理

化学成分相同。

3. 休眠（dormant）。休眠是植物借以度过不良环境的一种生活方式。在休眠期中，新陈代谢处于很低状态。禾本科草坪草的休眠，一般是低温诱发冬眠，高温干旱导致夏眠，已成为其生活史中必经的阶段。一年生草坪草每年都出现休眠；越年生草坪草则在第二年借果实（种子）休眠；多年生草坪草每年除果实（种子）休眠外，常以植株（越冬或越夏）休眠。休眠增加了草株对抗特殊逆境时期的成活能力或者增加传播繁殖的机率。各种草坪草的生长周期是由基因决定的，是通过物种进化与环境关系和这些基因相互作用而获得的。草坪草在休眠前都有一定反应，如叶组织的光合作用加强，匍匐茎和根茎增粗增长，茎芽饱满，贮藏较多的水分和养分。地上部叶片由绿色逐渐变成淡红色或红色，以致枯萎死亡。虎尾草亚科和黍亚科草坪草在冬季受环境胁迫，有明显的休眠或半休眠的反应。早熟禾亚科草坪草在夏季高温、干旱时受环境胁迫，也有休眠或半休眠的反应。早熟禾亚科草坪草在冬季严寒冻土时和干季雨季分明，低纬度、高海拔的昆明等地，每年三四月份（干季）虽然最高气温只在27℃左右（这种温度在其他地方属于生长旺盛期），却有休眠或半休眠反应。当5月进入雨季后，即使高温31℃以上，草株仍处于生长盛期，看来还与干旱气候有密切关系。

4. 生长周期（growth periodicity）。草坪草的生长周期是指它们在一年中经历营养生长和生殖生长的不同时期的周期。以黑麦草为代表的早熟禾亚科草坪草和以结缕草为代表的虎尾草亚科和黍亚科草坪草在亚热带地区（重庆）的生长周期如图1-5所示。了解草坪草的生长周期，有利于人们正确认识和使用不同类型的草坪草。

5. 对逆境和退化的反应。草坪草生长过程中无一阶段不受到环境的影响。逆境因子很多，如高温、低温、干旱、水淹、盐碱、土壤污染、土壤板结、空气污染、降尘的伤害、荫蔽、病虫杂草鼠害、台风、沙暴以及人为过度践踏等。所以，"高山之巅无美木，伤于多阳也；大树之下无美草，伤于多阴也。"[1] 草坪草生长过程中也会因多种因子和自身遗传基因造成其生长势减弱和退化。退化还包含草株代谢、核糖核酸和蛋白质合成速率的下降。退化并不是一种简单的生长停滞和凋零的过程，而是一种生命周期中主动的生理阶段。

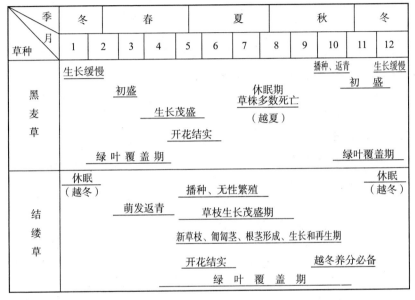

图 1-5　黑麦草和普通结缕草的生长周期

第五节　草坪草的区域化

　　草坪植物如同其他植物一样，其生长发育与温度、光照、水分等有密切关系。尤其对温度有比较严格要求，它们要求在一定的温度范围内生长。若超过植物能够忍耐的最低温度或最高温度范围，植物的生长发育就会停止或转入生理休眠，甚至出现伤害或死亡。许多研究结果说明，植物在不适温度时进入休眠，多是由于先天性

---

　　[1]　[汉] 刘向《说苑·说丛》语。

的生理机能制约。休眠不是竞争因子，而是物种保持和生存的重要因素。我国许多地方的气候是春夏秋冬四季更替，自然的运行法则不会以人们的好恶转移，草坪植物的生长（休眠）周期，不会因为使用者的国度、职务高低、金钱多寡而轻易改变。因此，不能苛求草坪草对不适温度的适应性。温度（热量）是决定植物在地球上分布的重要条件，也是我们应用草坪植物和引种驯化外来草种的依据。

太阳辐射是地球上大气热量的重要来源，而纬度又决定日射角度大小，影响不同纬度地方所接受的太阳辐射量及辐射时间，海拔高程与地势、坡向等对气候也有大的影响。在北半球的南坡面向太阳，接受的太阳辐射能量多，所以土壤温度较高；北坡则背太阳，土温较低。

一、气候指标

我国地处东半球，在亚洲东部、太平洋西岸，地势是西北高、东南低，秦岭山脉横跨中部，海洋和大陆位置强烈地影响着我国的气候。在冬季，冷气流自西伯利亚经蒙古高原向东南方向南下，形成寒冷干燥的气候，南方和北方的温差很大；在夏季，潮湿的海洋风吹向大陆，给大部分地区带来丰沛的雨水，使大部分地区形成温暖湿润的气候。植物的生长同这种气候条件的节律变化是相适应的。表1-3和表1-4，介绍了我国各植被区域主要城市的地理位置和气候指标，为选择应用草坪草和地被植物提供参考。

1. 月均温0℃以下，0~5℃，5~10℃，10~15℃和20℃以上月份，绝对最高（最低）温度。一般说来，月均温0℃以下和0~5℃时，许多种草坪草对低温（严寒霜冻）的反应基本上是相似的，均有休眠期或生长缓慢期。但月均温在5~10℃或20℃以上时，它们对温度的反应就迥然不同了。唐代诗人白居易的"离离原上草，一岁一枯荣。野火烧不尽，春风吹又生。"是我们在幼儿时期背诵的名诗，很富于自然规律的哲理。我国除寒温带地区外，多数城市在6（5）~8（9）月属于伏夏高温时期，常有阵雨和暴雨，最需要用绿色植物来遮荫，覆盖地面，调节小气候，防止水土流失。假如不能

表1-3

中国各植被区域的主要城市及气候指标(参考《中国植被》整理)

植被区域		主要城市	主要气候指标							季节特征
			年均温(℃)	最冷月均温(℃)	绝对最低温(℃)	最暖月均温(℃)	年均温差(℃)	年降水量(mm)	全年无霜期(天)	
寒温带区		瑷珲、呼玛、根河	-2.2~-5.5	-28~-38	-50	16~21	近50	350~550	80~100	长冬(9个月)无夏,降水集中于7~8月,植物生长期短
中温带区	温带区	哈尔滨、伊春、珲春、虎林、饶河	2~8	-10~-25	-40左右	21~24		500~800~1000	100~180	长冬(达5个月以上)短夏,降水集中于6~8月,植物生长期较短
	温带草原区	齐齐哈尔、长春、呼和浩特、兰州、二连浩特、锡林浩特	-3~8	-7~-27		18~24		150~450(550)	100~170	春夏秋冬四季,降水集中在夏季,春季为明显干季;西部冬季降水均匀,但利用率一般不到0.5%
	温带荒漠区	酒泉、张掖、乌鲁木齐、哈密、克拉玛依、吐鲁番、和田、喀什、库车	4~12	-6~-20		20~30		210~250	140~210	春夏秋冬四季,西部降水均匀,集中在夏季,东部降水均匀,全年干旱,光热资源丰富,冷热变化剧烈,风速大,沙暴多
暖温带区		沈阳、丹东、天津、大连、北京、青岛、济南、郑州、开封、西安、太原、天水、蚌埠、盐城	9~14	-2.0~-13.8	-20~-30	24~28		500~900	180~240	春夏秋冬四季,雨季在5~9月,干季在9~10月,植物生长期9个月。开封、植物生长期不足9个月,西安260天、北京235天,青岛240天

23

续表

植被区域		主要城市	主要气候指标							季节特征
			年均温(℃)	最冷月均温(℃)	绝对最低温(℃)	最暖月均温(℃)	年均温差(℃)	年降水量(mm)	全年无霜期(天)	
亚热带区	北亚热带区	南京、信阳、汉中	13.5~18.5	2.2~4.8	-20	28~29		800~1200	240~260	湿润气候,四季分明
	中亚热带区(东部)	上海、杭州、武汉、长沙、南昌、贵阳、重庆、成都	16~21	5~12	-17	28~30	17~23	1000~1200	270~300	温暖湿润,四季分明
	中亚热带区(西部)	昆明、西昌	15~16	9左右		20左右	10~11	900~1100	250	季风高原气候,年温差小,四季不分明,降水集中干湿季,干湿季节分明
	南亚热带区	台北、台中、厦门、广州、汕头、福州	20~22	12~14	-2	28~29	12~16	1500~2000		较明显的热季季风气候,有明显的干湿季之分
热带区		湛江、龙州、南宁、河口、思茅、景洪、潞西、琼海、崖县、西沙、东沙	22.0~26.5	16~21	5以上	26~29	12~18	1200~3000(5000)	全年无霜	分干季(11~4月)和湿季(5~10月)。明显热带气候
青藏高原高寒气候区		昌都、拉萨	8~-2~0~-10	0~-14~-12~-20	-22~-42	16~9~12~5	22~24	800~500~200~<50	180~20~-50~0	干季10~5月,湿季6~9月分明,植物生长期短

中国主要城市的地理位置和气候指标（参考《中国植被》整理）

表 1 - 4

城市地理位置（纬度经度）	海拔高度（m）	气候指标								
		年均温（℃）	月均温0℃以下（月）	月均温0~5℃（月）	月均温5~10℃（月）	月均温10~20℃（月）	月均温20℃以上（月）	绝对最低温度（℃）	绝对最高温度（℃）	年降水量（mm）
N E 呼玛 51°43′126°39′	117.4	-2.1	1,2,3 11,12	4,10		5~9		-46.3	38.0	456.6
瑷珲 50°15′127°27′	165.8	-2.1	1,2,3 11,12	4,10		5,6,8,9	7	-40.7	37.7	515.5
虎林 45°46′132°58′	100.2	2.8	1,2,3 11,12	4,10		5,6,9	7,8	-33.9	33.0	536.3
哈尔滨 45°41′126°37′	171.7	3.5	1,2,3 11,12	10	4	5,6,9	7,8	-38.1	35.4	526.6
长春 43°54′125°13′	236.8	4,9	1,2,3 11,12		4,10	5,9	6~8	-36.5	36.4	571.6
珲春 42°54′103°17′	36.5	5.5.	1,2,3 11,12		4,10	5,9	6~8	-30.4	35.4	657.8
呼和浩特 40°49′111°41′	1063.0	5.7	1,2,3 11,12		4,10	5,9	6~8	-31.2	36.9	414.7
榆林 38°14′109°42′	1057.2	7,9	1,2,3 11,12		4,10	5,9	6~8	-27.6	37.6	451.2
乌鲁木齐 43°54′87°28′	653.5	7.3	1,2,12	3,11	10	4,5,9	6~8	-32.0	40.9	194.6
吐鲁番 42°56′89°12′	34.5	14.1	1,12	2,11		3,4,10	5~9	-20.5	47.5	12.6
兰州 36°03′103°53′	1517.2	8.9	1,2,12		3,11	4,5,9,10	6~8	-21.7	36.7	331.5
沈阳 41°46′123°26′	41.6	7.8	1,2,12	3,11	4,10 4,10	5,9	6~8	-30.5	35.7	675.2
大连 38°54′121°38′	93.5	10.1	1,2,12	3	4,11	5,6,9,10	7~8	-21.1	34.4	671.1
北京 39°48′116°28′	31.2	11.6	1,2,12	3	11	4,9,10	5~9	-27.4	40.6	584.0
青岛 36°09′120°25′	16.8	11.9	1	2,3,11,12		4,5,10	6~9	-17.2	36.9	835.8
郑州 34°43′113°39′	110.4	14.3	1	2,12	3	4,10,11	5~9	-15.8	43.0	640.5
西安 34°18′108°56′	396.9	13.3	1	2,12	3,11	4,9,10	5~9	-20.6	41.7	604.2
汉中 33°04′107°02′	508.3	14.3		1,2,12	3,11	4,5,9,10	6~9	-8.4	36.9	903.9
南京 32°00′118°48′	8.9	15.4		1,2,12	3	4,5,10,11	6~9	-13.0	40.5	1013.4
上海 31°10′121°26′	4.5	15.7		1,2	3,11	4,5,10,11	6~9	-9.1	38.2	1039.3

城市地理位置（纬度经度）	海拔高度(m)	气候指标								
		年均温(℃)	月均温0℃以下(月)	月均温0~5℃(月)	月均温5~10℃(月)	月均温10~20℃(月)	月均温20℃以上(月)	绝对最低温度(℃)	绝对最高温度(℃)	年降水量(mm)
杭州 30°19′120°12′	7.2	16.2		1,2	3	4,5,10 11,12	6~9	-9.6	38.9	1246.6
汉口 30°38′114°04′	23.3	16.2		1	2,3	4,10, 11,12	5~9	-17.3	38.7	1203.1
长沙 28°12′113°04′	44.9	17.3			1,2,12	3,4, 10,11	5~9	-9.5	39.8	1450.2
南昌 28°40′115°58′	46.7	17.7			1,2,12	3,4,11	5~10	-7.6	40.6	1483.8
贵阳 26°35′106°43′	1071.2	15.2			1,2,12	3,4, 10,11	5~9	-7.8	35.4	1128.3
重庆 29°35′106°28′	260.6	18.3			1,2,12	3,4, 10,11	5~9	-0.9	40.4	1098.9
成都 30°40′104°04′	505.9	16.1		1	2,12	3,4, 10,11	5~9	-4.3	35.3	954.0
昆明 25°01′102°41′	1891.4	14.5			1,2,12	3~11		-5.1	31.2	1034.4
西昌 27°53′102°18′	1590.7	16.9			1	2,3,4, 10,11,12	5~9	-3.4	35.9	989.2
台北 25°02′121°31′	9.0	21.9				1,2,3,12	4~11	-2.0	37.0	1653.5
厦门 24°27′118°04′	63.2	20.8				1,2,3, 4,12	5~11	2.2	38.2	1036.0
广州 23°03′113°19′	6.3	21.8				1,2,3, 11,12	4~10	0.1	37.6	1622.5
福州 26°05′119°17′	84.0	19.7				1,2,3, 4,11,12	5~10	-1.1	39.0	1280.8
湛江 21°13′110°24′	26.4	23.1				1,2,3,12	4~11	2.8	37.9	1488.7
琼海 19°14′110°28′	23.5	23.9				1,2,3,12	4~11	5.7	39.0	1885.6
崖县 18°14′109°31′	3.9	25.5				1,2,3,12	4~11	5.7	35.3	1123.1
景洪 21°52′101°04′	552.7	21.8				1,2,11 12	3~10	4.4	41.0	1234.4
昌都 31°11′96°59′	3240.7	7.4	1,2, 11,12	3	4,10	5~9		-18.7	31.5	499.2
拉萨 29°42′91°08′	3658.0	7.1	1,12	2,3,11	4,10	5~9		-16.5	27.0	463.3

保证这个最重要时期的绿化效果，却把重点转移到照顾冬春时节的"常绿"，草坪草种若选择失误，就会造成高温季节时草坪秃裸，地面黄土见天，恐怕不是老百姓希望看到的情景。园林（景观）美学，强调自然的艺术美是客观的存在。自然美随时间变化，日月晨昏，阴阳雨雪，晓雾夕霞变化无穷；更有春、夏、秋、冬四季或干、雨季节之别。植物随"冬去春来"的气候节律变化产生的自然美，往往比单一的色彩更漂亮，是一切美的源泉，是一切艺术的范本。

2. 严寒冻土期。所谓冻土是指在0℃以下水分冻结的土壤或疏松岩石。一般按照冻结持续时间分为季节性冻土和暂时冻土两类。季节性冻土，指冬季冻结，春季融化，其深度由气候、地理、地形、土壤物理特性等因素决定。我国季节性冻土的深度在长江以北、黄河以南地区一般为0.20~0.40m，黄河以北为0.40~1.20m，内蒙古、东北北部可达2.5~3m。江南一带属于暂时冻结土。暖季草和冷季草在季节性冻土期间都不存在绿色期，即使是耐寒草种或品种，也须待春暖解冻后再生。

3. 降水和灌溉条件。我国淡水资源丰富，但人均淡水占有量不到世界平均水平的1/4（北方地区为1/16），列世界第88位。南方地区雨水虽然充沛，但也常有间断性旱灾发生；北方许多城市在7~8月份，市民生活用水都较困难，若在此时耗费大量淡水浇灌大面积的早熟禾亚科草坪草，试图解决这类草坪地的降温和越夏休眠问题，无疑会增加城市的淡水沉重负担，可能也难以适应植物的生理生态特性的遗传基因变化。

二、各植被区的主要草坪草

陆地的植物和植物群落的发生、分布和演替的基本要素是热量和水分。草木植被是自然地理景观中最能反映各种自然要素的。我们应因地制宜地合理布局和利用草坪与地被植物。我国各植被区的主要草坪草，可遵循《中国植被》一书中有关影响中国植被分布的自然条件与区划原则，结合实际选择应用，如图1-6和表1-5所示。

图 1-6 中国植被区划示意图

中国各植被区的主要草坪草   表 1-5

植被区域	主要草坪草
Ⅰ寒温带	羊茅属、早熟禾属、剪股颖属、薹草属等耐寒性强的草坪草
Ⅱ-1 温带区	羊茅属、早熟禾属、剪股颖属、薹草属草坪草，个别地方使用结缕草
Ⅱ-2 温带草原区	羊茅属、早熟禾属、剪股颖属、野牛草、洛草、薹草属草坪草；个别地方使用结缕草、狗牙根属及黑麦草属、冰草属草坪草
Ⅱ-3 温带荒漠区	羊茅属、早熟禾属、剪股颖属、洛草属、冰草属、黑麦草属、獐毛属、野牛草属、薹草属、碱茅属等草坪草；部分地区使用结缕草、狗牙根等草种
Ⅱ-4 暖温带区	结缕草属、狗牙根属、野牛草属、薹草属等草坪面积大；早熟禾亚科草坪草也有一定面积
Ⅲ亚热带区	结缕草属、狗牙根属、假俭草属、雀稗属、地毯草属、钝叶草属草坪草的面积很大。冬春季节和气候温和地方早熟禾亚科草坪草生长良好
Ⅳ热带区	结缕草属、狗牙根属、假俭草属、雀稗属、地毯草属、钝叶草属草坪草的面积很大。冬春季节早熟禾亚科草坪草生长良好
Ⅴ青藏高原高寒地区	早熟禾亚科耐寒性强的草坪草；民间原野可使用蒿草作草坪

日本是中国的近邻，气候和草坪草自然分布有许多相似，在园林绿化方面曾受我国影响较大，后来向西方国家学习，现在仍然坚持春夏秋冬四季分明的园林自然美景观，因地制宜，入乡随俗等原则，多使用本国原生的结缕草属、狗牙根属等草种，并适当使用外来早熟禾亚科草种。

美国的地理位置在西半球北美洲，本土的多数地方同我国的位置有些相似。美国应用的草坪草不是都属于早熟禾亚科草坪草。北纬40°以南多数地区大量使用虎尾草亚科和黍亚科草坪草；在北部气温较低地区，多使用早熟禾亚科草坪草，并且强调有无灌溉条件，在灌水条件差的地方，大力提倡使用野牛草、冰草、格兰马草等。美国草坪的商品草种，除少数是本国原生植物（乡土植物）外，许多是从国外引进并进行杂交育种的栽培品种。如早熟禾亚科草种多数源自欧洲，虎尾草亚科和黍亚科草种多数源自中国、朝鲜、南亚和非洲等。据马里兰州大学弗赖（Fry）等在1987年发表的研究报告："由于环境胁迫和病害造成冷季草坪质量下降，引起了暖季草坪草（特别是结缕草栽培品种）应用增加。"美国有的学者也认为，"冷季草草坪经受不起较多游客的践踏，需要大量淡水浇灌和养护费用昂贵等，不得不改建结缕草和野牛草草坪。"欧洲的意大利、法国、德国、英国、丹麦、荷兰等国，多数位于北纬45°～65°，气候属于全年湿润温带，常使用的早熟禾亚科草坪草，就是当地的原生植物。那些地区的气候带与我国东北、内蒙古地区大体相似，但温度、雨量、湿度等条件却有较大差别。

第二章　草坪和地被景观

第一节　植物景观

一、植物自身景观

草坪和地被植物具绿色的生命现象，蕴含生机，充满春天活力和观赏价值。许多地被植物本身的形态就具有观叶、观花、观果和观赏植株姿态的价值，有的还可以作为室内观赏植物栽培。

1. 叶　蕨类植物的叶片为多回羽状复叶和小叶，十分美观；多数地被植物的叶片稀疏有序，叶群厚密适当。叶片有圆形、肾形、箭头形、波形、披针形、矩圆形、卵形、匙形、提琴形、三角形、掌形等。叶片边缘有全缘、锯齿状、牙齿状、浅裂、深裂、叶端锐利且尖等形态。古人有"观叶胜观花"的诗句。

2. 茎　有直立茎、匍匐茎、斜升茎、平卧茎；缠绕藤本、攀缘藤本等。

3. 花序有穗状花序、总状花序、圆锥花序、头状花序、伞状花序、轮伞花序等。

4. 花有筒状、漏斗状、钟状、蝶形、唇形、舌形等。

5. 果实有圆形、荚果、长角果、短角果、蒴果、蓇葖果等。

花序、花和果实的颜色五彩缤纷，有红色、黄色、蓝色、紫色、白色等多种色彩，有的色彩会随时间和季节变化。在植株或叶片上叶绿素细胞稀少时，会呈现白色或黄色的花斑。有些是属于遗传性原因，如菲白竹、彩叶草、一品红、紫竹梅等等，它们的色彩给人们以美的享受；有些植物还能分泌某些芳香化学物质飘浮在空气中，刺激人们的嗅觉器官，如香雪球、菊花、郁金香、小菖蒲等。人们对观果美感的认识正在逐渐提高，同时花和果实招来许多昆虫和鸟类，这有利于物种的多样性，也满足人们观赏多种蝴蝶和禽鸟的需求，并增加人与自然的和谐感。许多草坪和地被植物的名称（中文名或英文名）就具优雅的文学艺术，它超出了自然科学的范畴，具有人文景观结合之美感。常见赞美者如：似锦若霞，如缕相织，平整如毡的结缕草；细腻毡毛的紫羊茅；斑斓锦缎铺满原野的映山红（杜鹃）；春风一拂万紫千红的报春花；带雪冲寒折嫩黄的迎春花；歌唱春的使者，五彩缤纷的瓜叶菊；和煦春光引来唇吐芳香的风信子；花开如彩蝶，翻飞似纸鸢的鸢尾；绝代佳人和国色天香共具的虞美人（赛牡丹）；秀蔓满爬金玉娇艳的金银花；馥郁芬芳的栀子花；花团锦簇的天竺葵；游藤绕篱的牵牛花；猩红似火炫人双目的美人蕉；薄荷的姐妹留兰香；枝头三角花九重葛；阳光普照松叶牡丹的半支莲；花瓣玉白，小巧玲珑的茉莉花；夜幕方显真容的月见草，对乱踏路边者痴情的黏人草（勿忘我）；岩缝草丛年年萌枝，深秋金黄浓香的野菊花；岁岁寒暑既艳又香，素有花中皇后的月月红；岁寒三友永葆碧绿的翠竹；质地坚硬的护堤良材荻和芦苇等等。

二、季相景观

地球上除热带和极地（寒带）地区外，在一年中有明显的春夏秋冬四季之别，草坪和地被植物也与这种气候条件的节律变化相适应，而表现出不同时间发芽、生长、开花、结实和休眠（或生长缓慢）期等，称之为植物生长节律，这与温度高低变化又有密切关系，表现出有常绿植物、半常绿植物和落叶植物之分。这种随季节、温度变化呈现的景观，就是自然美。春天，植物萌芽、展叶，呈现娇嫩的新绿；盛夏，百草碧绿覆盖大地，那些质厚的叶片为人们蔽荫；秋时植物随温度下降，绿叶内部物质转移，引起花色素和鞣酸等的生理变化，呈现红叶。秋高气爽，气候宜人，那满山遍野的红叶美景十分壮观。寒冬时树枝落叶，枝条在霜雪中傲然挺拔，迎候春天。而火棘等植物以橘红、鲜红的果实，奉献给赏冬的人们。

三、种植景观

1. 开阔的大草坪上有形态优美的孤植树，它具特殊的装饰性，并增加了庭园的美观。

2. 在乔木、灌木树下种植低矮的草坪和地被植物以覆盖地面。

3. 在房屋四周或路边、墙角、河岸、水边，配置草坪或地被植物，可以柔和、协调建筑物线条，减少单调，同时形成建筑物与庭园植物之间色彩的对比美。若使用落叶植物绿化，夏天可以遮荫，并让人感受到生态美。

4. 丛植方式使之产生强调的整体感，也可以使之形成一堵绿墙，给人柔和之感。

5. 群植使观赏植物成簇，视觉有连续感，并构成植物相互关联的生态关系。

6. 大面积的片植，显现粗犷、广阔的绿色景观。地面间隙栽植植物，可增加景观的情趣。

7. 花坛按不同图案栽植。棚架和墙垣的绿化，起到遮荫和便于民众的休憩，并改善局部气候环境。

8. 镶边绿篱，表示境界或局部区界，能强化造园景观。

9. 高速公路分隔带地被灌木的百叶式（间断）平植或连续平植以及草地与灌木分段栽植，可减轻驾驶员的视力疲劳。

10. 通过圆形、矩形、组合字形的方式形成栽植景观，植株不同高度也形成景观，欧式人工机械的方式也可以控制植物成多种景观。

第二节 公园、风景区和公共绿地

建筑是人类为了居住、生活、生产以及某种特殊需要而建造的围护结构。在城市化进程中，人类住区可持续发展应强调自然景观与人工植被相结合的舒适环境。如何认识建筑和环境生态系统在人类住区的关系问题，有的建筑师强调以建筑物为中心，园林植物去陪衬之。有的认为建筑应同风景和谐统一，与大自然成为融合体。据钱学森教授的论述："园林艺术是我国创立的独特艺术部门"，"园林不是建筑的附属物，园林艺术也不是建筑艺术的内容。国外没有中国的园林艺术，仅仅是建筑附加上一些花、草、喷泉称为'园林'了"，"中国园林也不能降到'城市绿化'的概念"，"园林和园林艺术是更高一层的概念，landscape，gardening，horticulture 都不等同于中国的园林，中国的'园林'是它们三个方面的综合，而且是经过扬弃，达到更高级的艺术产物"。[①] 后来，钱学森指出："中国应建'山水城市'。我设想的山水城市是把我国传统园林思想与整个城市结合起来，同整个城市自然山、水条件结合起来，让每个市民生活在园林中，而不是市民去找园林绿地、风景名胜。所以，不用'山水园林城市'用'山水城市'。""园林城市是初级的，不够山水城市；山水园林城市也不够山水城市。""建'山水城市'将是社会主义中国的世纪性创造，它不是中国过去有钱人的园林，也不是今日国外大资本家的庄园"。

草坪和地被是园林绿地设计的基本万分之一。它能与乔木、灌木、花卉和谐地配合，常赋予建筑以不同的韵味、特点、风格，给建筑以幽静、清新、明快的气氛。草坪环境的价值是很高的，在经济富裕和文化水平较高的地方，"建成一块漂亮草坪，其经济价值即使是地产专家也无法估价"。

欧美庭园草坪绿化占有重要位置，如英国人将草坪视为完美的典型（Beau Ideal）。1930 年沃希（Wansh）认为，草坪是民主和自由的象征，在庭园绿化中草坪面积不能少于总面积的 2/3。草坪已成为现代城镇人们选择住宅的重要条件之一。有草坪的住宅商品价格比一般住宅高出 10% ~ 15%，而优美的草坪环境，往往是主人显示经济富裕和文化素养高的象征。

---

① 钱学森 1983 年 10 月 29 日在北京全国第一期市长研究班的讲话，见《城市规划》1：23－25，1984。

　　公园、风景区、公共绿地和庭园、宅园草坪多数按照自然地形、地貌进行设计，好的草坪要永远保持好的风格，还要充分利用地被景观。园林草坪的规划设计与绘画艺术相似，绘画时不留空白，画面必然闭塞，没有虚实聚散对比，艺术就表现不出来。庭园的空白就是草坪、水面和花坛，其中草坪才是真正的绿化手段。没有草坪，园林艺术就难以完美地呈现出来。城市的建筑艺术不仅需要花木衬托装饰，更需要好的草坪，以扩大视角，增加建筑美和发挥大地轮廓的曲线美，使人感到环境的无限整洁、幽静、美丽。草坪可以延伸到林缘、溪边、海滩，远远望去草坪外有树林，林外有草坪，辽阔的草浪与水相连，好一幅大自然的景观。

　　公园是城市以绿色植物为基础的生态系统，供市民休息、观赏、游戏、运动的公共绿地。风景区一般在距市区 50～80km 的郊外，山岳、丘陵、森林、草原、湖沼、河川、海洋等景观，是人们休息的场所、观赏的对象。公共绿地的面积大小不等，但类型较多，如市区为了保存自然状况或改善都市环境及其景观的绿化地，在社区之间的缓冲地，预防发生灾害及紧急避难的绿地，或者利用市区街道交叉而形成宽阔的广场绿地，道路旁的公共绿地，小景点的名胜古迹绿地等等。上述绿地草坪是市民休息、观赏、简易运动的地方，它满足民众享受安谧、祥和的自然环境。"假如一个城市只有较为单调的青草，其整体景观较差，草坪价值就不高。"草坪设计时必须正确选择草种，假如草种选择失误，在要求绿化的重要时期草坪出现大片秃裸斑块，甚至荒废，就失去建造的初衷。近年有的地方在属于国家级名胜古迹或世界历史遗产地，配置不符合历史事实的植物或草坪草种，错把修缮、保护名胜古迹当改造，失去原有风格，好似"头戴凤冠帽，脚穿高跟鞋"的混合体，恐是画蛇添足[①]。如果在百年（千年）松、柏树下，种植不适宜的外来草坪草密被表土，树根不透气，又在高温干燥的伏夏季节浇灌过量的水会引起树下土

---

　　① 谭继清　谭志坚. 新编中国草坪与地被. 重庆：重庆出版社，2000. 第18页。

壤和树根许多变化，开始是古树生长势衰退，随着时间增长，严重时会造成古树死亡，这是违背自然规律的恶果。

公园、风景区还是进行科学普及的宣传阵地，是中、小学生认识自然，辨认动植物的生物学（生命科学）课堂。对草坪类型和草坪植物的选择宜多样性，除少数细腻精美的观赏性草坪外，主要建造那些种植较容易、属中等养护管理的休息草坪（表2-1）。许多地被植物有很好的景观，种植和养护费用也少，这值得大力提倡。

常见公园、风景区和公共绿地草坪草　　　　　　表2-1

项　目	虎尾草亚科、黍亚科和莎草科草坪草	早熟禾亚科草坪草
休息草坪	结缕草、中华结缕草、沟叶结缕草、半细叶结缕草、结缕草杂交种、狗牙根及其杂交种、马唐、野牛草、虎尾草、假俭草、近缘地毯草、地毯草、巴哈雀稗、两耳草、钝叶草、铺地狼尾草、竹节草等禾本科草坪草。白颖薹草、卵穗薹草、异穗薹草、东陵薹草等莎草科草种	草地早热禾、加拿大早熟禾、普通早熟禾、早熟禾、羊茅、苇状羊茅、匍茎剪股颖、小糠草、黑麦草、多花黑麦草、冰草、无芒雀草、鸭茅、碱茅、洋草
观赏草坪	细叶结缕草、半细叶结缕草、沟叶结缕草、金山沟叶结缕草、结缕草杂交种、狗牙根及其杂交种、金线钝叶草等	早熟禾属、匍茎剪股颖、细弱剪股颖、紫羊茅、黑麦草等草种及多个品种
休息兼观赏草坪	中华结缕草、沟叶结缕草、半细叶结缕草、狗牙根杂交种、金线钝叶草	同上

有的公园、公共绿地（包括部分宅园）为了省事，或方便扫地，常竭力扩大不透水层地面，不管是人行道，还是车行道、存车处或零星的空地，常建造水泥混凝土地面。如果（除载重汽车行驶道以外）将人行道、轻型车行道、存车处铺装成有间隙的绿化地面，在间隙中种植草坪草或地被植物，可以增加雨水渗入土壤，对改善小环境气候，减少尘土飞扬等都有好的效果。

（一）利用方法

1. 大石板步道间隙地被
在人流量大的地方或轻型汽车
道路，利用大石板步道的间隙
加宽至 20～30mm，在间隙中种
植抗逆性和耐践踏性均强的草
种或地被植物，让草丛湮没部
分大石板（图 2-1），既有利
于保护环境，又增加景观美。

2. 小石板（或制件）的
间隙地被 在每块石板或混凝

图 2-1 大石板步道间隙地被

土制件板之间，留 40～80mm 间隙，在间隙土壤中种植绿化植物。
有的在机关、飞机场、码头等停车场处，用钢筋混凝土浇灌成有空
格的长方形预制件，铺装时预制件之间留 40～100mm 间隙，可在间
隙和空格中种植绿化植物（图 2-2）。

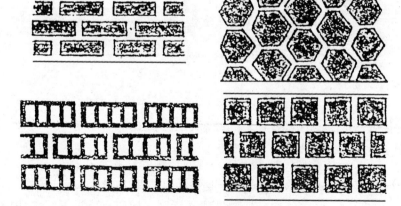

图 2-2 小石板（或制件）间隙种草地被

3. 草坪铺设步石（踏石） 住区草坪的步石要排列合理，具有
艺术性。要把石板底部填严实，使石板不摇动（图 2-3）。

（二）绿化植物的选择和管理

应选择根茎发达，耐磨性强，耐干旱和再生力均强的草坪草，如结缕草属、狗牙根属、早熟禾属草坪草等；或者选用适宜步石之间生长的地被植物。种植成活后，要适时进行养护管理，如浇水施肥，清除杂草和枯草等。

图2-3　草坪上步石的铺设

第三节　庭园和宅园

庭园是一个高品质住区环境，或称房屋的空地，可种植多种观赏性植物，是休憩、娱乐的场所。本书所说庭园泛指机关单位庭园，工厂矿山园区，学校校园，医院庭园，住宅庭园，宾馆庭园，社区绿地等。现在庭园绿化一般不过分追求优雅与精致生活品质，而是要与我们的生活空间紧密结合。庭园绿化是都市景观的重要部分，除具有共性外，随单位性质之别，还有自然环境之别，经济条件多寡和主人爱好等，在庭园设计建造和植物配置方面，有许多个性和特点。草坪和地被在住区的绿化中起着重要作用，不同的色彩和景观的变化，预示着不同季节的到来。特别是地被植物在春季、初夏时百花争艳，浓郁的花香四溢招来蜜蜂和蝴蝶；仲夏和秋季果实累累，招来鸟类觅食、筑巢定居。有的植物叶片在秋季则变化颜色，冬季则是银装素裹的自然景色。这种随自然变化的美景往往较庄严、肃穆、郁闷、阴森的常绿植物景观（寺观、坛庙、陵墓等纪念性场地）更为漂亮。草坪和地被常与建筑物融为一体，相映生辉。

一、机关单位庭园

这类庭园多以观赏草坪或观赏兼适当践踏的草坪（草地）草种为主，注意把乔灌木树下地面使用较耐阴的草坪草或地被覆盖起来，给人们以高雅、清洁的印象。轻型汽车的停车场地面最好用有间隙的地砖或有间隙的混凝土制件砌成，在间隙中种植有根茎、耐践踏（磨损）性强的草坪草或地被植物，让部分车轮湮没在草丛之中。为了防止夏季烈日暴晒庭园空地，可设置棚架种植藤蔓植物遮荫，种植爬山虎、欧洲常春藤、九重葛、紫藤等地被植物。在主楼后庭院可以配置草地网球场、草地排球场等，以便职工在工间休息、运动，消除疲劳，提高工作效率。

二、工厂、矿山园区

这是一个多种类型的绿化区，工厂产品性质不同，使用机器、原料不同，对绿化有不同要求。工厂庭园绿化是通过厂区环境的规划和设计，进行妥善安排、布置和营造，给人们提供一个舒适亲切、优美安全、卫生健康的工作环境，并且控制和减轻工业公害，维护生态平衡。工厂建造在花园中，还能招徕各方游客，提高工厂的声誉。

随着工业化、信息化技术的发展，工厂生产区的电力线路、通信管道和水管、气管，排污管道，都按设计图纸埋入地下。为防止乔木的树根增粗膨胀，拱起土壤和地面，会破坏电力和通信线路和管道的安全，而采用低矮灌木等多种地被和草坪来覆盖大面积地面，不仅是机器制造工厂，大型钢铁联合企业也是这样做的。这为草坪和地被业的发展提供了很好的前景。对特别需要清洁环境的食品厂、电子机械工厂、仪表厂、精密机械厂等更需要大面积的草坪和地被植物覆盖地面；而中草药制剂工厂对地被植物还有特别限制，禁止某些植物花粉影响生产药剂。各类工厂园区除少数观赏草坪外，提倡使用中、低养护管理的草坪草和大面积地被植物绿化。对于化工污染性（酸、碱、粉尘等）较重的工厂，要选择耐污染性强的草坪草和地被植物。

矿山绿化除参考工厂园区绿化外，还要治理运输码头、废弃渣场和矿山，恢复植被，并做好水土保持。这与大地绿化技术密切相关，不能机械地搬用城市绿化技术。

三、学校校园

学校是一个大社区，有办公楼庭园，有教学楼、实验室、图书馆绿地，有多种运动场地，有教职工和学生宿舍绿地，有的学校还有附属工厂或农场。因此，校园绿化应在园林总体规划下，分门别类、因地制宜实施草坪和地被绿化，不可千篇一律。如办公楼周围可适当仿效机关单位庭园草坪，其他地方由于人流量大，要选择具适应性、生长势、耐践踏性和抗逆性均强的草坪草种；地被则宜选用随春夏秋冬四季变化的植物，让学生们在校园里朝气蓬勃，茁壮成长；让教职员工们在"冬去春来"的植物环境中，培育出一批批莘莘学子。学校是文化教育园地，也是陶冶人们心灵的好地方，草坪和地被植物是人类的好朋友，要使学生在校园里既是优美环境的享受者，又是保护环境的劳动创造者。中学生和大学生是中国现代足球运动的先锋，善于用脑来踢球。有许多学校曾有标准草坪足球场，但近年重视不够。校园环境要为学生的身体好、学习好创造条件和基础。校园里要少一些"不许践踏草坪"的标牌，多一些"人类与大自然和谐"的口号。尤其是幼儿园庭园应具有大草坪的优美环境，让孩童生活在绿茵摇篮里。草坪富于弹性，可以减少孩子不必要的摔伤。

教职工和学生的住宅区，应以休息草坪和中等养护管理费用的草坪和地被植物为主。学校附属工厂和农场的草坪既要具学校校园的共性，也可以参考工厂和农场绿化的特点。

四、医院、疗养院庭园草坪

草坪和地被是这类单位所属地面除建筑设施外的户外空间的绿地。由于医护人员长期接触病人，难免常有烦闷的心理，急需优美的户外环境；病员本来身心欠佳，除需药物治疗外，尚需有理想的物质及精神上的疗养空间。庭园草坪为医护人员提供休憩、活动场所，让人心情愉快，精神饱满，易于消除疲劳，它也是病人康复健身的地方，同时还是市区绿化空间的一部分，成为都市肺脏。它还可以净化空气，调节小气候，减轻噪声和减少空气中的病菌数量。

这类庭园绿化力求简单、开朗、大方、安全、经济、实用，注重整齐、清洁、安宁、祥和，切忌复杂。宜铺植大片草坪供休憩、散步、晒太阳，并使用能清新空气、有杀菌作用的地被植物。但忌浓郁刺激气味或会诱发花粉病的地被植物；还要适当考虑当地民俗，如忌用白花或带谐音的不祥名称植物。除草坪、地被外，医院周围还应与大片常绿树林带配合，使总体环境有利于病员的医治和疗养。

五、住宅庭园

宅园是家庭生活的重要空间、户外活动的起居室。庭园也是社交活动的场所。随着居住环境的改善，庭园绿化应有特色。它由点到面连接城市公共绿地，为都市景观的组成部分。有人认为住宅庭院一般占住宅总面积的 1/5 以下，如果超出这个比例则称为别墅庭园，其造园艺术景观价值较高。

住宅庭园的设计对象是家庭，应根据家庭财力、职业阶层、兴趣嗜好等，以经济、便利、合理、富有趣味性为原则，应用的草坪和地被植物要注重实用价值，容易维护，以减少养护费用。在国外常有这样的话语，"任谁任何时间问到家庭主人，'你的庭园最需要什么植物？'回答肯定是：'一块漂亮的草坪'。"庭园草坪一般选择观赏兼适当践踏的草种，也可以根据主人的爱好选择地被植物，使各户绿化具有特色，也易为来客辨认。住宅庭园绿化还有一个特点是：多是主人自己动手劳作，他（她）们在工作闲暇，以栽植草坪和地被植物、修剪养护草坪为最大的快乐。即使在商品经济价值突出的国度也是如此。例如美国 NBA 篮球队的一个球星，每周也用 2 小时修剪自家的草坪，而他在 2 小时拍电视广告可赚得一万美元，若雇人劳动开支仅为 20 美元。

窗台、阳台和室内绿化应与庭园绿化配合得体，以美化环境。窗台、阳台多采用悬垂地被植物、攀缘植物或花卉，并可适时更换，这既能适当隐蔽主人室内活动，又能成为都市绿化的风景线。室内绿化不宜太复杂，主要是多种观叶植物和景天科、仙人掌科植物以及多种钵栽花卉等。

　　屋顶绿化是追求优雅、精致的生活品质的象征。善于利用城市空间，增加住宅区的绿化面积，改善居民的休憩环境，增加屋面的积水量，调节小气候。屋顶绿化可以解决楼房隔热问题，暑天降温尤为明显。由于屋顶密封好，能够防止阳光的照射，在寒冬时保暖效果也好，温差较小，对建筑物本身的结构也有保护作用。屋顶平台的利用为我国许多地方重视，并获得了很好效果。

　　1. 屋顶平台绿化的特色就是视野开阔。对于不良（雅）物方向可利用植物或木格篱等遮掩。因此，设计前必须仔细勘查，并根据主人需要设计，不要布置得过分繁杂和拥挤，尽力使之趋于自然式景观。要充分利用借景效应。"远借、邻借、仰借、俯借、应时而借"均可，"高原极望，远岫环屏，堂开淑气侵入，门引春流到泽。嫣红艳紫，欣逢花里神仙"①。

　　2. 屋顶平台不是一般地面，涉及许多复杂的变化因子：

　　（1）屋顶的安全荷载重量　旧式建筑楼板荷载一般为150kg/m²。屋顶绿化后总重量增加，因此，我国许多城市要求新建住宅屋顶的荷载为250~350kg/m²。它包括屋顶加固、防漏水辅助设施（如座椅和棚架、水池等建筑）的重量；种植植物基质的自重和饱和水分重量；植物长大后的植株及落叶湿重；风、雨、水、雾影响的重量；来客最多时的荷载以及其他安全系数重量等。

　　（2）屋顶的防漏水和排水技术　事先要检查楼板防漏水的质量，完全解决漏水问题。目前防水材料不断发展，可充分利用先进材料和技术。还应在防水层上铺一层防止植物根系戳破穿透防水层（防根层）的材料。由于屋顶种植土层浅，水分散失快，最好设置自动灌溉系统或人工浇灌设施。排水系统也十分重要，楼板和种植土层表面排水坡度不得小于1%，埋设排水管道把渗透水排到每个落水口。也有的使用粗煤渣垫底，然后铺撒种植土层基质。落水口处还要有沉沙井，安装防沙网，避免粗沙和杂物进入落水管。

---

①　（明）计成·园冶·北京中国建筑工业出版社，1987年版.

（3）使用轻质种植基质，正确选用绿化植物，忌用黏土。轻质的珍珠岩或锯木屑、泥炭土、腐殖质土、煤渣混合土均好。基质厚度约 150 ~ 300mm（图 2 - 4），主要使用观赏性兼适当践踏的草坪草种、低矮灌木和攀缘地被植物以及花卉。切忌栽植高大乔木。来客较多的草坪

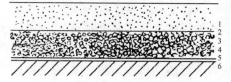

图 2 - 4　层顶绿化结构示意图
1. 植物生长层; 2. 过滤层; 3. 排水层;
4. 防根穿损的保护层; 5. 中间隔层;
6. 密封层

可铺设步石以减轻人为践踏的磨损。屋顶平台的风较大，需选择耐风、耐干旱的植物。生长势强的灌木最好植于专门的种植槽内，长大后使用绳索固定，必要时应修剪枝条，减少风的阻力。

（4）加强维护管理　草坪和地被建成后，除按照常规方法维护管理外，要强调浇水施肥、修剪和防治病虫害工作。注意种植基质的流失，在大雨、暴雨时，应及时检查清除排水口附近的杂物，避免堵塞排水主管道。另外，还要定期对铁器或木器进行防腐油漆保养和水池定期清洗等。在北欧等地降雨量分配均匀，空气湿度大，有斜面屋顶草坪绿化的习惯，其坡度为5° ~ 15°。由于有坡度使积水顺坡缓慢流走，屋内不致潮湿。如果坡度较大时，可采用其他相应措施，以防止基质和植物下滑或流失。有的设置防滑槛板（间距1 ~ 2m）或化学纤维的网状编织物，植物根系可以在网的上下层交织生长，十分牢固。著名的挪威博物馆斜面屋顶草坪使用的是早熟禾亚科草种，历史悠久，值得研究。

另外，宾馆庭园同公园小品景观和别墅庭园相似，社区公共绿化与文化休息公园和公共绿地相似，人们可以参考借鉴。

第四节　运动场

室外运动场草坪（草地），要根据各项运动比赛规则和观众席位

置等进行设计建造。良好的场地设计，不单是为了运动员提高比赛成绩，也为一般运动者增加乐趣，且有利于场地管理者。运动场地的设计是一门高深的学问，应糅合各种因素，要有独特的风格。一块好的运动场草坪，其铺装尤为重要。草坪绿色宜人，对光线的吸收和反射比较适中，反光少且不眩目，给人柔和之感。例如足球运动场地大，对抗激烈，场面壮观。场地只有铺植优质草坪才能防止泥泞、扬尘，运动员在草坪球场上即使摔伤也较轻微，伤口较在塑胶场地或裸地受伤容易痊愈。此外，好的草坪场地能激发运动员技术的最大限度发挥，并创造优异的成绩。优质草坪场地还能招徕国内外著名球队前来比赛，有利于城市知名度的提高。

一、足球场草坪

标准足球场地的长度为 104m，宽 72m，另外要增加 1~5m 缓冲地带。草坪面积一般为 7600~10000m²。场地地面、坡度设计、排水管道（沟）、喷灌布置等如图 2-5~图 2-10 所示。场地表面距地下

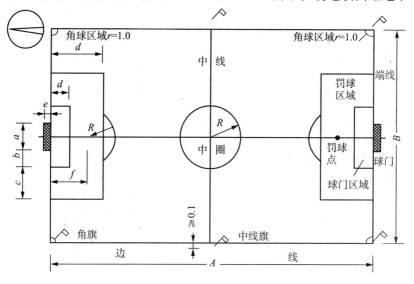

图 2-5　足球场场地平面图

43

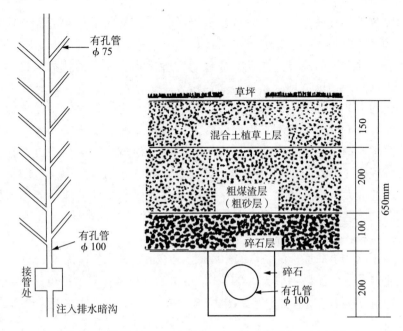

图 2－6 常见足球场暗管排水 图 2－7 足球场草坪面示意图

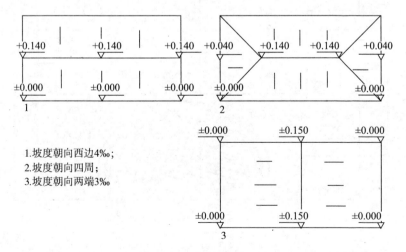

1.坡度朝向西边4‰；
2.坡度朝向四周；
3.坡度朝向两端3‰

图 2－8 足球场坡度设计

44

水位应不少于 1m。在雨水较多、地势较低、土壤黏性大的地方，场地应设置排水暗沟，多使用鱼骨型或其他类型。暗沟的支管（盲沟）间距可大于 10m。在降水量较少、地势较高的地方，或经费不很充足的学校足球场，也可以不设置地下排水暗沟。

足球场地要求平整，也可以有一定坡度以利地面快速排水。实践证明场地的地面排水是主要的，自场地中轴线起逐渐向两侧倾斜，其比降度 3‰~5‰，如超过 7‰就会影响训练和比赛。

场地表土层要求有适当的密实性、弹性，符合运动规则，这往往对草坪草生长不利。植草层是砂（沙）土与黏土配置成的混合土，黏土比例不超过 15% 最为理想，厚度以 0.20~0.30m 为宜。

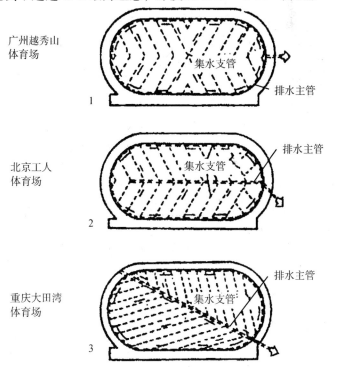

图 2-9 足球场排水暗管的布置

1. 地势平坦时的布置；2、3 地势倾斜时的布置

45

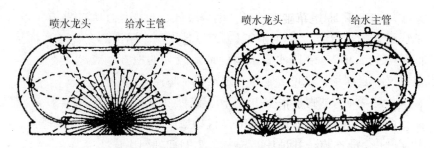

图 2 - 10　较完备场地四周的水源布置示例

　　草种的选择应根据当地气候、草坪草生育期与适应性和经费等条件而定。要求草坪草的生长势和耐磨性均强。我国的大中城市经济较发达，文化水平较高，对草坪绿化的质量要求也高。这些城市多数属于热带、亚热带和暖温带气候，每年 7 ~ 8 月的绝对高温可达 35° ~ 40℃，而许多大型运动会和足球比赛日程多安排在夏季至仲秋。为此，就不能不把足球场草坪草的耐高温性、耐干旱性作为重要条件列入考虑。这些地区多年来常使用适应性强又耐践踏的国产草种，如结缕草、中华结缕草、狗牙根和假俭草等。也有适当混种近缘地毯草、地毯草、两耳草等，效果也好。对于适宜种植早熟禾亚科草坪草的地区，我们也提倡营建这类草种的草坪，以满足仲秋以后至春季、仲夏气温较低时使用。国外有的足球场，为使草坪在寒冬时使用，场地投入巨资建造塑料薄膜罩保护草坪，采取人工加温的手段来保证草坪草的生长。

　　足球场草坪的种植和养护管理，较普通草坪要求高。场地植草层是一种特殊质地，只有依赖人工措施，采用先进技术，精细管理，才能建成与保持优质草坪。场地要求平坦，没有凹凸地面，硬度适当，由绿茵的草坪草紧密盖地，且修剪得整齐，有弹性，耐践踏。选择的草坪草还应具强的生长势和适应性，使用后受损伤的草坪草能较快恢复，便于场地再使用。草坪的养护管理应与场地使用计划同步，坚持科学管理。草坪修剪高度因草种或季节不同稍有差异，如早熟禾亚科草坪草在春季一般高度为 40mm，夏季不超过 70mm，秋季为 20mm；虎尾草亚科和黍亚科草坪草一般为 40mm，不超过 60mm 为宜。若草坪草的冠度过高，草层过厚就会影响运动员的奔跑速度和足球滚动。草坪草种、场地质量和天气状况等与足球比赛结果有密切关系，常被球队忽视。养护修复草坪一般可分为小修、中修、大修三种。小修是指每场球赛后立即清除场地杂物，修复草坪场地伤痕，对凹处垫沙压实，干燥天气要浇水等；中修是指每轮球赛后修复场地伤痕，补植秃裸地面的草皮或补播草籽，处理凹凸地面，防除杂草和病虫害，施肥、浇水、封场养护，让草坪草恢复生机，供球队再战。要强调虎尾草亚科和黍亚科草坪地在仲秋或晚秋时补给充足肥料，让草坪草健壮生长。由于匍匐茎、根茎积累贮藏越冬养分，此时要合理安排赛时，减轻草株损伤，否则会严重影响翌春的生长势；大修就是全面修复草坪场地，虎尾草亚科和黍亚科草坪草在冬季时进行，包括复测场地坡度，场地穿孔松土，疏耙草坪，垫肥细土，重施有机肥，滚压，封场养护等。春季（3 月或 4 月）是草芽萌发生长期，是当年草坪草生长势好坏的基础，此时要严禁践踏使用场地，否则极难恢复元气。早熟禾亚科草坪草则在秋季气温下降后大修场地，补播或更新草坪，重施有机肥等，且封场禁止使用。封闭草坪场地是养护的重要措施，能保证优质草坪供球赛，避免草坪草严重损伤，延长场地草坪使用年限，节省草坪费用。为了保证比赛场地的优质草坪，必须同训练场严格分开。

　　足球场草坪是足球运动的基础，运动员与草坪球场之间犹如希腊神话中"安泰与大地"的关系，即草坪是运动员的母亲，是力量的源泉。场地主人、教练与草坪工程师三者的意向是完全一致的。草坪本身是商品，即场地主人需要给草坪工程师充足的经费，通过先进的设备，营造优质场地和草坪；教练要充分调动与发挥运动员的球技，踢出高水平的比赛，甚至不惜把草坪场地打烂；草坪工程师则及时将草坪场地修复，以利球队再战。如此循环不已。草坪运动场的社会效益、环境效益和经济效益也由此得以体现。

　　另外，同足球场草坪类似的有橄榄球、棒垒球、草地网球、曲棍球、马球和赛马场等草坪，可参考足球场草坪的建造技术。

二、高尔夫球场草坪

"高尔夫"最初是荷兰语 KOLF 的音译。英语译为 GOLF。高尔夫球最先是牧羊人的一种游戏，后来发展到城市，许多人对这种游戏发生兴趣，并成为富有人群的高消费运动。现代高尔夫球运动，或许是偶然的巧合，又具有一个新的含义：即英语 GOIF 的字母，G 代表绿色（Green）、O 为氧气（Oxygen）、L 为阳光（Light）、F 为脚步（Foot）。可以解释为人们在绿色草坪上，呼吸着新鲜的空气，沐浴着灿烂的阳光，迈着矫健的脚步在原野运动。

标准的高尔夫球场（正式比赛场地），一般为 18 个洞、72 标准杆，运动员逐一击球入洞并以击球的次数少者为胜。有的高尔夫球场为 36 个洞或 72 个洞。通常情况下，18 个洞的球场占地 60～80hm²（36 个洞场地约为 134hm²），同时要求球场周围环境宁静，具有森林风景区景观。

据资料，1931 年南京中山门外陵园中央体育场旁，曾辟建有较好的高尔夫球场；现上海市动物园位置原是 9 个洞的高尔夫球场；1928 年重庆在中央公园（今人民公园）建造有高尔夫球练习场等。1986 年广东省中山市温泉建成具有现代水平的、中国乡土气息和怡人景致的高尔夫球场（图 2-11），后来许多城市相继建造类似球场。但也出现盲目性，如有的经济区就密集建有数十家高尔夫球场。它们占农田和需要淡水量均很多，有的甚至不经政府部门批准就占据国土，不利于可持续发展。全世界所有高尔夫球场的面积比一个比利时国家还要大，消耗的淡水也多。日本人森田·健等曾邀请 8 个国家的环保人士组成全球反高尔夫球运动联盟，将每年 4 月 29 日定为国际拒打高尔夫球日。

1. 高尔夫球场的设计较其他运动场地要求都高，特别对自然景物的配置、场地造型、球道的难易、落球点的位置、障碍的设立及其位置等都十分讲究。而草坪之优劣则是影响球场质量的最大因素，因而对草坪草种的选择和养护管理技术的要求也很高。现在我国有

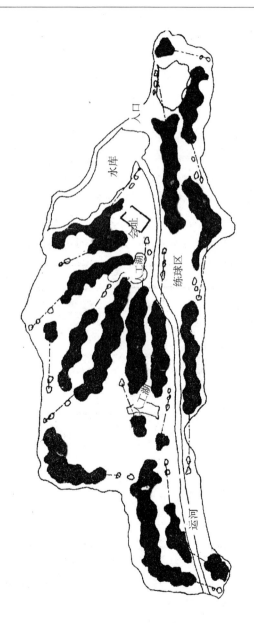

图 2 - 11　中山温泉高尔夫球会 18 洞、72 杆锦标赛球场分布图

的高尔夫球场多仿效欧美国家的景观和营建方法，有的甚至炸掉那鬼斧神工的十分美丽的自然景观。日本、韩国、新加坡等国的场地设计和草种，就有本国的特色。美国高尔夫球协会（USGA）为了提高草坪质量，不惜用重金坚持请草坪专家选育草种，尤以开发狗牙根属、结缕草属、雀稗属等栽培品种效果最好，广泛应用在果岭、发球台和球道，近年又有新成果，很值得重视。

2. 高尔夫球场的球盘称为果岭（Green），发球台（Tee）草坪十分平坦，土壤结构和排水设施良好（图 2 - 12）。草坪草经修剪后的质量犹如室内地毯，其草枝能将小球托起便于击球。其余大面积的草坪则充分利用地形、地貌，属于自然式草坪，并构成优美的景观。

球盘（Green）有一个入球洞（Hole），洞内可插旗杆及旗以资识别。球盘和发球台常使用的草坪草有：蒂夫顿草-419、蒂夫顿草-328、矮生蒂夫顿草、非洲狗牙根、'钻石'沟叶结缕草、台湾省金山沟叶结缕草、云林的斗六草、结缕草杂交种、韩国 S - 94 等。要求修剪高度为 4 ~ 12mm。在气候温和地区，草坪草以匍茎剪股颖最佳，草株的高度为 2 ~ 7mm。

在球盘外围设有保护带，有的称球盘环（Collar）、球盘前端（Apron），其草坪草种或修剪高度同球盘草有一定区别。

球道（Fairway）通常有一定宽度。球道两旁地区统称长草区或球道边缘区（Rough），草坪草种和修剪高度也有区别。有的球道，尤其是在接近球盘的地方，往往设有沙盆（Bunker）和水塘等，以增加打球的难度和趣味性。球道草坪常用狗牙根杂交

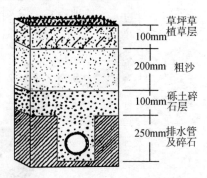

草坪草植草层　100mm

200mm　粗沙

100mm　砾土碎石层

250mm　排水管及碎石

图 2 - 12　高尔夫球场草坪剖面示意图

种、沟叶结缕草、结缕草杂交种、假俭草和黑麦草、草地早熟禾、

羊茅、剪股颖等。

落球区（Landing area）的草坪亦有一定特别式样，可用与球道不同的草种，或采用不同修剪高度以资区别。球道两旁多栽植树木为界限，对树种的规定是枝桠不要稠密，以便小球容易从树上掉落。球道如选用巴哈雀稗落球区及沙盆，周围则多使用蒂夫顿草系列草种。球道中央部分草坪的剪草高度为 24 ~ 36mm，球道两旁的草坪草高度为 50 ~ 100mm。

3. 高尔夫球场草坪的养护管理十分精细，机械化程度很高，对保证草坪质量有很大作用，并十分注意环境保护；尽量减少农药、化肥的施用量，还要节约淡水的浇灌。

另外，室外保龄球草坪或称室外滚木球，同高尔夫球场的球盘草坪相似，建造和维护时可以参考。

第五节　坡面植被的保护与恢复

一、重要性和策略

（一）重要性

坡面（Slope Face）是地貌的反映，是倾斜地表的面容。地貌亦称地形（Terrain），是地表各种形态的总称。自然坡面多数是稳定的，除有少数坡面裸露外，是由当地植物群落覆盖，成为人类生存的植被环境。然而坡面植被常遭破坏，除自然灾害的滑坡，崩塌和泥石流外，随着人类活动和人口的增加，为了争取空间，猎取生活资料，就向自然夺取，砍伐林木，开荒农耕。特别是后来人口的暴涨，战乱和改造自然决策失误之野蛮工程，大面积毁林毁草，破坏自然植被和人工植被。人们常见无数纵横沟壑及支离破碎的地貌，又常见有的坡面伤痕累累和千疮百孔的裸露，容易引发自然灾害，导致水土流失和荒漠化、石漠化、旱涝灾害频繁，给人类的生存环境带来很大危害。就是人们有计划地利用与开发地球资源，以追求较富裕的生活条件，为社会的进步与发展，民族的兴旺，国家的强盛，发展生产力，对植被的破坏也难避免。如果能减少破坏性，能够及时恢复植被绿化环境，也符合可持续发展的战略，这是当代人和后人所期望的。

坡面（地面）植被相似于人体皮肤，坡面遭受破坏裸露，相似于人体皮肤的损（烧）伤。皮肤覆盖在人体表面，从体积和重量来看是人体最大的器官，占体重的 14～17%，具有保护体内组织，排泄废物，调节体温，感受冷、热、痛、触等刺激以及免疫功能，完整的皮肤还能阻止身体体液外渗，同时参与代谢作用等。人类的生存及其繁衍，必须保护自己的身体，这是根基之本。土地是人类的母亲，子孙们应崇敬和爱护她。所以，土地也是国家安全的重要条件之一。"森林（植被）无存，土将不存；土之不存，人将焉附！"

（二）保护和恢复的策略

遵从自然规律，采用工程（物理）措施和生物（植物）措施相结合。稳定边坡和坡面，主要靠土木工程措施，科学地利用植物群落的演替，正确地养护管理也是重要的辅助措施，这是裸露和受损坡面环境保护和恢复的策略。

1. 人的皮肤与外界环境接触，如遭遇重摩擦，烈日暴晒或严寒冻害等就会受伤；如遇烧伤引起的皮肤和组织损伤，虽然先发生于皮肤，重者可伤及皮下组织和肌肉，如不及时医治或医术不当，护理不好，不但会增加患者痛苦，增大医疗费用和延长治疗时间，严重时会诱发属于内外科多种病变，甚至危及生命安全。对于烧伤皮肤，伤势轻又无感染者，只要遵照医嘱正确护理可以逐步自行愈合；对于烧伤面积大或深度大者，由于创面无残存的上皮就必须采用植皮术，经过较长时间精心护理，始能恢复皮肤健康。植皮术有大张创面覆盖物，有小片或点状皮肤移植，尤以点状（小块）皮肤移植，让新生皮肤自行逐步扩展，覆盖创伤面的效果最佳。移植的皮肤有采自新鲜的自体内皮，有患者亲属（同种）异体皮，有非亲属（外来种）异体皮和人造皮等，而以患者自体大腿内侧等皮肤移植的再生力，愈合力和扩展性最强，效果最好。以非亲属体皮肤移植的亲和力较弱，常有植皮不成功另外选用皮肤重植病例。植皮后的护理也是十分重要的，否则前功尽弃。医学的这种医疗术结论，同我们治理裸露坡面，恢复坡面植被的理念完全一致。

2. 边坡和坡面的稳定基础

（1）边坡主要有坡面、坡底和坡顶等部分，其稳定性与形成的原因、地质结构、高度、长度等有密切关系。常见有岩石边坡（硬岩、软岩、砾岩），土质边坡（黏土、砂质土）和岩土混合体边坡（砾石掺土、黏质土夹杂岩块）等；有急坡、陡坡、中等坡度、缓坡；有稳定边坡和不稳定边坡之别。对于大自然众多鬼斧神工的岩石景观之稳定边坡，如果不妨碍人为改造自然的工程，我们提倡尽力保护利用，为后人留下可持续发展的资源。本书主要讨论的是由人工开挖或回填形成的，具一定坡度的边坡和坡面的保护和恢复工程。一般来说，坡底及缓坡的土层较厚，土质和水分条件较好，绿化较易；在坡面和坡顶部分，如有松散岩石、陡坡、高坡，其稳定较差或极差，土层瘠薄，水分少，栽种植物较难，绿化不易，特别是陡急边坡更要依靠土木工程措施来稳定和保护边坡，始能栽种植物，获得绿化效果。

（2）边坡不稳定的主要原因　边坡的稳定性同基础是否牢固，斜坡表面（坡面）是否有碎裂石块，坡面的荷载重量是否超过限度，以及是否有重大的地质灾害原因有重要关系；同自然的风力，降水（雨、雪、霜冻）侵蚀、阳光照射、温度急剧变化、雷电袭击和台风等也有密切关系。例如较大风力可以加速岩石，母岩和坡面表层物的移动，或摇动乔木的地基，严重时会引起大树基盘岩石破坏，发生落石或崩塌。降水的雨滴溅击可使表土的土粒（沙）结构遭到破坏移动，严重侵蚀造成水土流失。大量渗透水的产生，可以造成摩擦力增加，地下水压上升形成管涌，使土层陷落。或者坡顶防洪沟设置不当，排水不畅，沟渠被堵塞，大水集中下泄时冲击坡面，形成滑坡、崩塌和泥石流。有的山地或丘陵地区的风景区和高尔夫球场，草坪坡面上部汇集水面积广，水流量大，没有建造明沟（排洪沟）把大量洪水及时排出坡面外，也会严重冲刷中下部坡面景点的园林植物或者草坪场地，酿成自然灾害。另外，阳光暴晒、寒暑温度急剧变化、雷电袭击等，可以加速岩石、母岩、土粒的风化，造成落石或崩塌等灾害。

（3）坡面浅土层的荷载超重影响不稳定。由于有的坡面土层较浅，常受自然和人为因素影响其稳定性，在设计和施工前必须进行科学的调查研究。这就是我们不提倡在浅土层坡面，高边坡或陡峭边坡栽植乔木的原因。常见在大风雨雪或暴雨等自然灾害后，坡面有的高大乔木超荷载倒伏，形成坡面浅土层破坏的现场，如剥落、落石、崩塌、堆塌、表土层风化剥落、错落、浅土层滑坡等，冲毁边坡下部的良田和房屋，严重阻塞公路、高速公路和铁路。

二、坡面植被恢复的工程体系

（一）恢复生态学在坡面绿化工程的作用

生态学（ecology）是研究生物与其环境间的相互关系以及研究生物彼此间的相互关系的一门学科，在 19~20 世纪得到很好的发展。恢复生态学（restoration ecology）是 20 世纪 80 年代中期诞生的具有知识创新的学科，已成为生态学优先发展领域。它起源于四个方面：一是源于保护生物学，其物种和稀有或濒危的群落保护，部分依赖于生态恢复的手段；二是源于地理与景观生态学，在该领域一般以流域为研究单元，实现生态系统的管理是生态恢复目标；三是源于湿地生态恢复，强调生态系统的服务功能；四是源于矿业废弃地等极端退化土地的生态恢复，其目标是建立功能性生态系统。现在许多学者的共同认识是：恢复生态和生态恢复是两个不同的概念。恢复生态学是研究退化或受损的生态系统的恢复与重建，是保护和帮助退化、受损或毁坏生态系统从结构和功能的修复，基本复原或重建生态系统。

（二）坡面植被恢复的工程体系

坡面环境植被恢复（复原植被）的绿化工程，其基本要点是：

创造一种适合植物生长发育的环境条件，为恢复植被奠定良好的基础，这个基础工程包括土木工程和植物种植工程与养护管理工程，如图 2-13 所示。

坡面植被恢复工程体系

1. 土木工程（稳定边坡环境基础，创造改善植物生长条件）：挡土墙工程，埋设工程护壁护坡，谷地保护工程，斜坡面截割工程，坡顶部与两侧面排水防洪和坡面内部引水排水工程，栅栏工程，阶梯式多层台地工程，陡坡掘孔和井字梁框格工程，岩石锚杆固定工程，筑坝和石笼工程，客土工程，保土工程，防风防（沙）工程，防滑坡和崩塌工程等

2. 植物种植工程（栽植苗木，播种和灌草丛植物断茎埋植时混入叶状体植物及蕨类孢子体，种植豆科植物须拌混根瘤菌的熟土等）：
　栽植工程：栽植灌木和低矮乔木幼苗，最好是营养杯育成的壮苗。有的地方可插枝、压条成株。竹类植物、攀缘、悬垂、蔓生植物须适时栽植。灌草丛类植株的分栽和断茎繁殖也要适时地种植
　播种工程：撒播草本植物和木本植物种子，客土（加厚型）喷播种子，配制肥料、土壤保湿剂、稳定剂喷播

3. 养护管理工程：检查修复土木工程；植物幼苗和成株的浇水、施肥、防干旱、防侵蚀、防风、防寒、喷农药防治病虫害、修枝整形、采伐更新、刈草等；预防火灾；防止人为和牲畜侵入损害

图 2-13　坡面植被恢复工程体系

三、植物的选择理念

坡面植被恢复的目标是：植物适应当地气候和土质条件，能较

好地生长定居；具有丰富的生物多样性，重视应用乡土植物，与当地自然环境、植物种类、生长状况等相协调；植物根系发达，固土保水作用强；植物群落的整体景观性较好，抗逆性强，具有较好稳定坡面和抗御自然灾害的能力。

灌木丛具有固定种（riveted species）或铆钉种（rivets species）的开拓作用，又具有庇护（shelter or shield）周围（附近）坡面新植（新生）灌木丛和草本植物幼苗生长定居的效果。灌木种类很多，多丛生于原野，过去许多人常以荆棘丛生成莽，最易阻塞道路而厌恶它，其实灌丛对林地、坡地和恶劣环境条件下恢复植被具有重要作用，值得重新认识。那种适宜在温暖湿润气候，不耐高温干旱，病害严重的植物，由于播种方便，短期效果较好，只属于短途旅客种（passenger），可作为过渡性植物。

"因地制宜，一切经过试验"、"入乡随俗"、"土洋结合，洋为中用"等，是许多历史时期对成功经验和失败教训的总结。本来多快和好省，正常生长同刺激作用和抑制作用，机械化和人工劳动等的关系，都是相对统一的，要以实际效果和减少投入费用，在较长时间内获得较好的环境效益和经济利益为标准。但是，在"只为多快的跃进"的影响下，不经过严格试验和多年的环境效益评价，就盲目引入并且快速推广外国植物，如喜旱莲子草、凤眼蓝、紫茎泽兰、假高粱等，以及有害生物物种的做法，要坚决杜绝。要学习欧美国家不同气候带的植被经验，更要重视本民族本地区的优良植物，学习邻近国家恢复植被经验。在具体设计坡面恢复植被方案，选择植物之前，最好组织多学科的专家和技师，就地调查研究没有遭受破坏的坡面的植物群落，从中筛选出较为理想的灌木（包括低矮乔木）和草本植物，适当引入适应性和抗逆性强的外来植物，并且就地组织商品化生产，有计划地供应坡面恢复植被现场，还要改善种植方法和养护管理，才能取得事半功倍的效果。

第六节 高速公路、铁路、湿地和河岸绿化

公路、铁路和河岸绿化大多数属于大地绿化范畴，是保护环境和减灾的重要措施。汽车、火车、船舶的流畅运行，需要各行其道。人们对道路和河流水道的兴建改变了原有地形，造成地貌的裸露，所以要恢复草木植被，对沿途新生境进行绿化、美化，保护道路和河流不遭受大的损坏，防止滑坡、崩塌和泥石流，或减轻其危害。过去人们熟悉的绿化方法有护路林、护岸林、护滩林等，都以乔木为主。现在汽车、火车运行的速度已经不再是过去 30～60km/h，一般都在 80～100（120）～200km/h，甚至高达 250km/h 以上。如果道路两旁一定范围内（5～10～30m）有茂密的高大乔木，就会遮挡驾驶员的视野，对乘客的眼睛也有眩目等不利影响，需要改为使用低矮的灌木和草坪地被植物覆盖道路两旁地面，使沿线环境优美，使景点区更加绚丽。在新型的交通道路旁和河流两岸，人们有宽阔的视野，驾驶员可随视线景观变化，减轻疲劳，达到安全、高速行车的目的。为此，道路和河岸绿化是整个工程的重要部分之一，应列入总体工程计划，并作为竣工的最后一项工程项目验收。

一、高速公路和铁路的绿化

高速公路是 20 世纪 30 年代由普通公路发展起来的，供汽车高速行驶的道路，纵坡较小，路面单向宽 2 车道以上，中间设分隔带，采用有弹性的沥青混凝土路面，禁止非机动车和行人在路上行驶，与铁路、公路相交时，完全采用立体交叉。铁路时速一般在 140km/h 以上。

（一）绿化范围、目的和主要内容

凡属高速公路和铁路非行车道路的一切用地，除必要的建筑物以外，都属绿化范围。其目的是保护环境，稳固路基，防止地面裸露和遭受雨雪风的侵蚀，保证道路畅通；改善道路两旁的绿色景观、风光，增加美感，保证安全行车等。主要内容有：

1. 对车站、收费站、道路交叉环围区进行景点绿化美化。

2. 公路中间分隔带和偏离主要车道的紧急刹车缓冲地段绿化。

3. 道路两旁，特别是斜坡、陡坡的护坡绿化。

4. 以工程措施和生物（植物）措施相结合的地形、地貌整治。

5. 以气候区为基础，在较长线路区要统一绿化风格，同时在局部地段要有多种绿化形式。

6. 采用植物为主的防护，以取得收效快、成本低、有效期长、容易养护、效果理想的效果。

（二）绿化美化的原则和步骤

1. 车站、收费站、公路交叉环围区的景点，以植物造园为主，适当设置园林小品，除机动车道路使用水泥、沥青等不透水地面外，其他地面尽量使用草坪和地被植物遮蔽，或以水泥制件空格栽植具根茎植物绿化环境。南方气候区和伏夏高温地区，可在适当位置栽植乔木遮荫。景点绿化构图要求简洁、粗犷、明快，使人在短时期内领会整个景观。选择配置植物时，要因地制宜，使用适应当地自然环境的、生长势和抗逆性强、寿命长、绿化标准适中、造价较低、四季有景观的植物。

2. 公路中间分隔带以低矮的灌木、地被植物为主，高度要严格控制在 1.5m 以下。对灌木每年要适时多次修剪，这样既可控制生长高度，又可促进生长势，增加分枝数，达到分隔车道和防止对面车灯的干扰等。植物的选择标准是生长势强、根系发达、生长周期长、特别要耐受废气污染，抗御高速汽车行驶经过时产生的气浪，还要考虑植物再生力和恢复力强等特性。

通常，高速公路在偏离主要车道旁设置紧急刹车缓冲地，相当于飞机跑道末端的缓冲草坪，尽量减少汽车在特殊状态时的损失和伤亡。可选择适应性、生长势和耐磨性均强的草种。

3. 道路两旁护坡绿化 高速公路和铁路两旁的斜坡、陡坡较多，尤以丘陵山区和高原地区更多。有的人将道路地面以下斜坡（填方）称为下边坡，以上者称为上边坡。下边坡土壤水分较多，绿化较易；

上边坡则裸露岩石、石砾、心土多，即使有少量土粒也较干燥瘠薄；还有阳坡、阴坡之别，绿化艰难。在道路旁和边坡上不应该按过去习惯栽植乔木，因日后乔木长大，根系和树干、枝叶增多、增重，反会有碍路基的巩固。如遇乔木枯死，树桩腐烂，就是一个疏松的大洞穴，这是道路工程最忌的事。我们常见过去普通公路、铁路旁栽植的乔木长大后，根系不能承受上部的重量而倒塌，或遇大风、大雨、大雪折断或引发滑坡、崩塌酿成阻挡道路之害。因此，道路两旁护坡应以草坪草和地被植物为主（包括禾草、莎草、灌木和攀缘植物等），选择适应性、抗逆性强，演替竞争力也强，寿命长、养护费用低的植物，符合经济有效原则。现在有的工程，只追求快速短期美观，使用适应性和抗逆性均差的外来草种，待时间稍长，所栽培的草种多数死亡，被当地野生优势植物所替代。

4. 以工程（物理）措施和生物（植物）措施相结合整治地形、地貌。

（1）高速公路和铁路的兴建必然会破坏原有植被，施工单位应遵照国家法规，在工程竣工前恢复植被，写出科学的书面报告；经有关生物学专家组织鉴定。否则，建造道路会破坏植被绿化。

（2）所谓工程措施主要指道路中间分隔带的缘石，道路两旁及顶部分水岭的排水系统、挡土墙和路堑框格等的修建；对危岩、悬石、松软土、砾土以及会形成幻影物的整治。生物措施是巩固道路工程措施的有力保证。可在不同坡面，用工程方法钻凿必要的孔穴，或盛土种植槽物，或固定永久性的桩，张挂黄麻、塑料网绳，为种植植物生长定居提供方便。有的植物在生长初期虽然缓慢，但其适应性和演替竞争力强、扎根牢固、寿命长，是定居的优势种。

（三）植物的种植和养护

除车站、收费站、公路（铁路）交叉环围区景点绿化外，其他环境均恶劣。植物的选择、种植和养护技术可参阅侵蚀地防治技术。

二、湿地和河岸绿化

（一）湿地

湿地又名沼泽（Wetland），湿地是指沼泽地、泥炭地或水域地带的静止或流动、淡水、半咸水、咸水水体，低潮时水深不超过6m的水域，包括海岸地带的珊瑚滩和海草床、滩涂、红树林、河口、河流、淡水沼泽、沼泽森林、湖泊、盐沼及盐湖。湿地的作用有：生命的摇篮、文明的摇篮和直接利用价值，间接利用价值等。湿地也被称之为地球之肾。湿地的特征是排水差，因而大部或全部时间内有缓慢流动的水或滞流水渗入土壤中。它形成的条件是地势低平，排水不良，蒸发量小于降水量。根据土壤和植物可分为酸性沼泽、草木沼泽和森林沼泽，也有分为沼泽湿地、湖泊湿地、河流湿地、浅海滩涂湿地和人工湿地等。

中国面积最大的湿地是黑龙江和吉林的三江平原草甸湿地，还有五大淡水湖（鄱阳湖、洞庭湖、太湖、洪泽湖、巢湖）湿地，杭州湾滨海湿地，四川若尔盖高原草地湿地等。湿地同人类生态环境息息相关，却又是容易被人们轻视的生态环境，有的人把湿地当成荒地垦殖，围湖造田，农耕或建造房屋、游乐场等，滥砍滥伐树木，过度放牧，导致大范围生态系统急剧退化。

我们的祖先历来把保护湿地作为神圣的任务，例如在19世纪中叶以前，黑龙江和吉林境内人迹罕至，为连绵不断的茂密森林所覆盖。这些森林、草地和湿地环境，是清代皇室祖先活动的地方，故清代初年，朝廷为保护满族发祥地，将这个地域一直划为"四禁"地区（禁止采伐森林、禁采矿、禁渔猎和禁农牧），对严重违反禁令者杀头。封锁达数百年之久，使大小兴安岭、长白山一带古木参天，茂密葱郁，鸟兽众多，林海茫茫，成为我国最重要的森林资源和生物物种多样性基地。当时境内虽有少数民族狩猎为生，以及汉族、朝鲜族移民垦殖，但人口极少，对森林和植被的破坏性不大。直到19世纪末，这里基本上保持着原始生态面貌，为子孙后代留下了丰富资源和宝藏[1]。有识之士认为：长江、黄河、澜沧江的源头都在青海的高原湿地，中华民族的子孙主要靠吃三江水源的乳汁生存、繁衍，也是创造中华文明和东南亚文明的发祥地。现代中国人应该很好地向满族同胞学习，以虔诚的心灵来保护自己"老祖母（圣母）的乳房区"。倘若有不敬者，应该受到教育或警告；属于破坏者应视为中华民族的忤逆不孝之徒惩处。并建议国家制定专门的法律保护。

（二）江、河、溪流、水道

水道的形成受多种因素影响，并经历漫长岁月。河谷中被水流淹没的部分叫作"河床"或称"河槽"，它随水位涨落而变化。许多河流沿途都有常年洪水（枯水）水位线或历史最高洪水（最低枯水）水位线的记载。河岸绿化可能减缓雨水的打（冲）击力，减轻坡面径流的损失。我国古人认为，蛇在爬行时总是波浪式的弯弯曲曲的蠕动，前进速度很快，如果是笔直地爬行就会偏移方向。江河的水流似蛇爬行状态，波浪式蜿蜒向下流淌或在弯曲部位建造竹林、丛树林，可以减少水的危害。这种遵从自然的经验，后来引起美、俄、日等国科学家的重视和学习。所以，后来发展起来的高速公路，也不全是直线，适时采用缓慢弯曲地缓和的曲线形运动，对驾驶员操纵汽车很方便。因此，江河溪流应该随自然地形弯曲，不宜人为过多地改成直冲水道；在岸边和适当位置，还应有少数巨石或砂堆等，这些障碍物环境对动植物的生息有很好作用。

（三）湿地和河岸绿化内容和步骤

1. 湿地和河岸生态系统有许多特点，具有很多植物、微生物和动物，这里的土壤支撑着当地动植物与微生物的生命过程，有很强的吸附、降解、净化污染物的能力。由于氧化效应的根际圈影响着土壤中的化学过程，氧化的扩散，即使在淹水条件下，土体和水体内也会维持不同程度的有氧条件，从而使氧化还原反应能在湿地内

---

① 谭继清等。浅谈湿地的保护和利用。北京：中国花卉报，2004 年 7 月 27 日。

持续发生。湿地动物有原生动物、鱼类、爬行类以及禽类和哺乳动物，对生态环境的改善起着微妙甚至重要作用。湿地绿化植物包括乔木、灌木、草本植物，还有湿生植物和水生植物（沉水型、浮水型、挺水型水生植物）。为此，建议在常年水位5～10m地方栽植较耐湿（包括短期淹没）生长的乔木、灌木和地被植物，建成巩固的人工森林植被。在低水位和浅水区可大量使用乡土植物，如芦苇、荻、甜根子草、牛鞭草、香蒲、薹草和水筛属、水鳖属、苦草属等湿生和水生植物。芦苇是宝，应恢复和发展芦苇业，不要再做消灭芦苇的蠢事。要遵循环境生态学的观点，一切经过试验，有计划、有目的地引进外来植物，权衡引种外来植物栽培的可行性，认真吸取过去盲目引种喜旱莲子草、凤眼莲等危险性杂草导致泛滥成灾的教训。

2. 配合江河流域防护林的建设，发挥草本层地被的作用。河岸斜坡种植地被植物，缓流河岸和堤岸栽植耐水淹的灌木和地被植物，河滩地种植耐水淹没的固沙植物，改善城镇岸边、码头、景点的绿化和美化等。

3. 江河防护林的草本层地被。这类防护林是指在江、河、溪流的上游和沿岸种植大面积森林植被，或封山育林育草，或退耕还林还草，恢复森林植被，使之具有抗灾、涵养水源、调节气候、防治侵蚀等功能。乔木、灌木、草本层植物相互依赖，相辅相成。倘若没有草本层地被植物、幼树或大树林地，就不可避免出现雨滴打击地面（溅侵蚀）形成细沟侵蚀和片侵蚀以及冲刷林地土壤的局面。所以一定要重视草本层地被的作用。

4. 河岸斜坡的地被。江河的河床除了黄河中、下游有的地段高于地面外，多数江河有河谷，两岸必然是斜坡，甚至陡坡。调查这类坡地植物的变化不难发现，除了缓坡，台地是早年农耕占领林地，开荒种粮，毁林毁草的结果。现在有的人把草木植被巩固的草地和灌木林地，误认为是"荒地"任意垦殖，结果酿成生态系统的破坏。因此，要认真研究人类近期利益和长远利益相结合问题。其实林业、草业、牧业都有较高的经济效益。保护植被，建造斜坡地被，防止土壤侵蚀，可结合林地防火带的设置，修建水平排洪沟，把山上的积水一层层地分散，流入两侧，注入江河，减少或减轻对斜坡下部土壤的冲击和荷载。特别是河谷狭窄、地形陡峻的地段边坡，本来稳定性较差，过去滑坡、崩塌活动频繁，若开挖坡脚，削切陡边坡，将来斜坡上部因暴雨洪水冲击，会使原来的坡体失去平稳，酿成滑坡、崩塌或泥石流。对排洪沟的修建要以当地最大降水量计算，多层排泄山体积水，减轻山坡下部的危害，避免发生灾害。这种方法对减少洪灾的泥沙淤积，保护江河是有益的。

5. 在缓流河岸和堤岸栽植耐水淹没的林木和地被植物。这些地方的绿化植物要求耐水淹，数日至半月水退后能恢复生长或再生，又形成优势群落。这类植物因有发达、庞大的根系，与土壤（土粒、沙石等）紧密结合成整体，可以经受水流轻度冲击，可保护河岸和堤岸。它主要以低矮灌木和地被植物为主。在酸性或盐碱性强的地方，更要选择适应性强的优势植物。要强调使用当地草种，因为其适应性、抗逆性强，实用价值高。

6. 河滩地的固沙植物。我国各族人民对于治理河滩地有丰富的经验，如长江口崇明岛就是固沙的楷模，其他河流也有绿化固沙的事例。要根据江河综合治理规划有步骤地进行，其植物的选择配置，同缓流河岸和堤岸绿化的原则基本相似。常用植物有：芦苇、荻、甜根子草、野古草、结缕草、大穗结缕草、中华结缕草、假俭草、狗牙根、牛鞭草、知风草、碱茅、獐毛、球米草、野灯心草、钩状嵩草以及柳属植物等。

7. 城镇岸边、码头景点的绿化美化。城镇岸边、码头的绿化，虽然与一般的河岸、堤岸绿化类似，但城镇经济文化较发达，又是对外的窗口，对于码头景点的绿化美化，既要讲植物的适应性、实用性，又要求有艺术性。因此，要向具备景观规划设计资格的专家咨询，按造园学要求提出图样，植物的选择配置要有特色。

第七节　矿业废弃地植被恢复

一、矿业

矿产和石材的开采工程通常称矿业，属于人类仅次于农业的第二大生产活动。露天采矿（材）都要揭掉覆盖地面的植被，地下采矿要挖掘出很多矿渣等，压占地面也要破坏植被环境。古老的采矿业规模有限，开采进度较慢，破坏性不大，其废弃地一般是随着漫长的岁月逐渐地由人工或自然变化恢复植被，维护着人类的生态环境。自产业革命以后，世界各国的采矿、修筑道路、建筑城镇及其相应的众多附属设施等，不再沿用人工的简单工具，常使用大规模、大功率的机械化、电气化、自动化的作业，高效率，高产量（值），获得丰厚的利润。但是，许多业主最关心的是减少开支，谋取巨资，不重视矿业环境的治理问题，对于矿业废弃地的绿化，植被的恢复做得更少，成为世界各国的环境污染的一个突出问题。自 20 世纪 50 年代起，英国、美国、澳大利亚等国开始对矿业废弃地重建植被工程，它直接推动了恢复生态学（Restoration Ecology）在 20 世纪 80 年代中期的诞生，这是具知识创新的学科。

中国古代对废弃采石场的环境治理，恢复生态系统有许多成功经验，效果较为理想的有浙江省绍兴一个采石场。这里自汉代开始采石料，在隋代扩建绍兴城时，更是大规模开采，经过长年累月的开凿，形成千奇百怪的峭壁和深邃的小塘，逐渐形成了现今绍兴东湖的雏形，至清代的东湖筑堤分界，外为河，内为湖，再经过长期改造，便形成山水交融，洞窍盘错的绍兴东湖风景旅游胜地，这是我国矿业废弃地生态环境恢复的佳作。

新中国成立以后，在 20 世纪 50~80 年代，辽宁、广东、河北、湖南、安徽、云南等省根据当地气候特点，应用乡土植物，栽树种草绿化，开展对废弃地复垦。20 世纪 90 年代广东等省兴起恢复生态工作，但视野较窄，多为改善景观的石壁绿化，尚未开展综合治理。

近年浙江省科技人员和国土治理部门相结合，继承绍兴经验，对矿山、石材宕口与废弃地，实行有计划、有设计、精心施工，完成椒江白云生态恢复园林绿化工程和湖州、苏州等多个绿化工程，已经成为全国同行业学习的榜样。

二、矿业废弃地环境生态恢复的定义

我国对于矿业废弃地环境的生态恢复，是以土地利用为主要目的，土地复垦是指在生产建设过程中，因挖损、塌陷、压占等造成破坏土地，采取整治措施，使其恢复到可供利用状态的活动。恢复采矿活动破坏的生态系统，促进废弃地的生态环境保护、土地资源利用和生物多样性的巩固发展项目，包括生态恢复目标的确定、植被重建技术，基质的配制、植物材料的选择，种植方法和维护管理，以及环境效果的巩固与评价等。

矿业废弃地是一类异常极端的生境，不具备正常土壤的基本结构和肥力，土壤生物（包括微生物）不复存在，这种极端裸（岩）地，植物的自然生长定居和生态系统的原生演替过程，是极其困难与缓慢的。据前人研究，在天然状态没有外来干扰条件下，需要历100年土层增加10mm；据斯库西（Skousen，1990）研究，废弃的露天煤矿地上出现木本植物定居，最快在5年之后，再经过20～50年树木冠层盖度可达14%～35%；据肯默尔（Kimmerer）等研究，对于毒性极高的废弃地，建立良好的植被环境，往往需要几百年甚至千年以上时间。

三、矿业废弃地恢复植被工程原则

要求安全可靠，工程基础稳定，植物选择恰当，种植后的效果较好，工程经费合理，能恢复当地生态系统为目的。应用恢复生态学和植被的理论与实践，遵循自然规律，因地制宜，实行工程的措施和生物措施相结合，以保证边坡的稳定性，防治水土流失，减少尾矿污染，不残留危及当地社会和人民生命财产的隐患，建造草本植物、灌木和乔木相结合的稳定人工植被。

在矿业废弃边坡上，由于采矿（材）时受爆破震动的影响及卸

荷应用和侧向应力等作用，岩石常出现裂缝或局部岩体松动，岩体坡面残留有小石块堆积物，有似平台或缓被。这些地方既有危险性的一方面，又为植物生长定居，提供了较为有利的条件，还能引来穴居动物等。因此，稳定坡面的地形修复、治理属于工程措施，如清除危石和松动石块，建造挡土墙、锚杆、钢筋混凝框格、堆砌台地；修建坡顶截水排洪大沟、坡面排洪（水）大沟或支沟，因地制宜挖砌多种形状的积（蓄）水塘（坑）等。最好利用采矿（材）工程的坡面底部，包括原来工程的运输平台（地），修建大水塘（水库）创造有利于改善自然环境条件，亦可随之营造适宜人们休闲的园林景点。在坡面和台地上，人们可以因势利导沿坡面缝隙部位或台地使用铆钉挂网喷泥浆等，栽植抗逆性强的先锋性植物，如灌木、攀缘植物等。

四、选择植物的基本原则

必须考虑生态系统中的各类生物组成：如动物、植物和微生物。实践中最主要的是合适的植物种类及其适应性、耐（抗）性强的植物，必须的土壤微生物（若种植豆科草本植物要拌施根瘤菌）等。生态恢复的最终目标是生态系统的基本恢复，植被的恢复则至关重要，它是生态复原最主要的、决定性的标志，成功的生态恢复又最大程度上依赖于选择应用植物的定居和巩固结构的植被。因此，选择植物时要具有两个原则：一是能适应当地的气候和土壤条件，最好是乡土植物。并具有高度的耐（抗）性；二是要求这些植物速生性和高生长量，得以较快地在新生境条件下覆盖地面，促使其他物种生存和繁殖，同时还有利于废弃地的理化性状，小气候的改变和物种的种间竞争等。因此，欧美温带气候区的人们，就选择当地乡土植物，如早熟禾、羊茅、黑麦草等，而不使用适宜炎热气候的虎尾草亚科和黍亚科那些耐高温、干旱的植物，就是这个道理。在我国气候炎热地区，不能硬搬欧美温带气候区的办法，大量使用冷季洋草来绿化。我国许多地方遵循《中国植被》一书植被区划原则，列出了热带、亚热带、暖温带、中温带、亚寒带至寒带冻原地区的乡土植物，包括苔藓植物，蕨类植物，攀缘、垂悬、蔓生植物，灌草丛植物（中性和旱性的一年生或多年生草本植物）和灌木、乔木等。我们强调筛选乡土植物的重要性和实用价值，也重视那些适应性强，没有侵害性的外来植物的应用。"一切经过试验"的原则，对于政府机关的管理者和自然科学技术人员都必须遵循。

五、强行绿化工程

岩石边坡绿化，过去多作为政府行为的短期形象绿化工程，现在已成为环境保护、国土治理、减灾防灾绿化工程，除少数景点区域属于园林景观绿化外，大多数区域应定位为大地绿化，治理这类边坡植草工程也属大地绿化，不能称为草坪绿化。因为草坪是要定期进行修剪和精细维护的。在边坡上生长的草本植物，既有人工配置种植的，也有天然生长的。我们对于自然生长的植物，除了检疫性和危险性杂草外，不能搬用"农田杂草"概念。其实像白茅、狼尾草、马唐、牛筋草、狗牙根、早熟禾，豆科许多植物及部分菊科等杂草植物，他们自然地在矿业废弃地上萌发生长，形成先锋植物群落覆盖地面是很好的。

（一）常见绿化草种模式（表1-5和表4-1）

1. 进口洋草籽，主要包括禾本科早熟禾亚科的早熟禾属、羊茅属、黑麦草属、剪股颖属植物和豆科车轴草属植物，以及外国用在高尔夫球场的狗牙根的草籽等。这些植物生长速度快，但抗逆性很差，病害严重，且不易防治。还需要浇灌大量淡水，养护成本费用昂贵，且生长周期短，最多只能作为过渡性植物对待。经长期历史检验证明，较好的洋草种如野牛草，弯叶画眉草、雀麦等，是适宜我国的优良植物。

2. 以当地乡土植物为主的模式。如狗牙根，结缕草、假俭草等无性繁殖或播种繁殖绿化植物。

3. 以乡土草本植物和栽植灌木、攀缘藤本植物相结合的绿化植物。

（二）绿化的施工时期

要根据植物的生长周期，不失时机种植施工，那种不问地域，不分春夏秋冬季节都在播种或移植的方法，常常是违背农时作业，是不可取的。在长江以南广大地域，每年5～6月是梅雨季节，9月时，随台风送来大量雨水，我们可以掌握有利时期种植或养护，促进绿化植物的生长定居，可以获得事半功倍的效果。

（三）封山育草育树，实行科学维护

绿化地段必须严格保护，一般在5年内必须封闭，不准人和牲畜进入损害。要充分利用天时、地利、人和的条件，加强管理人员的技术培训和责任感，维护技术措施要有效，以缩短恢复植被时间，切实避免出现坡面逆向发展成为裸地。当草本植物和灌木已基本定居后，可以适时栽种乔木或竹类植物，逐渐形成草、灌、乔相结合的巩固人工植被。

（四）定期检查，保证绿化效果年限

一般在播种后60天要检查播种的出苗株数。对于扎根深，抗逆性强的植物，在90～180天时，也可以用盖度来表示。对1～3年的绿化植物数量盖度和质量等，都要认真检查。恢复植被的生态系统是很缓慢和脆弱的，人们不能操之过急，最好保证有5～10年的维护保证期。

第八节　侵蚀地和荒漠的防治

一、侵蚀地的防治

侵蚀就是多种自然因素对地表逐渐侵入破坏或侵害腐蚀，重要的有水蚀（包括降雨、融雪、冰冻、霜冻）和风蚀两种。除人们常见的地表侵蚀外，还有海岸及陡崖崩塌、潮汐变化冲刷，在一些干旱地区、沙漠地区，风推动沙料对岩石的剥蚀等。侵蚀造成水土流失，切割蚕食和淤泥埋压农田；侵蚀加剧荒漠的扩大，而荒漠化地区，侵蚀则急剧严重，这对于人类生存环境是一种灾害。

在地表有草木植被覆盖的地方，能有效地阻截降水，使之缓慢地下流，并增加土壤的渗透性，减少地表径流量。雨水渗透入土层，然后浸出流入河谷、溪流，因而清澈水多。且植物的根系又能把土壤紧紧固定，供植物吸收水分；有部分水分蒸发到空中，使环境湿润。植物在人充足水分的条件下，生长势强，光合作用旺盛，给当地环境带来巨大的益处。即使植被遭轻微破坏，只要能及时发现治理，土壤侵蚀少，常在植被恢复的过程中得到补偿。若水土流失量超过允许极限，自然条件便趋于恶化，植被恢复就困难。据文献介绍：黄土高原地区除了淋溶侵蚀、击溅侵蚀以及坡面层状侵蚀普遍存在外，坡度在 2°以上的耕地、距离分水线以下 10m 处，就开始发生细沟侵蚀；5°以上，则细沟侵蚀加强，并开始发生浅沟侵蚀；15°以上细沟及浅沟侵蚀强烈；25°以上则极强烈，并有切沟及冲沟出现；35°以上耕地土壤发生泄流；45°～75°陡地和黄土沟壑可发生滑坡；75°以上陡崖和崖壁可发生崩塌。年侵蚀指数一般为 5000～15000t/km^2。20 世纪 80 年代黄河的含沙量为 37.4kg/m^3。在南方丘陵山地，主要包括长江和珠江及东南沿海多条河流地区，水热条件比较优越，植物生长快。其水土流失的根本原因是草木植被遭到破坏，特别是刀耕火种，滥伐森林，破坏草本层植物以及暴雨引起的地表径流。这些地方属高温炎热气候，日照强烈，日温差大，风化快。地面花岗岩、紫色砂岩及红壤土又极易遭破坏，常年多暴雨及降水强度的加剧，使得蒸发量变大，许多地方每年因水蚀损失土层0.2～1.0cm，有的达 2.0cm，年侵蚀指数 3000～1000t/km^2。在一个流域内，坡面径流汇入河道的是上游下蚀及旁蚀造成河床冲刷与下游河谷两岸的大量沉积。即使在较为平坦的地区，由于雨水多、径流大，也会酿成严重的水土流失，加之这些地区岩石多，土层厚度远较黄土高原浅薄，南方地区水土流失的严重性将不亚于黄河流域，要十分重视石漠的危害。

侵蚀地的防治属大地绿化范畴。当草木植被遭到破坏，靠自身难于恢复时，就会影响农林牧（草）业生产，不利于人类生存环境，这时必须依靠人工的手段去恢复植被。由于各地气候、环境条件不同，土壤侵蚀类型不同，需要因地制宜选用适宜的植被，配置合理的群落结构，采用相应的施工方法和程序，选择合适的施工季节，以达到事半功倍的效果。

　　裸露的斜坡地毫无疑问要受到雨水和风的侵蚀。降雨的冲刷和径流会很快使地表出现沟壑和侵蚀表土层，当暴雨降临时还会造成严重的土壤流失，甚至发生崩塌、泥石流等。风也会侵蚀没有植物生长的地面。最好的治理方法是在裸露斜坡上建立起有草、灌、乔相结合的植被。在斜坡地上常常遇到的困难是表土很少，或者没有表土层，只有瘦瘠、重黏性的底土；或者是裸露的母岩，植被不容易形成。

　　侵蚀地常分为轻度、中度和强度侵蚀三级。所谓轻度侵蚀地，地面尚有稀疏草丛、灌丛和少数乔木生长，在南方地区只要停止人为干预破坏，稍加管理，1~3年后可恢复植被；在北方地区需要时间稍长。中度侵蚀地，有部分裸露地面和冲刷出现，土地瘦瘠，偶尔可见矮小树丛或草墩，治理仍以生物措施为主，辅以必要的工程措施。要注意保土蓄水，以促进草、林生长，恢复植被，在南方地区坚持3~5年后可见成效。强度侵蚀地，土壤侵蚀严重，地面寸草不生，土层极薄，母岩大量裸露，治理任务十分艰难，要以工程措施和生物措施结合防治，以草先行，草、灌、乔相结合，改善植物的立地条件，修建水平沟、台地和梯地。可用客土法增加土层，使地被植物迅速生长，以快取胜，增加植物盖度，控制土壤侵蚀。对于自然条件较好的地方，可种植灌木或乔木，控制土壤侵蚀，形成植被以覆盖地面。

　　防止土壤侵蚀可以采用以下几种方法：

　　1. 水的分流：①在斜坡的上部或沿防火带修造几条水平小沟作为水道，降雨时通过水道能将雨水分流动到适当的安全地带，让一部分雨水缓慢地渗透到有植被的土壤中。水道要尽量在小路旁的沟内，但要防止水流量过大造成的麻烦。如果水道遇到陡峭斜坡，可用混凝土制件或石块砌成堤或用一种波状水管将流失引渡到安全处。②为防止雨水在斜坡上沿着一个路线流走，在松散的土壤上可用塑料薄膜，如同盖房顶一样，重复覆盖有潜在危险的沟壑。③为防止雨水的侵蚀和发生径流，可用树皮或网状物压住塑料薄膜。如有滴灌的管道装置，可在植物生长的地方将塑料薄膜戳洞，让水滴入。④条件较好的地方，可将斜坡筑成台地，使水流分散，在冲刷土壤处安放排泄管，并在台地上栽植地被植物。

2. 使用斜坡稳定剂。这种稳定剂是一种化学物质，使用要谨慎。有的稳定剂效果较好，也有的效果差，或有抑制植物生长的副作用。

3. 使用覆盖物。通常使用的覆盖物包括稿秆、干草、树皮，锯木屑、黄麻网及细刨花等做成的垫料。商品化的垫料覆盖较好，先将垫料盖在斜坡上，再用金属丝把垫料固定，要使垫料与表土保持紧密的接触，变可防止雨水侵蚀底部土壤。

4. 地被植物的覆盖。引起土壤侵蚀的原因很多，自然因素是潜在的危险因子，而人类对自然过度干预，或人为破坏性措施是造成侵蚀的主要原因。以草行先，草、灌、乔相结合是防治侵蚀地的成功经验。

地被植物的植株较矮，丛生，枝叶密集，匍匐茎多，能有效地挡截降雨，防止雨滴直接击溅地面；同时草株的枝叶拦截雨水缓慢下滴或沿着植株下流，减少了径流的发生或减缓了径流的速度，防止或减弱了雨水对土壤的冲刷力。草本植物分枝（蘖）多，也能增加雨水对土壤的渗透性，减少地面径流量。草本植物具有庞大的根系，好似密集的根网，能够机械地固定和保持土壤，提高土壤抗冲刷性。当地被盖度在 40% ~ 50% 时，有明显的保土效果；当盖度增加到 85% 以上时，土壤侵蚀很少，土壤得到保护。

5. 液压喷种（草本植物的种子）强行绿化，对治理中度和强度侵蚀地十分有效。一定要选择适应性、抗逆性均强的草坪和地被植物。目前南北各地多使用外来冷季草籽，值得研究。喷种后要加强管理，控制杂草的发生，千万不能翻动斜坡表上，以免产生新的水土流失。要适时施肥，促进栽培植物生长定居，尽快覆盖地面。另外，在干燥的炎热夏季和冬季，常是草木植物枯黄期，要防止火灾烧毁地被植物。

二、荒漠的防治

荒漠是气候干燥，降水稀少，蒸发量大，草木植被贫乏的地区。荒漠化不仅指沙漠的扩大，而且主要指干旱土地的退化现象，还包括南方地区和沿海部分地区因水土严重流失而造成的大量岩石裸露，它通称石漠化。

这类地区温度变化很快，地面温度变化尤为剧烈，风力作用活跃，地表水极端贫乏。荒漠地区一般较为干旱，许多人常将年降水量等于或水于 250mm 作为干旱区的标准尺度。而极端干旱区曾发生过一年内或多年没有降水。在干旱区降水量少，且变化大，会直接影响径流，而径流特征又因为没有植被覆被，暴雨会形成径流，随之出现侵蚀，大量松散物质被冲刷流失。在这些地区还有一种特有的侵蚀作用，即不甚坚硬的沉积物的地下侵蚀，可使大面积地表之下产生天然"管道"。风的作用也很显著，长期的风吹侵蚀形成残留的卵石沉积，细物质被风吹散，留下粗粒、碎屑，而风沙的磨蚀可使荒漠地区出现风棱石。近代许多研究结果说明，现在的干旱地区历史上曾经有过较为湿润的环境，而人为地破坏与干预自然，如砍伐森林、破坏植被（包括草原）、过度放牧、毁林、毁草的掠夺式农耕或挖药材，势必造成水土流失；灌溉不当致使土地盐碱化，都往往加速本来就是半干旱环境向干旱环境转化。荒漠地区的生态是缺水的环境，生物活动必须受到限制，几乎没有多少植物在长期缺水的环境中能持续进行光合作用。植物靠水，而其他有机体和人类依赖植物，势必存在着干旱条件限制了干旱区的辐射、温度和其他生态因素。因此，荒漠化地区的自然生产力比大多数生态系都低。又据 1997 年联合国荒漠化会议，专家们普遍认为，荒漠化最重要的原因是不合理的土地利用方式，而不是气候波动。中国内陆大沙漠南向推进则对此提供了明确例证。我国荒漠化面积超过 100 万 km^2，约占国土面积的 11.4%，随着往昔植被保护和持水性的丧失，许多良好的地面变成光秃秃的荒漠，强劲高压气流带沙暴及干旱发生频率的增加，造成荒漠地区在进一步扩大。据北京气象台记录，20 世纪 50 年代前期每年发生 3 天沙暴，60 年代增加到 17 天，1971～1978 年年均沙暴频率为 20.5 天，1974～1980 年间年均达 26 天。全国约 1.7 亿人口受到荒漠化危害和威胁，约有 2100hm^2 农田遭受荒漠化危害，粮食产量低而不稳，大面积的草场牧草严重退化，全国每年因此造成了经济损失为 20～30 亿美元，间接经济损失为直接经济损失的 2～3 倍。

对于荒漠不能只是强调治，而更应该强调预防。必须从生态学的观点出发，使用防护系布局改善生态平衡，并使之保持长期稳定，使环境的恶性循环，逐步变成良性循环。著名科学家竺可桢在 1961 年 2 月 9 日《人民日报》上指出："抵御风沙袭击的方法是培植防护林。防护林的主要作用是减小风的力量，风遇到防护林，速度就减少 70%～80%，到距离防护林等于林高度 20 倍的地方，迅速又恢复原来的强度；其次是培植草皮。有了草皮覆盖地面。即使有风，刮起的沙也不多，这就减少了沙粒的来源。抵御沙丘进攻的方法是植林种草"。

1. 南方亚热带和热带荒漠化地区，由于气候、降水、土质条件和植物种类等优势，其地被恢复较易，可参与侵蚀地防治，停止人为错误干预，坚持退耕还林还草和封山育林育草，方能有效。对于石漠化的趋势和严重性应引起人们关注，并采取相应措施防治。

2. 北方温带荒漠区和草原荒漠化地区，因水分亏缺，热量过剩而迅速散失，其植物生存和地被建立十分困难。这些地区有的植物也顽强地调节其生命活力，在长期生长过程中具有耐干旱、耐极端高（低）温、抗风蚀、沙埋、耐盐碱特性，它们是人类利用和改造荒漠的良好先锋植物。但是，它们在荒漠生态系中十分脆弱，对人类的活动极为敏感，植被一旦遭到破坏，就会招致迅速而严重的破坏，且往往是不可逆的反应：如旱化、沙化、风蚀、盐渍化等。

　　3. 在有灌溉条件的地方建立稳定的绿洲。在绿洲边缘建造防沙林带，阻止风沙侵袭绿洲。在林网内以低矮灌木和草本植物相结合，充分利用固沙抗蚀植物形成先锋植被（如松柳、沙拐枣、驼绒藜、白刺、枸杞等灌木；骆驼刺、甘草、花菜、叉枝、鸦葱、芦苇、芨芨草、獐毛属植物、赖草等草本植物），利用节水灌溉技术，对有条件的地方实行草田轮作制，大力种植牧草，以环境效益为主，防止超负荷的畜载量。对缺水的沙漠、戈壁和绿化难度较大的盐渍地，一般应根据当地的经验总结提高，因地制宜，合理利用季节和水源条件，选择抗旱性和耐盐碱性均强的灌木和草本植物，以营造绿洲，保持良好的生态环境。

第三章　草坪的营造和养护管理

正确地选择草坪草种和先进的种植技术是建造草坪的基础。坚持科学地养护管理才能使草坪草生长健壮，保持青翠茂盛、绿草如茵。俗语说："三分种，七分管"，否则就不能实现建造之目的，甚至草坪荒废。管理（Management）是有组织的行为，应采用一系列综合性措施，运用草坪学的理论与实践，对草坪草生长周期的整体性作出养护管理的合理安排，并考虑相关的多种因素，使用优质草坪机器。俗话说"工欲善其事，必先利其器"。

第一节　草坪的种植

一、建造的基础

草坪草的选择应当根据建造草坪之目的，当地所处纬度、海拔、气候条件和环境状况，使用植物的生物学特性以及保证实施条件等综合考虑（如表3-1）。这个选择程序也适合于建造地被。

草坪草选择的一般程序　　　　　　　　　　　　　　表3-1

项　目	内　容
1. 草坪建造之目的	休息草坪、观赏草坪、运动场草坪、护坡（护堤、护岸）草坪；草坪主人或市民意向
2. 核对当地位置和气象条件	纬度、海拔。常年温度、绝对最高（最低）温度及其持续时间；降水量、蒸腾量，干旱期及其持续时间；日照状况，冰冻时间，台风等灾害天气
3. 核对环境状况	大气或局部空气污染、颗粒降尘量、草坪地空旷或荫蔽度
4. 核对草坪草生物学特性	草坪草生育周期特别是绿叶期、休眠期，适应性及相对耐性，使用年限，养护的难易及所需费用
5. 保证条件	草坪主人经费多寡，淡水供给，市场趋势，机械购置或租用，肥料，农药以及管理技术人员的配置或委托管理等

现在常遇到的一个难题是有的草坪主人，既想保持环境内原有稠密的乔木、灌木，又期望有繁茂生长的草坪，即苛求于草坪草能四季皆绿，美观，耐荫，耐践踏。事实上两者难于完全兼顾。草坪地应以草坪植物为主，除保留少数孤植树外，周围的树木要移走或疏伐，或剔除枝桠，以保证草坪草有较多阳光照射。

草坪土壤是草坪草根系、根茎和匍匐茎生长的地方，土壤结构和质地的好坏，直接关系到草坪草生长和草坪的使用。土壤的热、水、气、肥是草坪植物不可缺少的四大肥力因素。没有水，植物会渴死（长期积水，植物会淹死）；没有肥，植物会饿死；没有气，植物会闷死；没有热，植物会冻死。要针对各地不同土壤类型配置适宜草坪草生长的土壤。

1. 草坪土壤的基本要求

（1）要清除大石块、树桩、树根、瓦砾、碎玻璃、混凝土残渣等障碍物。

（2）要求有良好的土壤物理性状。一般是土壤表层疏松，土粒大小适中，通气性良好，透水性好。要避免因使用拖拉机或载重车碾压出现不透水土埂。地下水位过高、排水不良、通气不好的土壤，都不利于草坪草生长。

（3）要有利于土壤微生物的生长繁殖，如有机物质和腐殖质含量要多，而有害的化学物质含量要少。高酸度或高碱度的可溶性盐类，以及农药污染严重等不适宜作草坪土壤。

（4）草坪土壤多数是经人工改造的基质，沙黏土比例应合理。通常以沙壤土为好，含沙量70%~80%，黏土含量在15%为佳，最多不超过20%。有条件的地方掺和土壤改良剂，效果较好。对于足球场和高尔夫球场地另有规定。

2. 草坪草适应的土壤酸碱度范围较大，最适宜的是弱酸性至中性（表3-2）。有的宅园草坪或运动场草坪因基建房屋有剩余石灰，或用石灰划场地的界线，导致碱性过大而对草坪草生长不利，经测定后采取相应措施调整 pH 值。

常见草坪草适宜的土壤酸碱度 表 3 - 2

草 种	pH 值	草 种	pH 值
结缕草属草种	4. 5 ~ 7. 5	剪股颖属草种	5. 3 ~ 7. 5
狗牙根属草种	5. 2 ~ 7. 0	早熟禾属草种	6. 0 ~ 7. 5
假俭草	4. 5 ~ 6. 0	黑麦草属草种	5. 5 ~ 8. 0
近缘地毯草	4. 7 ~ 7. 0	羊茅、紫羊茅	5. 3 ~ 7. 5
钝叶草	6. 0 ~ 7. 0	苇状羊茅	5. 5 ~ 7. 0
巴哈雀稗	5. 0 ~ 6. 5	冰草	6. 0 ~ 8. 5
野牛草	6. 0 ~ 8. 5		

对酸性土壤可使用石灰调节土壤酸碱度，碱性土壤则可用石膏、硫黄或明矾来改良。

3. 要求植草的土层是肥沃土，一般厚度为 200 ~ 300mm，至少也要 150mm。土层太薄不利于保水、保肥和草坪草的生长。现在提倡应用泥炭土或河塘泥作基肥，能增加土壤有机质，既可改良土壤结构，增加通透性，且肥效释放缓慢。

二、草坪排水和灌溉设施

草坪地如果长时间渍水、浸水，对草坪草的生育不利，会降低使用价值。

1. 排水不良的草坪，在水呈饱和状态时，土壤过湿，人们行走不便，操作机器车轮会下陷；草坪的弹性变小，人踩或球的落点深，地表有许多不规则的足迹。

2. 土壤的水分过多，空气减少，土温降低，土壤微生物受到抑制，草的根系变浅，春天草坪草返青迟，秋季则生育停止早，休眠亦早，减少了草坪的使用时间。

3. 土壤过于潮湿，杂草滋生，特别是湿生性杂草及苔藓植物发生数量大，为害严重。

排水的方法主要有两种。地表排水法在近年广泛应用。设计草坪时应根据建造草坪的目的和当地的气候而定。草坪地面一般应低于人行道或运动场跑道 30mm，草坪多余的水不流入路面，通过草坪边缘的排水大沟流走。任何草坪中心部位不能低凹，以免积水。公园、庭园和宅园草坪，不能将地表做成水平式，否则草坪显得单调，缺乏艺术性，对排水也不利。如果是邻近建筑物的草坪，最好是从屋基向外倾斜，直至草坪边缘。草坪地面至少也要比屋基低 30mm，以免草坪积水往屋基倒流或降雨时溅入屋内。除斜坡草坪外，一般草坪的坡度不宜过大，否则保水性差，会增加浇灌和养护费用。心土排水法是运动场草坪和大面积公共草坪常使用的方法。有专用的塑料排水管，或挖成基槽，用块石做成盲沟，按照不同形状排除心土积水和地表层的渗透水。常见的排水设施形状有鱼骨形、栉齿形、扇形和自然式等（如图 3 - 1）。

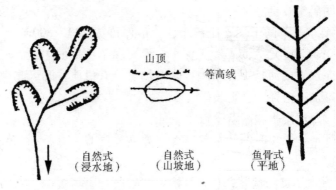

图 3 - 1　草坪排水式样

（1）鱼骨形：其主管与不同角度的多根支管相通，似鱼骨形状，主管的水再排入大沟。有的场地周围建造有排水沟，场地内有盲沟，盲沟的水先汇入主管，然后排入水沟。

（2）栉齿形和扇形：排水管道的设置似栉齿状或扇形，一般为棒球场等采用，或用于排除地下渍水和渗透水多的地方。

（3）自然式：多使用在只有局部积水或庭园、宅园草坪等不需大面积排水的场地。如山村别墅草坪，可先沿山坡方向采用等高线排水沟，然后视草坪要求安排场地排水设施。

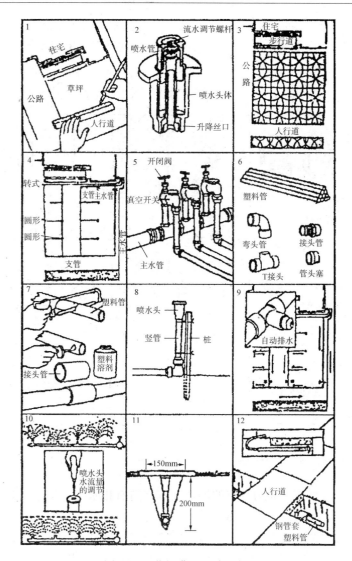

图 3-2 草坪灌溉设计安装

1. 绘制草坪灌溉线路图；2. 喷水头；3. 灌溉线路及喷水头安装点；4. 主水管和支管线路；5. 开闭阀；6. 塑料管；7. 水管粘接；8. 喷水头安装；9. 自动排水管；10. 流水量调节；11. 水管和喷水头的安装；12. 地下水管通过人行道

79

生长良好的草坪草，需要有一个科学的灌溉系统和灌溉制度。灌溉系统包括水源、输水管、配水管和喷水设备（图3-2）。灌溉制度包括草坪草生育期内单位面积上灌水量的总和及每次灌水量，灌水次数和时间等（图3-3）。自动灌溉系统是一套先进的控制喷

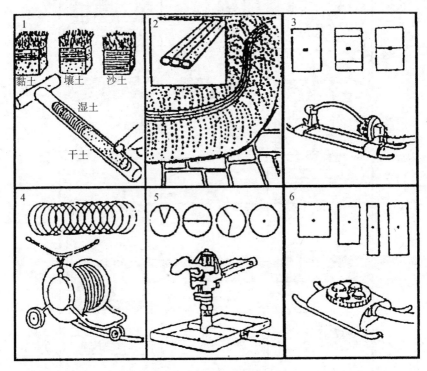

图3-3 草坪的合理灌溉

1. 用铁铲或取土钻取起不同深度（黏土100mm，壤土150mm，沙土300mm）的土样，测定土壤含水量，计算灌水用量；
2. 用塑料制作的管子，有许多小孔，能泄放出细水浸湿土壤，三根组成一组，将管子像蛇一样迂回放在不同形状面积的草坪上；
3. 摆动式喷灌机按安装管道路喷灌；
4. 移动式喷灌机；
5. 旋转式喷灌机；
6. 消防水龙管有很多洞的快速喷灌机

水或滴水设备，使草坪草得到均匀的供水量，有效地利用水资源，有的由计算机控制。设备有控制器、水泵、喉管及喷水头或滴水头四部分组成。设备安装时要根据灌溉地点及地形、水源、能源、水量及操作时间加以调整。自动灌溉一般使用地面喷射式或滴灌式。喷射式又分为自动升降旋转式及自动旋转式。足球场、赛马场及高尔夫球场等大面积草坪，可选用大型自动升降式喷水头，射程的直径为 40 ~ 80m，水量为 190 ~ 270L/min，所需水压为 5 ~ 8kg/cm^2。高尔夫球场的球盘、发球台需要高质量的草坪，特别注重水量的控制，通常选用 4 ~ 6 个自动升降旋转型喷水头来灌溉，有的将 2 ~ 4 个喷水头组成一个组；独自控制喷水时间和水量。

三、草坪的种植

（一）草坪的繁殖

1. 种子繁殖

（1）种子准备：商品种子应具备真实性，不使用伪劣商品。发芽率良好，要符合说明书上的发芽率限度；种子纯度要高，符合商品要求；夹杂物数量很少（其中，夹混其他植物种子数量、杂草籽及砂砾等都必须限制在规定范围之内），更不允许混入检疫性杂草及病菌害虫。种子的真实价值是根据种子的发芽率和纯净度来决定的。

（2）种子处理：对一些发芽困难的，则必须在播种前进行种子处理。主要处理方法有：

1）冷水浸种法　如薹草属的几种草籽，在播前先用冷水浸泡数小时，捞起晾（风）干再播种。其中如异穗薹草种子，播种前作适当搓揉，还可提高发芽率。

2）层积催芽法　如先将种子装入纱布袋内，投入冷水中浸泡 48 ~ 72h，然后用 2 倍于种子的泥炭或河沙拌匀，装入铺有 80mm 厚的河沙大钵内摊平，再盖河沙 80mm，用草帘覆盖。

3）化学药剂处理　如结缕草种子常使用药剂处理。先将种子用清水洗净，除去杂物和空秕等，捞起种子滤干。将氢氧化钠（NaOH）药剂，严格按照操作规程兑成 5‰的水溶液盛入不受腐蚀的大容器内，将种子分批倒入药剂中，用木棒搅拌均匀，浸泡12～20h，捞起种子用清水冲洗干净或再用清水浸泡6～10h，捞起种子风干备用或直接播种。药剂处理种子时，要特别注意药剂浓度、浸泡时间和清洗的干净度，否则会出现药害或达不到处理目的。

4）升温催芽法对直接播种发芽率低的草种，应将种子放在湿度为70％以上、温度为40℃的地方处理几小时。或者在40℃±5℃变温条件下处理4～5天，可以提高种子发芽率1倍以上。

（3）播种适期：根据草种生育季节适时播种。例如，暖季草坪草的结缕草属、狗牙根属、假俭草属、地毯草属等草种，应在春季气温变暖稳定后的春末至夏季播种（有增温设备的草圃可以适当提前）。而冷季草坪草的草种，则在秋季天气转凉后或春季播种。

（4）发芽适温和播种量：主要根据不同类型草种或草籽单位重量的粒数、发芽率、场地土壤的平整与疏松度、保温（湿）条件等适当增减。常见草坪草种的发芽适温和播种量如表3－3。

草坪草种的发芽适温和播种量　　　表3－3

暖季草坪草	发芽适温 （℃）	播种量 （g/m²）	冷季草坪草	发芽适温 （℃）	播种量 （g/m²）
结缕草	20～35	8～15	剪股颖属草种	15～30	3～5
狗牙根	20～35	4～8	早熟禾属草种	15～30	5～8
假俭草	20～35	16～18	羊茅、紫羊茅	15～30	14～17
野牛草	20～35	20－25	苇状羊茅	20～30	25～35
地毯草	20～35	6～10	黑麦草	20～30	24～35
巴哈雀稗	20～35	20－35	猫尾草	20～30	6～8
格兰马草	20～30		冰草	15～30	15～17

（5）播种方法和盖土厚度：播种要选择经验丰富的人，并经过培训。为了确保草籽播种均匀、不漏播，可先将场地划成小区，将小区实际播种量换算准确。如用手撒法，可将草籽拌入细沙1～2倍，然后分成2份撒播，每次适当扣留少许，待场地撒播完后再补

播进去。多数是采用顺撒和横撒各 1 次，可以增加播种的均匀度。如果使用机器播种，可根据机器性能，或拌和细沙，或直接撒播。

草坪草籽粒小且轻，盖土不宜过深，也不能裸露，否则会影响出苗率。播种后可使用细齿耙轻耙表土盖种，有的用楼梯形镇压器。一般可用种子 2 倍厚的疏松土壤（沙）覆盖草籽。

（6）幼苗期的管理：播种后要用轻型圆滚（石滚或铁滚）镇压地面，用细水喷透 1 次。禾草种子的萌发除受气温和土壤湿度影响外，同地表空气湿度的关系十分密切，故草帘或塑料薄膜覆盖的出苗率很高，且整齐。幼苗生存下来形成草株称为定植（Establishment）。定植常常取决于幼苗的生长速度及对各种环境的反应。幼苗期的管理一是防治苗期病虫害和清除杂草；二是检查和补播稀疏幼苗的地方或漏播处；三是适时追肥，促成草坪草的生长优势，尽快覆盖地面，增强同杂草的竞争能力。

（7）草坪的混种：混种主要以生育季节相同的 1～2 个草种为主，再配置其他一些相同类型草种混种，以增强草坪草生长竞争能力。有的混种草坪能减轻病害发生，提高草坪的使用价值。冷季草坪混合草种已商品化的较多，使用者可以根据需要选购。

2. 无性繁殖

（1）无性繁殖的原理：多年生草坪草的秆或枝条、匍匐茎或根茎，均具有很强的分生组织。如顶端分生组织（apical meristem）和居间分生组织（intercary meristem）等。前者主要存在于主轴、侧枝等顶端，生长势旺盛；后者多在各节间的基部（图 3－4）。当顶端分生组织膨大形成新芽时，在贴地面部分的节同时也发出不定根（须根），须根可以直接吸收水分和养分，供其生长需要；而居间分生组织对形成

图 3－4　具有居间组织的图解（阴影部分是正在生长的区域）（引自 Esau，1953）

侧芽和新的匍匐茎或根茎有重要作用。为此多年生草坪草茎节的断茎再生力很强，其无性繁殖的遗传组合即基因型（genotype）是高度杂合的。所以，草坪草无性繁殖往往比种子繁殖容易，生长速度快，而且经济。

禾草的秆、根茎、匍匐茎等营养繁殖同种子一样，普遍存在萌发的周期性，这种周期性与温度、光、水分、生长调节物质和先天性休眠期作用有关。营养繁殖体存在不同年龄的谱系。在春、夏、秋、冬不同季节，营养繁殖体重新生长（再生或恢复力）的节律关系也是明显的。在任何时间根茎（匍匐茎、秆）都存在着不同的年龄。这对于我们正确把握无性繁殖草皮或养护管理草坪等都有现实的指导意义。

环境对营养繁殖体的萌发、再生也有密切关系。如埋土深度与出苗呈反比关系。虽然营养体可在相当宽的温度范围内萌发，但最适温度却比较窄。通常在变温条件下萌发较好，如在冬季不被冻死的情况下，春季以浅层土壤发芽较好，原因是表土温差比深层土壤大。根茎等在土壤高氮含量的发芽率比低氮含量的发芽率高。另外，营养繁殖体的长度、大小也影响发芽和出苗。如根茎发芽率常随长度的增加而降低。茎节短、粗壮，其营养物质含量高，萌发很好。反之，根茎长，瘦弱纤细，营养物质含量少的，萌发较差。

（2）无性繁殖的主要方法是：根据草种生长季节类型不同而异，先将健壮无病的草皮铲起，除去泥土，撕散匍匐茎，把匍匐茎或根茎剪切成 30~80mm（1~3 节）的断茎，以沟植法或棋盘式穴植法植入土壤中，或散布于草坪地上，再盖上一层薄沙。沟植时开浅沟 30~50mm，行距 150~200（250）mm，植后还原地面，也可以铲起后面一沟的土壤覆盖前一沟的地面，植草完毕后用 50kg 重的圆滚镇压场地，浇透水。以后要经常浇（喷）水，保持表土层湿润，促使茎节侧芽萌发新枝或新的匍匐茎、根茎。一般 2~7 天即可萌发不定根，然后萌发新枝。如栽植的草茎粗壮，养分充足，在 30~50 天后便能萌发新匍匐茎或根茎。适时修剪、施肥、滚压，60（80）~140

天就可以形成新草坪（皮）。这种方法是充分利用断茎再生优势（图3~5）。而栽植断茎的数量与形成草坪（皮）的时间成正相关，在南方一般250段/m^2较好，或草皮量的比例为1:8~15（25）m^2。

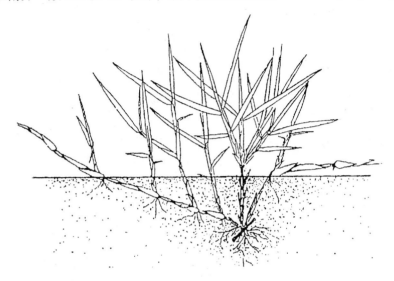

图3-5 结缕草断茎再生优势（引自朱宝强）

3. 地毯（毡）式草皮 为了加快草皮繁殖速度，提高草皮质量和商品价值，使用此法很有前途。草床场地的土壤质地，设施条件均要求优于一般草圃。草床地上使用质地轻的基质，如经发酵的猪粪、锯木屑（腐熟）（1:1）或猪粪、锯木屑及过筛煤渣（2:2:1），也可以因地制宜用当地的生物废渣，如蔗渣、中药渣等作为基质，经混合压实厚度为20~30mm。掺入的少许土壤不能混入杂草。将草坪草的匍匐茎或根茎植于基质中，或播种草籽，再经轻压或浇水使草种与基质较紧结合。可用竹扦或尖硬物按0.5~1m距离戳穿薄膜，以利于透水、通气、调节土壤温度。

精细管理草床，种植初期一般每天浇水2~3次，暑天浇水4~5次。要及时清除杂草，并视草坪草生长势追施速效氮、磷、钾肥，及时滚压、修剪草坪。由于草床基质肥沃，管理精细，能有效控制杂草危害，形成草皮快。无性繁殖历 60～100 天草皮可以出圃。取起草皮十分方便，可按客户要求的规格，切成不同的长度和宽度的草皮，卷成捆运输至现场铺植。

4. **植生带**　植生带是用易腐烂的纤维、纸浆等制成"无纺布"，在无纺布上播种一定数量的草坪种子（或根茎、匍匐茎）及肥料，再用一层无纺布复合起来，就成了植生带。草籽植生带商品化较高，种植时像覆盖塑料地膜一样，把植生带展铺在整好的草坪地面上，薄盖细（沙）土，浇水保湿，经数日后无纺布逐渐腐烂，草籽生长出根和幼苗形成草坪。此法可以工业化有计划生产，运输也方便。但是，在使用此法时一定要有效控制土壤中多年生杂草，种植技术一定要严格要求，认真仔细，效果才好。

营养体植生带常使用虎尾草亚科或黍亚科草坪草的匍匐茎或根茎作材料。制作过程：先起取草坪草营养体，洗净泥土，剔除须根、病株、杂草及杂物等。选用有健壮草芽的断茎，每段 1～2 节或 2～4 节。将营养体放入编织袋内，冷藏在温度 3～7℃、相对湿度 85%～95% 的冷藏库里 1～2h，然后取出断茎材料，将断茎撒在棉纤维无纺布上或专门的纸上，在断茎上面再覆盖一层相同布（纸），通过机械合成营养体植生带再盛入一定规格包装箱内，移入 10℃ 左右运输车内分送到市场或客户。一般可在每年早春草坪草处于休眠期，尚未萌芽前制作。制作最好季节是生长盛期。铺植后经过 40 天左右，草坪覆盖度可达 95%～100%。客户可根据当地气候条件，建造草坪目的和使用时间、不同的草种等要求，与草坪公司签订合同。营养体植生带的好处是：能按市场要求有计划地生产优质植生带，草株（枝）均匀，密度大，生长势强，节省繁重体力劳动，能保证高质量的营造快速草坪。

（二）草圃的建立和生产

1. **生产草皮的草圃**　草圃的位置、土壤结构和灌溉条件等，要比草坪场地条件好，要求交通运输方便。在草床上可采用播种法或无性繁殖法生产，当草皮结织紧实后就可以出圃了。

2. 检查草皮质量的标准

（1）草皮的均匀性好，草的根系、匍匐茎或根茎发达，与土壤紧密地结织在一起，能块状或条状取起草皮，土壤基质不散掉；

（2）草皮有足够的强度；

（3）草皮地上部的草枝密度大，质地好。盖度在95%以上为优，60%～90%为中等，60%以下则差；

（4）草株的颜色正常，修剪整齐；

（5）不带有病虫害，基本上无杂草混入，更无严重为害的杂草；

（6）在草坪草株保持有效的碳水化合物较多，草皮铺植后1～2周内生长势较强；

（7）草种的纯洁度高，枯草少。

草皮出圃前3～5天应停止浇水，待土壤湿度合适后，用50～100kg的圆滚碾压，使草皮结织性更好。取草皮时不宜过厚，一般10～30mm，要求草皮底部平整以便铺植。如草圃场地大，可使用起草皮机，这种机器能按人们要求的厚度、宽度取起草皮，卷成草皮捆扎出圃。华东地区常使用人工取草皮铲，按0.3m×0.3m方块取起，9块/m²，用草绳十字扎捆运输。也有取成长方形的，6块/m²，双十字草绳捆扎出圃。

（三）草皮的满铺法

将绿色的草皮整齐地满铺在草坪场地上，瞬息就成草坪，故称瞬息草坪（instant lawns）（图3-6）。要求草皮厚度差异不大。可根据地形将不同形状的草皮，像铺地砖一样铺装，草皮之间和距人行道边缘，最好留10～20mm间隙，缝隙中填满细土，细土先略高于草坪表面。对稍厚的草皮要切去部分底土，对场地稍低的地方要垫入部分土，使铺设的草坪平坦。待草坪地全部铺满后，浇透水1次，在土壤晾干后，视草坪草种、场地大小，可使用200kg、500kg、1000kg的圆滚碾压场地，使草皮与场地土壤及草皮之间结合紧实，场地平坦。经5～10天草坪草萌发新根，就可以适当追肥，然后转入正常的养护管理。待新草根深扎土壤，草坪草结织紧密才能使用，一般需要 20 ~ 40 天。

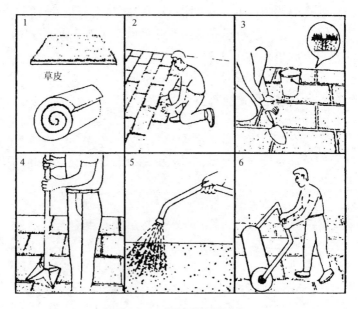

图 3 - 6　草坪满铺法图解

1. 草皮；2. 铺植；3. 填草皮接缝细土；4. 拍压草皮接缝处；

5. 浇透水分；6. 晾干后圆滚碾压

（四）液压喷种法

液压喷种法（Hydroseeding）是将混有草坪草籽、黏着剂、保湿剂、特殊的肥料以及黏土、水等搅拌混合均匀，通过高压水泵喷射植草的方法。这种方法具有先进的种植和保湿条件，草籽萌发生长和定植均快，是防止土壤侵蚀的好方法，适宜于园林绿地、庭园草坪、高尔夫球场、飞机场绿地、河岸、公路、铁路两旁斜坡、矿山植被恢复、伐木场、输油管干线空地、水土保持工程、军事伪装工程等绿化。其成功的诀窍在于：

1. 有一支训练有素、精干的专业队伍。

2. 有 1 台 30 马力以上的汽油机，喷射高程 20m 以上。

3. 土壤稳定剂可用 PGL‐118，以改善植物生长环境，保持土壤水分和肥力。在喷射草籽后 24h 内使用，调节土壤的多孔性和通透性。

4. 土壤固着剂（防止侵蚀剂）。如 PGL‐225 在斜坡上能获得好的效果和强有力地保护土壤，且保持期长，不伤害草籽萌发。

5. 特殊肥料。斜坡上肥力低，要选择特殊的植物营养液，使草籽萌发后草的根系等得到养分。

6. 利用一种网状编织物保护裸露斜坡，每隔 0.5m 用木桩固定。若将带有泥浆的草籽喷洒在编织物上，草籽能很快萌发、定植形成植被。或者用纤维覆盖物来保护草籽，有效减少雨水冲刷；还能隔离高温保护草籽，保持土壤湿度和种植材料上的腐殖质，有利于微生物的活动。

这种方法可以促进播种草籽的萌发、定植，很快形成植物群落覆盖地面，对强行绿化斜坡裸地、平地绿化、治理国土、改善生态环境等都有很好的效果。

第二节　肥料和灌溉

一、肥料

草坪植物生长发育需要的养分有氮、磷、钾、钙、硫、锌、铁、锰、铜、硼、钡等十多种，其中氮、磷、钾三种养分通称肥料三要素，需要量大，土壤中含量又大都不足，必须靠施肥来满足；钙、镁、硫称为次要营养元素；而锌、铁、锰、钡、氯等常称为微量元素，尽管需要量很少，却是不可忽视的。各种养分各有其作用，不能互相代替。

草坪植物在整个生育过程中，只有满足所必须的各种营养物质，才能健壮地生长发育。如果在植物生育过程中的一个时期，植物体缺乏任何一种营养元素，植物的正常生长就会减慢或生长受到抑制，甚至引起死亡。因此，要根据不同土壤及其养分含量和不同草种（或品种）的不同生育期，实行平衡施肥，才能有效地保证草株生长的需要。现在对草坪肥料和土壤肥力的研究进展，导致了草坪养护作业的变革。多施钾肥和释放缓慢的混合性肥料，少施氮肥，强调秋肥的重要性等。

（一）肥料的种类

肥料的种类很多，目前国内外较广泛使用混合肥料。这类肥料不仅含有能满足草坪草生长所需要的氮、磷、钾和微量元素，而且还可以根据当地土壤条件、气候、草坪草种，有目的地调整各种营养成分的比例，做到经济有效地平衡施肥。有的还制作成颗粒肥料，施用方便，能均匀地施入土壤中并缓慢释放养分供草株吸收，必要时还可以掺混农药和除草剂。

混合肥料含氮、磷、钾浓度的表示法：其有效成分的总和即肥料浓度。例如一种混合肥中含氮（N）7%、磷（P_2O_5）7%、钾（K_2O）7%，常缩写成 7-7-7，其肥料有效浓度为21%。目前国内外草坪上常施用的混合肥料有：10-6-4，5-10-10，20-8-5 等几种。

（二）施肥量

确定草坪施肥量的方法主要有三种，一是植物营养诊断法，二是土壤测定法，三是田间试验法。它们虽各有特点，但都能根据诊断或试验结果推荐施肥量。草坪需要肥料的数量如表3-4所示。

草坪需要肥料的数量（Jack，1983）　　　　表3-4

草　种	有效氮肥（g/m^2）	混　合　肥　用　量（g/m^2）			
		20—10—5	10—10—10	12—4—8	5—10—5
结缕草	9.8~24.4	48.8~122.2	97.7~244.1	78.1~205.1	195.3~488.3
狗牙根	19.6~44.0	97.7~219.7	195.3~439.4	161.1~366.2	390.6~878.9
假俭草	4.9~14.7	24.4~73.3	48.8~146.5	39.1~117.2	97.7~293.0
地毯草	4.9~14.7	24.4~73.3	48.8~146.5	39.1~117.2	97.7~293.0
钝叶草	9.8~24.4	48.8~122.2	97.7~244.1	78.1~205.1	195.3~488.3
巴哈雀稗	4.9~14.7	24.4~73.3	48.8~146.5	39.1~117.2	97.7~293.0
剪股颖	24.4~34.2	122.2~170.9	244.1~341.3	205.1~283.2	488.3~683.6
草地早熟禾	19.5	97.7	195.3	161.1	390.6
羊　茅	19.5	97.7	195.3	161.1	390.6

　　草坪草营养诊断法。当植物不能从土壤中得到足够营养元素时，它们的外表和生长状况会发生变化，产生各种缺素（肥）症状。缺乏不同的营养元素，症状也不相同。这种诊断方法称为外观诊断法（营养诊断法）。此种方法简单，可以迅速判断植株的营养状态。但是，必须具有丰富的实践经验，否则其症状常与气候、土壤、病虫害等引起的症状不易区别。例如：

　　低温：草叶呈紫红色，似缺氮或缺磷。

　　干旱：生长受抑制；在无缺少症状时叶呈青绿色，似氮肥过多；叶边缘内卷，似缺钾。

　　排水不良：叶变黄，呈红紫色，似缺氮或缺磷或似缺锰、缺铁等。

　　现在测定仪器日益先进，土壤测定方法和田间试验方法已广泛使用。这种测定方法方便、快速，而且对确定草坪施肥量的多少也比较准确。

　　（三）施肥方法

　　在确定施肥量后，如何使施用的肥料为草坪植物充分吸收，就要选择合适的施肥方法。

　　1. 肥料的特性。了解肥料的组成、形态、反应和溶解度。

　　2. 植物特性。一是植物对营养元素的需要，特别是植物不同生育期对不同肥料、用量的需要；二是植物根系吸收养分情况等。

　　3. 土壤特性。如土壤种类、结构、质地等。

　　4. 要看天气变化（晴天或阴天）。有人总结成看天、看地、看植物的施肥方法。

　　5. 施肥时间。作基肥使用或作追肥使用，撒施后及时浇水或是兑成水液施用等。

　　国内外有的研究结果表明，对冷季草坪草，将一年的肥料用量主要在秋季使用，因为春季使用虽能促进草株生长，但常引起病害和杂草滋生，增加修剪次数（当然对生长缓慢或呈瘦弱状的草坪，春季施肥也是必要的）。秋季施肥大多数在天气转凉后 3～6 周内分别施用2~3次，第一次9月，第二次10月，以后再视情况施第三次。暖季草坪草吸收肥料时期较长，它们除在春、夏、秋季外，即使在冬季草株枯黄期，甚至休眠期，有些地方其地下部分（根茎及其茎芽等）仍在生长。因此，秋肥是十分重要的，可使匍匐茎或根茎健壮，能贮备充足养分越冬。有的结合冬季修理草坪，重施迟效性肥料，对于翌春草坪草萌发生长十分有利，对预防锈病也很有效。

（四）微生物肥料

土壤微生物（包括真菌、细菌、放线菌、藻类等）能使有机体的营养元素还原成简单的、能为植物重新利用状态。植物和土壤之间的营养元素的循环，没有微生物的作用就不可能进行，它是土壤肥沃的因素。固氮菌和根瘤菌等则是另一类微生物。菌根（mycorrhizae）是真菌和植物的根共生体（菌丝状的菌根生于植物根的表层细胞），广泛存在于自然界中。菌根可以分为两类，一类叫做外生菌根（ectomycorrhizae），一类叫做内生菌根（endomycorrhizae），尤以内生菌根中的泡囊丛枝状菌根（简称 VA 或 VAM）分布更为普遍。真菌自土壤中吸收水分和矿质养料（特别是磷酸盐）供给植物，植物提供碳水化合物、氨基酸、维生素和其他有机物质等供给真菌。真菌除形成菌根的菌丝外，其余的大部分菌丝都分布在土壤中，在土壤中蔓延较广，具有较大的吸收表面，因而真菌的吸收效率远较植物的根系为强。人们已把菌根应用到多种经济植物和草坪草（地被）的组培苗、硬枝条和嫩芽扦插苗、实生苗上。菌根能提高草坪草对磷肥的利用率，促进植物的生长，调节和刺激植物的生长和发育，促使豆科植物等在水土流失严重的地方定植生长，有利于根瘤菌增长，从而加速植被的恢复，增加植物对 N、P 元素的吸收，改善植物品质。常用菌根如：*Glomus macrocarpus* var. *macrocarpus*，*G. mosseae*，*G. Faciculatum*，*Gigaspora margarita* 等，可将上述一种菌根在草坪草播种时接种（拌种）或接种于表土层，能提高 N、P、K 的肥效，有的将易感染菌根的高粱根系接种在黑麦草发芽的土壤表层，苗期70天内能提高生长速率，降低草坪的养护管理费用。

二、灌溉

（一）影响灌溉的因素

1. 草坪草种。早熟禾亚科草坪草需水量多，虎尾草亚科和黍亚科以及莎草科草坪草需水量少，尤以野牛草需水量更少。

2. 草坪类型。休息草坪、庭园草坪、原野草坪较运动场草坪需水量少，而高尔夫球场的球盘草坪又较球道草坪需水量多。

3. 草坪草生长季节和时期。相同草种在夏秋季节和冬春季节，草坪草在萌芽期、生长初盛期、旺盛期、休眠期各有不同的差别。

4. 草坪土壤结构、土质、厚度、排水速度与需水量多少有差别。

5. 气候。气候带如热带、亚热带地区和温带草原区、温带荒漠区；干季和雨季不同时期；晴天和阴天（雨天）；刮风和潮湿天气；绝对最高温度持续时间长和通常温度的气候；水分蒸发量多或少的地区等都有很大差别。

6. 淡水供应条件和经济条件也常常决定浇水的多少和次数。

（二）灌溉方法

1. 全面浇灌，耗水太多，水分并不能都渗透到土壤下层。

2. 喷灌有固定式和移动式，加水压或随自来水的流速来灌溉等。

3. 重点区（段）草坪可使用蛇形多孔泄水管灌溉。

4. 计算机自动控制的灌溉系统。

（三）水源

水源指江河、溪流、水库水、自来水、地下井水。避免使用未处理的污染水浇灌草坪。

（四）草坪含水量的测定和浇灌水量

草坪土壤干燥度和需水量，靠常规土壤含水量测定法或先进的仪表自动测定器确定。浇灌水量可参考草坪灌溉专著或相似农作物的灌溉定额、灌溉制度、灌溉管理等确定。

（五）浇水时间和次数

要遵循草坪草的生长规律确定浇水时间，以上午浇水最佳。在下午和黄昏时浇水常常不利于草坪的利用，更容易诱发多种病菌的滋生，故不宜采用。浇水宜深透，不必过勤。高尔夫球场草坪和草地保龄球场，因降雨有泥浆在草株上，待雨停止后，要适当浇水冲洗干净。

第三节　修剪、垫土及滚压

一、修剪

草坪修剪，又称剪草、刈割、扎草等，可使用机械动力、电机动力或人工刀具，控制草坪草的生长高度，使草坪平整美观，并能促进草株基部萌发新草枝，增加扩展性，提高使用价值。修剪还有减少草株抽穗开花和控制杂草的作用。特别是运动场草坪的合理修剪更是十分必要。如足球场草坪常利用剪草的时差、剪草机的走向和不同的剪草高度，使草坪出现明显的横格带，既可以增加场地美观，又方便裁判员识别运动员所在位置。

草坪的修剪时间和次数　草坪草在生长季节要常修剪，才会茂密，能增加草坪的柔软性和弹性。剪草的时间和间隔天数，视草坪草生长速度和使用目的不同而异。新建草坪一般在草高100mm就应修剪；暖季草坪草修剪次数普遍少于冷季草坪草。暖季草坪草中又以假俭草最少，然后是沟叶结缕草、半细叶结缕草、细叶结缕草、结缕草、钝叶草，而地毯草和狗牙根的剪草次数稍多。冷季草种中细叶羊茅、紫羊茅的修剪次数较少，其他草种都需要勤剪。休息草坪由于人们踏压较多，故修剪次数较少。足球场草坪在使用前 2～5 天必须修剪；高尔夫球场和草地保龄球场的草坪，剪草高度要低，剪草次数更勤，生长季节每周 2～3（4）次。草坪修剪高度因草种（品种）和用途不同而异。如修剪过高则达不到控制的目的；过低则损伤草株元气，恢复生长慢，还会裸露地面诱发杂草滋生。对草株较高的草坪，不能一次剪至需要高度，一般分 3 次修剪，每次剪去 1/3 的叶片，使保留的叶片能正常进行光合作用，补给养分。如果一次低剪或在临近生长停滞期修剪，草株没有绿叶辅助，不但草坪不美观，还会发生草株缺乏养分饥饿而死。草坪一般修剪的高度见表3-5所列。

草坪草一般修剪高度 表3-5

暖季型草坪草	高度（mm）	冷季型草坪草	高度（mm）
结缕草	13~32	小糠草	13~19
沟叶结缕草	13~38	匍茎剪股颖	6~25
狗牙根	13~38	细弱剪股颖	13~25
蒂夫顿草	13~25	羊茅、紫羊茅	38~51
假俭草	38~51	苇状羊茅	38~76
地毯草	32~51	多花黑麦草	38~51
钝叶草	13~64	黑麦草	38~51
野牛草	38~51	草地早熟禾	38~51
巴哈雀稗	63~76		

草坪修剪按作业机械功能，对机械结构和工作精度要求，一般分为家用型和工商用型两类。家用型剪草机的操作者就是所有者，属于自娱性工作，作业面积小，每周工作强度仅1-3h。机械的结构简单，动力较小，操作轻巧灵便，还强调机器的美观和谐。运动场草坪和公共绿地草坪多使用工商用型剪草机械，其操作者是责任性工作，或雇用从业者，每日工作强度6~8h或者更多时间。机械设计符合在安全舒适条件下，注重功能的完备可靠和高效持久，讲究耐用。以剪草的动力机型可分为推行式剪草机、手扶随行式剪草机、坐骑式剪草机以及剪草拖拉机等（图3-7

图3-7 手扶随行式剪草机

和图3-8）。它们适用于不同面积的草坪。现在一般草坪常用的刀片是旋刀式剪草机，高尔夫球场球盘（果领）草坪，要求地面十分平整、干净，留草高度为2～10mm，常用滚刀式剪草机。剪草机的型号较多，可根据需要购买，除要求机械性能较好外，还要选择噪声要低和便于维修的机器。同时，要认真培训机械操作人员，提高他们使用机器的技能。对于草坪中藏有的杂物有碍剪草机的使用，事先应人工或机器梳耙清除；对于草株较高、匍匐茎和草株过密过乱的草坪，要先用梳草机梳稀后再按规定高度修剪。剪草后要及时清除草屑，保持草坪清洁，还要配合施肥、浇水等，使草坪草能很快恢复生长。

　　切边　草坪边缘的草株，常因植物边缘效应等原因生长十分茂盛，延伸至草坪界限以外，影响景观或使用，所以要经常进行切边。切边可使用手工机械，也可使用动力机械（图3-9）。切边时要向下斜切30～40mm深，切断并清除蔓生的匍匐茎和根茎，有时还要清除伸入运动场跑道塑胶层中的地下根茎，再修整地面边缘。

图3-8　坐骑式剪草机　　　　　　图3-9　草坪切边机

二、垫土

1. 草坪在使用过程中，场地的土壤或基质会自然地有不同程度的减少，有的甚至出现凹凸不平的地方；有的草坪草出现匍匐茎裸露。为了促进草坪草正常生长，保证草坪平坦，垫土是十分必要的。

2. 土料的制作。条件好的场地，要求专门制作垫土的土料，常将沙（砂）质壤土、有机肥料进行土壤消毒或混入部分氮、磷、钾化肥（比例2:1:2），拌和后堆积备用，也可混入杀虫剂或除草剂。有的使用过筛的肥沃壤土；有的使用晒干的池塘淤泥肥、泥炭肥或高质量的堆肥、饼肥等再拌和10%~15%的干细黏土。不管用哪种土料，切忌混入杂草草籽及其他草种的地下部分，以免引起麻烦。

3. 垫土时间和厚度。垫土一般在草坪休眠期或萌发前进行，每年至少垫土1次。足球场等竞技运动场地，因使用频繁，除了休眠期修理场地时垫土外，还要经常检查平整场地，对个别低洼处或运动员铲球造成的场地伤痕要及时垫土修复；打高尔夫球是高雅文明的运动，运动员对自己击球损伤的草坪场地伤痕，都会自觉地从沙箱中抓几把沙子来垫平后才离开。垫土时对小面积的草坪，常采用人工手撒法，有条件的大面积草坪则使用专门的撒土机械。一次垫土厚度为1.5~4mm，若超过5mm就会影响草坪草的萌发与生长。例如对沟叶结缕草垫土过厚，在春季会引起黄化。

三、滚压

草坪的滚压和草坪土壤穿孔通气是对立统一的。滚压是通过碾压或镇压草坪提高场地硬度和平整度，有控制草坪草生长的作用，也能促进草株分蘖或分枝，提高草坪的景观和使用价值。圆滚的重量通常有50kg、100kg、200kg、500kg、1000kg等几种，有的圆滚是和胶滚组合的滚压机，有坐式和手扶随行式两种。要根据不同的草坪场地，或者草坪地的不同土质、草种、使用时间（气候）及土壤湿度等具体情况选定。

第四节　杂草及其防除

一、草坪杂草的发生特点和主要杂草

所谓"杂草"是指混杂生长于栽培植物地里的其他植物，现在国内外常把杂草解释为"长错了地方的植物"（A plant growing where it is not desired）。有的杂草专家考证认为，在欧洲晚冰期冻原上的许多植物，现在成了农田和荒地上的杂草，他们的生长恢复着生境，能生长在生态条件极为恶劣的地方，如海滩、盐碱地、沼泽地、沙丘、峭壁、河岸，甚至污染十分严重的环境。有的所谓杂草的生长演替着恶劣环境的植物群落，对改善生态环境、景观都很有利。因此"杂草"并不完全属于贬义词。杂草的防除与利用都是杂草工作者的光荣任务。对于生态学和环境保护学者来说，如何正确利用杂草植物来改善人类生存环境，是一项具有艺术性的技术。

草坪地的杂草植物如超过一定数量或有损景观时就会造成危害，必须及时防除。草坪在建造和养护管理中，防除杂草为害往往是关系到草坪的成败。杂草妨害草坪草的正常生长，有损美观和使用，增加养护的劳动强度和费用。草坪草与杂草有时虽有明显的区别，有时则无严格的界限，给防除工作增加了困难。草坪地是一种特殊生境，其场地位置、土壤结构均好，向阳，水肥供应充足，既有利于草坪草的生长，也有利于杂草植物滋生。许多杂草属于 C_4 植物，扩展性特别强，当它们在草坪地上萌发、定居积累到一定数量后，能充分利用阳光、水分和养分，其竞争力更强。而草坪草又常修剪得很低矮，所以杂草能充分利用草坪地的上层空间迅速蔓延扩展，遮蔽草坪，致使草坪草生长势变弱，甚至被窒息造成饥饿而死。

我国许多地方的草坪杂草与当地农田杂草区系是一致的。据调查，常见草坪杂草计 60 多种，为害严重的杂草约 20 种（表 3－6）。有些杂草与当地农田杂草一样是强害草，如香附子、马唐、牛筋草等；而香附子、车前、天胡荽、漆姑草、柔枝莠竹、水蜈蚣、苔藓等在草坪上更容易发生为害；狗牙根、草地早熟禾、剪股颖、白三叶等混杂在其他草种为主的草坪上时，也会变成严重为害的杂草。

草坪主要杂草名称 表 3－6

中名	拉丁名	生态类型
香附子	*Cyperus rotundus* L.	多年生草
水蜈蚣	*Kyllinga brevifolia* Rott.	多年生草
狗牙根	*Cynodon dactylon*（L.）Pers.	多年生草
马唐属杂草	*Digitaria* spp.	夏生杂草
牛筋草	*Eleusine indica*（L.）Gaertn.	夏生杂草
柔枝莠竹	*Microstegium vimieum*（Trin.）A. Camus	夏生杂草
双穗雀稗	*Pasplum paspaloides*（Michx.）Scribn.	多年生草
早熟禾	*Poa annua* L.	越年生草
棒头草	*Polypogon fugax* Nees et Steud.	越年生草
狗尾草属杂草	*Setaria* spp.	夏生杂草
喜旱莲子草	*Alternanthera philoxeroides*（Mart.）Griseb.	多年生草
天胡荽	*Hydrocotyle sibthorpioides* Lam.	多年生草
蔊菜	*Rorippa indica*（L.）Hiern	越年生草
繁缕	*Stellaria medis*（L.）Cyr.	越年生草
鱼鳅串	*Kalimeris indica*（L.）Sch.－Bip.	多年生草
小旋花	*Calystegia hederacea* Wall.	多年生草
（田旋花）*	（*Convolvulus arvensis* L.）	
车前	*Plantago asiatica* L.	多年生草
（平车前）*	（*P. depressa* Willd.）	
白三叶	*Trifolium repens* L.	多年生草
地锦	*Euphorbia humifusa* Willd.	多年生草
苔藓类	*Bryophyta*	多年生草本

* 田旋花和平车前多在北方地区发生为害。

二、防除草坪杂草的主要方法

（一）预防杂草侵入为害

杂草学家研究了田园杂草区系，认为人工栽培的草坪草不但要遭遇当地杂草的侵害，同时也要受到大量的非本地区杂草（即入侵者）的危害。"入侵者"杂草在原产地不一定是恶性杂草，如喜旱莲子草等到新生境后才顽强地大量繁殖，妨害栽培植物生长成为优势植物种。这种入侵植物多是人为传播所致。因此，建造草坪时应结合整地清除杂草，特别是多年生恶性杂草的地下部分要清除干净，杜绝后患；草坪草籽和草皮质量必须符合标准，杂草数量不能超过允许量；混入杂草较多的草皮，即使价格便宜也不要购买，其防除杂草费用往往超过购买草皮费；豆科白三叶专门种植为地被是很好的，但千万不能侵入禾本科或莎草科植物为主的草坪，否则极难除净或者有喧宾夺主之害。

（二）研究草坪杂草植物的生理生态特性

多年来杂草学者已对各地田园杂草的分类、杂草的生理生态特性进行了研究，可供我们借鉴。防除杂草必须减少其繁殖体的数量。杂草繁殖体包括种子和营养繁殖体。杂草种子除了有留传后代的重要作用外，还具有分散（传播）、保护种胚度过不利的发芽和发育（如休眠）等功能。杂草种子每年产生的数量很多，只有少数萌发，未萌发的多数种子处于环境休眠状态，常见土壤中就贮藏着许多活种子，成为杂草"种子库"，这就给防除杂草造成了很大困难。多年生杂草营养器官再生的能力使之具有高度的竞争性，也是难以防除的原因。对大部分一年生杂草从地面割掉就可以消除，多年生杂草一旦产生特殊营养器官，即使贴地面割除，也能再生，割除有时反而新增数量更多，危害性越大。防除杂草危害的时间同杂草植株年龄、密度等有密切的关系。假如不认识这种关系，往往会失去良机，如在杂草已经造成严重危害后才着手防除。以种子萌发的杂草幼苗，三叶期前是除草剂防除适期，或用人工除去地上部也可杀死。若属多年生杂草，在形成根茎、球茎、块茎后才防除，效果很差。供水和氮肥条件好的地方往往是杂草猖獗的重要原因。多数草坪阳光充足，光质较好，为杂草滋生提供了有利条件，也给防除杂草增加了困难。杂草营养繁殖体的营养贮备常常决定其生命力。一般规律是在冬季后和早春时，其营养繁殖体的干物质逐渐减少，仲春季节地上枝开始抽出，干物质迅速下降，接着是新营养繁殖体形成并集聚营养物质，秋季达到营养贮备高峰。在春夏季节或秋季，不同生态型的杂草植物萌发和生长期，危害性也各有不同。因此，人们应知晓杂草的发生为害规律和生理生态弱点，掌握防除的有利时期。

（三）草坪杂草的防除

首先要以生态防除为主促成草坪草的生长优势，增加草枝的密度和覆盖度，以此控制杂草滋生为害。其次在草坪草种植初期（幼苗期或再生草株初期），其生长速度都较杂草生长缓慢，此期间更要有效地保护草坪草，控制杂草为害。对于休息草坪和运动场草坪，不能过度使用，以免造成秃裸地面而滋生杂草。此外，要根据杂草的生理生态弱点，及时进行化学除草、人工拔除或机械除草。除了单一纯净草坪外，对于风景区或自然式草坪上出现少量有花梗不高的阔叶杂草，也不碍事，相反还会增加草坪的野趣。

（四）草坪化学除草

其除草原理虽与农田化学除草相似，但是草坪有许多特殊性，不能照搬农田化学除草的施药技术。如除草剂的选择标准，除高效、低毒、低残留外，由于草坪是人流量大的环境，有些草坪常与多种乔木、灌木、花卉和地被植物按不同图案配置种植，其中有的植物是十分珍贵的，园林植物对不同除草剂的反应各异。因此，必须选用选择性很强、污染很少（臭味必须很低）的除草剂，才不致发生药害或造成环境污染。对于施药技术要求也很高，要避免药液飞扬，现在国内常用喷雾器压力大，不理想，可使用低压扇形喷头喷雾器（如 Cooper sprayer），或使用涂抹器（图 3-10）。采用颗粒剂或局部处理等方法效果也很好。草坪常用的除草剂的名称及应用技术如表3-7所示。

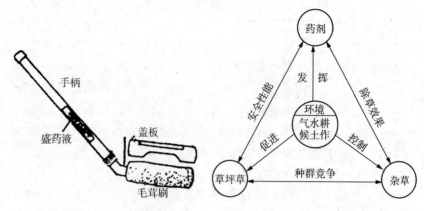

图 3 - 10　手持涂抹器　　　　图 3 - 11　化学除草四因素相关性

草坪常用除草剂名称及应用技术①　　　　表 3 - 7

名　　称	物性及防除对象	应用技术
1. 苯氧羧酸类 2，4 -滴丁酯 （2，4 - DB） 2 甲 4 氯钠盐 （MCPA - Na） 2 甲 4 氯（MCPA）	内吸传导性，对多种阔叶杂草选择性强，对禾本科植物较安全	72%2，4 -滴丁酯乳油，视气温高低和杂草高度增减药量。常用药量（有效成分a·i，下同）0.75 ~ 1.13kg/hm²，兑水450 - 600kg 喷雾，如杂草较高，应喷至顶端生长点，可以单施。如与尿素硝铵混用能增效；与麦草畏等苯酸类除草剂混用，其药量各减一半。但禾本科坪草幼苗期敏感，忌用
2. 苯甲酸类 麦草畏 （dicamba）	内吸传导作用，对一年生和多年生阔叶杂草有显著防除效果，对禾草安全	48% 乳油 0.15 ~ 0.23kg/hm²，兑水喷雾，可与苯达松、莠去津、2，4 - D 丁酯等混用扩大杀草谱

　　①　请向当地农药或植保部门咨询除草剂的新老品种商品名称、供应情况、使用方法及注意事项等。我国各地气候、土壤条件差异甚大，各种除草剂的用药量就有不同，应事先试验后确定，不能照搬，以避免发生药害，或除草效果不甚理想。

名 称	物性及防除对象	应用技术
3. 苯胺类 氟乐灵 （Trifluralin） 地乐胺（dibutralin） 双苯胺 （diphenamid）	播前土壤混合处理剂，对种子发芽的多种单子叶和双子叶杂草有效	整地后用药土法或喷雾法将药剂施在表土层，然后与表土 30～50mm 混匀，48% 乳油 0.54～0.72kg/hm^2。地乐胺（WSSA）的施用方法与前相同
4. 酰胺类 大惠利（divrinol） 丙草胺 （Pretilachldor）	选择性芽前内吸性除草剂。能杀死以种子萌发的多种单子叶和双子叶杂草	播种前将除草剂兑水喷雾与土壤混合施用。药量 0.75～1.13kg/hm^2。在禾本科草坪上，可与 2，4-滴类除草剂混用
5. 三氮苯类 扑草净 （Prometryne） 西马津 （Simetryne） 莠去津（Atrazine）	利用时差、位差、适当药量为选择性内吸传导型除草剂。气温较高地区施用安全。除草谱同上	播种后杂草出苗前施用，或杂草幼苗在三叶期前用药土混合法撒施，药量 1.13～1.5kg/hm^2，可与取代脲类除草剂混施
6. 取代脲类 敌草隆（diuron） 绿麦隆（chlrotoluron） 异丙隆（isoproturon） 绿黄隆（chlorsulfuron） 甲黄隆 （metsulfuron-metyl）	同上	施药方法同上，药量 1.13～1.5kg/hm^2 可与三氟苯类除草剂混用
7. 氨基甲酸酯类 杀草丹（Satum） 灭草灵（Swep）	选择性内吸传导型土壤处理剂，被杂草根和幼芽吸收后对生长点有强的抑制作用	播种后杂草出苗前或杂草出苗三叶期前，喷雾或药土法施用
8. 杂环类 盖草能（Gallant） （吡氟乙草灵）	苗后选择性内吸传导型除草剂	杂草在三叶期前喷雾 0.10～0.15kg/hm^2，主要防除禾本科杂草等

续表

名　称	物性及防除对象	应用技术
苯达松（Bentazon）	触杀型除草型，对阔叶杂草和莎草有效，对禾草安全	杂草在三叶期前喷 1.13～1.50kg/hm^2，防除阔叶杂草及莎草
异恶草酮（clomazone）	选择性除草剂通过根、幼芽向上传导致杂草各部位	芽前土壤表面施药或与土壤混合施药
咪草烟（imazethapyr）	通过根、茎、叶吸收传导使杂草生长受抑制死亡	芽后早期除草剂
灭草喹（imazaquin）	通过根叶吸收，传导至杂草生长点，抑制枯死	芽后除草剂
威霸（whip）	高活性内吸传导型茎叶处理剂	禾本科和阔叶杂草
百草枯（paraquat）	速效触杀型灭生性除草剂	喷雾法
农得时（Londax）	选择性内吸传导型除草剂	药土法施用
9. 其他 茅草枯（dalapon）	内吸传导性深根性除草剂，对白茅、芦苇有特效	使用时期、剂量、喷雾均匀度直接与防除效果相关。对多年生深根性杂草应在萌发生长初期，按规定药量均匀喷洒，40 天后对新萌发草枝再喷一次（局部处理）效果佳。或作灭生性处理，药效过后再播种
草甘膦（glyphosate）	内吸广谱除草剂，常作灭生性除草	
拿捕净（Sethoxydim）	选择性内吸传导型茎叶处理剂	
伴地农（Pardner）	选择性苗后茎叶处理触杀型除草剂	
甲胂钠 甲胂二钠	内吸触杀性，对多种一年生和多年生杂草有效	无机除草剂，当杂草萌发初盛期施用

除草剂（Herbicides）可分为选择性、非选择性和灭生性三类。对于能杀灭一切绿色植物，使之不能再生的，可称灭生性除草剂。非选择性除草剂对多种杂草和植物有杀灭作用。施药后能有选择地杀灭某些种植物，而对另一些植物无害，称为选择性除草剂。这种选择性是相对的，不是绝对的，必须控制使用药剂的浓度、用药量、用药期等条件下才能显示出来，否则选择性也可能转化为非选择性。若按药剂接触后的效果可分触杀型（一般杀死地上部分，对杂草地下部分作用不大）和内吸型（药剂通过杂草的叶、根、茎部吸收进入体内输导扩散）等。现在高度选择性和极低剂量的除草剂增加，可向具资格的杂草专家或农药工程师咨询。

除草剂施用时，要掌握药剂、杂草、草坪草、环境四者之间的关系（图3-11）。针对杂草生育期生理生态弱点，选用有效的除草剂，经济的用药量，适宜的施药期和方法，以提高防除杂草效果和保证草坪草的安全，避免或减轻污染环境，达到除（杂）草、保苗（草坪草）、省工（减轻繁重体力劳动和节省经费开支），效果好的目的。在草坪正常养护管理的基础上，做到"四看、三准、二匀、一管"。四看是：看杂草对症下药；看草坪草安全用药；看药剂严格掌握；看环境因地制宜。三准是：（施药）面积准、药量准、时间准。二匀是：拌药匀、施（喷）药均匀。一管是：施药后按照规程管理草坪，防止一切影响药剂效果的现象发生。除草剂的施用量是按照单位面积计算，不是以浓度为标准。施药前必须严格核准除草剂有效成分含量，培养训练操作手，才能获得事半功倍的效果。按规范施用除草剂是有效的，否则，会给草坪草及景观植物带来不必要的损失，甚至祸害。

（五）他感作用对杂草防除与利用的意义

植物他感作用（Allelopathy）又称他感效应，或称异株相克。他感作用是一种植物通过释放到环境中的化学物质，对其他植物产生任何直接或间接的有害作用。他感作用不同于竞争，竞争是从环境中除掉某种物质，他感作用则是向环境中加入某种物质。他感作用有两种类型：一种是真他感作用，即植物产生并释放到环境中的化合物本身有毒；另一种是功能性他感作用，即植物释放到环境中的物质，经微生物转化为有毒。他感作用是人们在 19 世纪初发现，经过 20 世纪中期发展起来的新学科，对杂草植物的防除与利用、植物种群演替、草坪地被绿化和园林植物的选择与配置等都有现实意义。

他感作用影响多年生草本种群分布。许多多年生草坪草的生长特点是萌发枝集中在母株周围（有的称斑块效应），其原因是他感化合物特别有利于这类草种。某些多年生杂草密集的无性系常常成为单一的群落也与他感作用有关。如结缕草、沟叶结缕草、假俭草等在结织成致密的草皮（坪）后，能较好巩固本种草的生长优势，其群落成为使用年限较久的优质草坪。铺地狼尾草匍匐茎的先端能分泌化学物质，抑制别的草种以扩展地面。豆科白三叶匍匐茎的先端分泌物质，对铺展地面以演替禾本科等草本植物的效果明显。

杂草植物利用他感作用干扰栽培植物有两个方面的效果：一是抑制栽培植物种子的萌发和幼苗的定植；另一种是抑制栽培植物成株的生长。许多事实说明，杂草幼苗的生长速度往往较栽培植物幼苗快，这不仅仅限于杂草的机械作用影响，更有他感作用的阻害。因而提高了人们对栽培植物幼苗期防除杂草重要性的认识，也为寻求植物具有强的他感化合物，用以抑制杂草草籽的萌芽、抑制杂草幼苗和成株生长奠定了基础，减少杂草的为害。

他感化合物属于乙酸和氨基酸代谢，是次生植物化合物的基本来源，如类固醇（毛地黄毒苷配基）、乙酸配基（7 羟 6 甲氧香豆素）、苯丙烷（肉桂酸）、蛋白质、生物碱（咖啡碱）等。他感化合物进入环境有四种方式：即挥发、淋溶、渗出和分解。挥发是向大气中释放，通常在干旱和半干旱条件下进入环境；淋溶包括雨水、露水或灌溉水，把他感化合物提取和淋溶落到其他植株上或土壤中，这是其主要的进入环境方式。土壤内植物残余的淋溶也可把他感化合物转移到土壤环境中，如香附子的叶片和块茎淋溶物质，以抑制玉米、大豆等栽培植物的生长；渗出是他感化合物可从植物渗出进入土壤抑制其他植物；分解是指微生物分解植物残余体产生有毒物质，是他感化合物进入土壤的另一种方式。

他感作用对草坪、地被植物绿化和园林植物配置的现实意义。我们常见竹林地、蒲葵树下只有少数其他植物与之共同生存；有的草坪草种或地被植物能较好生长于同一个位置，有的则生长不良或有排他性；有的乔木在其枝叶淋溶水滴下使低矮植物生长不良或死亡。这些都同植物他感作用有关。据日本竹内安智等（1997）报道，沟叶结缕草干枝条组织的水浸提取物，对萝卜、牛筋草、水稻、番茄等具有很强的抑制作用，对凹头苋的萌发和生长则有促进作用；而鲜枝条的水浸提取物的效果却较低。因而沟叶结缕草的枯草层未分解物和枝条，对许多植物群落及其生长起着不同的作用。我们对不同草坪草或地被植物以及众多的园林植物的混植或配置时，事先要进行必要的调查研究。

第五节　病害及其防治

草坪草如同一切植物一样，需要阳光、空气、水分和养料，因此就不可能逃脱病害的侵染为害，并造成草株的叶片、秆出现斑点，匍匐茎、根茎、根系也会染病，严重时枯萎死亡。草坪出现斑块秃裸会影响使用和景观。草坪的精细养护管理，虽然可以减轻病害，但同时也会产生新的问题。如草坪地多数土壤条件较好，水分、肥料充足，经常很低的修剪，都会减弱草坪草自身的抗逆性，包括对病菌的抗性，招引许多病菌的感染为害。特别是那些大量使用外国草坪草种的地方，会传入国内未曾记载的病菌，常常使草坪工作者和当地植物病理学专家都感到棘手。因此，认识和防治草坪病害是养护管理草坪的重要措施之一。

草坪病害一般可分为侵染性（传染性）和非侵染性（非传染性）两大类。侵染性致病病原主要包括真菌、细菌、病毒和线虫病等。非侵染性致病病原又分为有生命原体的非侵染性致病病原，如藻类和黑壳层、苔藓、害虫及有害动物；非生物原体的非侵染性致病病原，如化学物质致病，包括杀虫剂和除草剂，动物小便或盐肥料、养分缺乏症，空气污染，化学溢漏物；物理致病包括绝对最高或绝对最低温度，水和冰冻，瘠薄土壤，土壤板结，枯草层，乔木和灌木遮荫；机械致病包括剪草机伤害，异物覆盖伤害，叶片和冠层擦伤，践踏（磨损）伤害等。

一、侵染性病害及其防治

这类病害是草坪防治的主要对象，种类多，传染蔓延快，为害严重。

（一）真菌病害

真菌没有叶绿素，是不能进行光合作用的低等植物，有明显的营养器官和繁殖器官以及营养生长阶段和生殖生长阶段，营寄生、腐生或寄生兼腐生。常见草坪草真菌病害有：

1. 禾草炭疽病（Anthracnose, *Colletotrichum graminicola*）病原菌毛盘孢属。病原菌侵害许多草坪草，尤以早熟禾、匍茎剪股颖严重为害。常在冷凉多雨天气发生，温暖湿润天气最适宜扩大为害。主要为害幼苗、叶和秆。病害斑块圆形，直径50mm，棕褐色，上面有黑色或粉红色胶质小颗粒，似眼形斑点，排列不规则，干燥时病斑枯死凹陷。

2. 壳二孢属叶枯病（Ascochyta leaf blight）有剪股颖病害（*Ascochyta agrostis*）、虎尾草亚科草病害（*A. graminea*）、黍亚科雀稗病害（*A. paspali*）等。为害早熟禾亚科、虎尾草亚科、黍亚科草坪草。在叶片、叶鞘和叶顶端发病。大面积的病叶有相似枯萎或斑点病状，局部严重为害，通常自个别叶片尖端开始逐渐枯萎至整片叶死亡。病原体穿透叶片中脉（肋）使之变成白色带状，然后枯萎死亡。全年均可发病，也可在冬末早春时发生。大气湿度高，频繁浇灌水的夏季有利病害流行。病菌在叶片表面出现水膜，修剪后叶片顶端有吐水现象时侵害。频繁修剪和清晨露水未干浇水，有利病菌传播。

3. 禾草褐色条枯病（Brown stripe, *Cercosporidium graminis*）本病广布世界各地，病叶先出现小而圆形褐色水渍状病斑。中心如灰色，斑点可扩大并发展成条状斑块。在叶脉之间扩大，潮湿时为橄榄灰色，干后暗灰色，严重时叶顶端枯萎。越冬后在春季转暖时以菌丝侵染叶片和植株，然后随水溅湿或风吹散传播，主要在冷凉湿润天气春季和秋季流行，最适温度 20 ~ 33℃。

4. 褐斑病（Brown patch）　病原菌：丝核菌属。常见立枯丝核病（*Rhizoctonia solani*）、禾谷丝核病（*R. cerealis*）、水稻丝核病（*R. oryzae*）、玉米丝核病（*R. zeae*）。丝核菌病害有的称象脚印病害。因草种（品种）、土壤条件、大气环境及病原（专化的品系）不同而异。在冷季草和暖季草草坪上，因侵染期受环境条件强烈影响其症状。一般是圆形斑点，初淡黄色后变成褐色。有的较小，偶有直径0.5m的，有利于病害环境会造成大面积危害。在温暖潮湿天气症状为淡褐色，有一个暗黑色或灰褐色边缘，像烟环。*R. cerealis* 为黄斑，常在秋季至春季发生为害。在暖季型草坪上常见于春季，当解除休眠后或秋季接近休眠时发生，病斑直径几厘米。在一年生草坪上病斑可扩大至直径 8m，秋季病害为黄橙色或橙红色。丝核菌萌芽温度为 8 ~ 40℃，适温 28℃。一般侵染和病害发展的温度为 21~32℃。

5. 头孢属条枯病（Cephalosporium Stripe, *Cephalosporium gramineum*）　流行在多雨的地区。病叶有 1 至多条稀疏微黄褐色条斑，可扩大至叶鞘、叶尖端或修剪叶片的顶端。感染叶衰老初期呈褪绿色，然后变成褐色。被害草株生长缓慢，幼苗生长不健壮，病原菌最大的生活力在冬季和早春。进入根部和维管束组织发展成微黄褐色条纹，经秆节至叶片，也可随线虫、地下害虫、严霜等侵害草株根部。

6. 尾孢属叶斑病（Cercospora leaf spot）　常见剪股颖叶斑病（*Cercospora agrastidis*）、羊茅叶斑病（*C. festucae*）、野牛草、狗牙根叶斑病（*C. seminalis*）、钝叶草叶斑病（*Phaeoramularia fusimaculans*）。在冷季型及暖季型草坪草上为害，以剪股颖属、羊茅属、狗

牙根属、钝叶草属草种较为敏感。发病环境条件需要温暖湿润天气和叶片湿润。叶片和叶鞘被侵染后最初为紫色或褐色斑点，大流行时沿叶片边缘扩大至秆部，老斑点中心变成黄褐色、灰色，在温暖湿润天气，病菌孢子大量产生呈现白色或灰色斑点，严重时叶呈褪绿色直至死亡，草坪草稀疏。

7. 芽枝霉属眼斑病（Cladospodum eyespot，*Cladosporium phlei*）又名梯牧草眼斑病。叶斑小，椭圆形，长 3mm，光亮褐色，中心灰色，边缘狭窄透明或暗紫褐色，严重时黑色，叶片死亡。常见于荫蔽或经常湿润的地方，发生在冷凉温暖地区的冬季、春季和秋季，最适宜气温 24℃。

8. 铜斑病（Copper spot，*Gloecocercospora sorghi*）　胶尾孢菌属，又称鸭茅环纹叶斑病。主要侵染剪股颖属草种，在狗牙根属、结缕草属和其他禾草的草种上也有发生，病叶扩大后呈粗糙、圆形斑块，直径 20~70mm，橙红色至铜色。先个别叶被侵染，呈小的红色至褐色病斑，连接使整叶枯萎。当温暖湿润天气，叶片上有橙红色斑点上面盖有如胶性物质，温暖潮湿天气有利于发病。

9. 霜霉病（Downy Mildew，*Sclerophthora macrospora*，*Sclerospora grminicola*）　为疫霉菌属。主要发生于冷凉湿润地区冷季型草坪草上，又名黄毛发病（yellow tuft），在剪股颖属、黑麦草属、早熟禾属草种发病。严重时草坪出现小的黄色斑块（直径 10~100mm），病斑有稠密丛生的分蘖，黄色嫩苗，根变色等。症状最显著在春末和秋季排水不良的地方。

10. 二极孢菌属枯萎病（Biploaris Diseases）　常见病害和寄主：野牛草（*Bipolaris buchloes*）、狗牙根（*B. cynodontis*）、狼尾草（*B. mediocre*）、雀稗属草（*B. micropa*）、索罗肯枯萎病（*B. sorokiniana*）、狗牙根、结缕草（*B. spicifera*）。这是一个病菌集群引致的病害，二极孢菌属狗牙根枯萎病即过去称为长蠕孢属狗牙根网斑病（*Helminthosporium cynodontis*），它严重侵害早熟禾亚科、虎尾草亚科、黍亚科多种草坪草。病原菌侵害叶、冠和根部。如狗牙根枯萎病叶斑不规则，嫩叶上绿色至黑色，严重时浅黄褐色至枯萎死亡。草坪上不规则斑块，直径 50mm 或更大，病原菌可扩大侵染分蘖（枝条）匍匐茎或根茎，在狗牙根、结缕草发病后侵染不健壮叶，秆和冠部、使叶色褪绿后就褐色，秆紫色至黑色，使叶、秆、根枯萎。二极孢菌属病害为害冷季型草坪草时，在仲夏温暖多雨天气，气温 20℃~35℃时病害增加。

11. 德氏霉菌属病害（Drechslera Diseases）　　常见病害和寄主：早熟禾类（*Drechslera poae*）、羊茅、黑麦草（*D. dictyoides*）、剪股颖（*D. erythrospila*）、梯牧草（*D. phlei*）、狗牙根、剪股颖（*D. gigantea*）。本病又名"溶失病"，过去称长蠕孢属软化病（*H. erythrospilum Drechsler*），现名 *D. erythrospila*（Drechsler）Shouemaker，是一个集群病害引致的病害。主要为害冷季型草坪草和狗牙根等。病株叶片初期出现轻微水渍状病斑，草坪上开始是很小的褐斑，迅速扩大为暗褐色斑块枯萎，中心为黄褐色或污白色。叶鞘环剥枯萎，根及根颈处腐烂。病原菌分生孢子在 3~27℃ 产生，最适期为 15~18℃，冷季型草坪草主要在春末和秋季冷凉湿润时期发生，夏季温暖-高温气候草株生长缓慢时最容易被侵染。狗牙根等草种则在秋季冷凉气温时被侵染为害。

12. 苦乌菌属枯萎病（Curvularia blight）　　常见剪股颖病害（*Curvularia eragrostidis*），有的称狗脚印病害，也侵害虎尾草亚科草坪草，但以早熟禾及剪股颖等较为敏感。在瘦弱草坪草上出现形状不规则的斑点或条纹，连接扩大形成大的斑块，早熟禾属、羊茅属草种叶片上有数量不等的黄色或绿色斑纹，自尖端向下扩大发展，初侵害组织变为褐色枯萎死亡。边缘淡红褐色或褐色。病害在夏季高温 30℃ 干旱的胁迫下加重。在德氏霉菌属病害区域内，湿润、修剪、枯草层、荫蔽和使用杀虫剂条件下，常招致苦乌菌属枯萎病的发生为害。在所有草种的冠层、叶鞘被害后为黑褐色，干枯范围清晰。

13. 菌核病（Dollar spot，*Sclerotinia homoeocarpa*）　　核盘菌属。属于宿存性病害。症状是外面细小、圆形、凹下去的斑点，直径少有 60mm，严重时扩大成不规则的斑块，或枯萎后草坪有白色斑点。

直径 20~150mm 或更大，侵害界线特征为黄褐色边缘。当叶片有露水时病原体活动，似白色棉花或蜘蛛网生长在叶上的菌丝。菌丝消失为干燥叶。病菌在高湿度的草坪草冠层开始生长侵染，自春末至晚秋。发病的有利环境条件是温暖湿润天气和冷凉夜晚重露帮助下，温度范围 15℃至近 30℃出现。常在严重干旱的土壤，即使在低氮肥条件也较敏感。

14. 灰叶斑病（Gray leaf spot, *Pyricularia grisea*）　灰梨孢菌属。为害钝叶草属、狗牙根属、假俭草属和雀稗属等暖季型草坪草，而剪股颖属、羊茅属和黑麦草属等冷季型草坪草也偶遭侵染致病。病斑先很小，为害叶和秆，迅速扩大成圆形-梭形病斑。黄褐色至灰色，中心灰白色，边缘褐色，外围有黄色晕圈。严重时叶片或草株枯萎死亡。温暖高温天气（最适温度 25~30℃）侵染为害严重，新植草坪较老草坪为害严重。高氮肥，杂草严重使用除草剂，土壤板结，干燥的草坪易侵染。当生理小种出现后，病原菌扩大为害范围。病菌孢子靠风力、水流、机械和动物传播。

15. 叶黑粉病（Leaf smuts）　常见病害：黑粉菌属病害（*Ustilago agropyrina*）、条黑粉病（*U. striiformis*）、秆黑粉菌属病害（萎缩黑粉病）（*Urocystis agropyri*）、叶黑粉菌属病害（*Entyloma brefeldi*）、腥黑粉菌属病害（*Tilletai sterilis*）。叶黑粉病是高度专一的不同集群的病原菌。常见主要有三个集群：①条纹黑粉病［（stripe）*Ustilago* spp.］主要寄主冰草属、梯牧草属、早熟禾属、剪股颖属、黑麦草属等草种，*U. buchloes* 侵染野牛草。②枯叶黑粉病［（flag）*Urocystis* spp.］主要寄主冰草属、剪股颖属、羊茅属、梯牧草属、早熟禾属、黑麦草属等草种。③疱状黑粉病［（Blister smuts）*Emtylonia* spp.］主要寄主有冰草属、梯牧草属、早熟禾属、剪股颖属、羊茅属等草种。其症状差异很大，尤以条纹黑粉病最广泛，是破坏性大的病害。在春季和秋季冷凉天气为害。初为淡绿色或黄色。草株生长不良。根的生长减少，个别叶片卷曲，叶和叶鞘有平行条纹，黄绿色至灰色，当表皮层裂开，叶片成褐色，自尖端向下死亡。夏季高温干燥严重时草株大片死亡。叶、秆、花序或根部组织的部分或全部变成黑粉状厚垣孢子堆。尤以 4 年以上老草坪被害严重。

16. 云纹病（Leaf blotch） 常见鸭茅云纹病（*Rhyrnchosporium orthosporum*），为害冷凉气候的羊茅属、梯牧草属和早熟禾属草种，尤以黑麦草属草种敏感。叶病斑的形状大小不规则。病斑灰色至褐色，或中间灰色，边缘褐色。常自叶尖端向下扩展至死亡。早春天气病害最严重，冷凉多雨的秋天又有发生。

17. 红丝病（Pink patch，red thread，*Limonomyces roseipellis*）这种病害过去名称为 *Corticium fuciforme* 和 *Athelia fuciforme*。在冷凉潮湿地区，主要寄主是早熟禾亚科草坪草及狗牙根属草坪草。侵害叶片和叶鞘，病斑干后淡茶色，潮湿时为淡红色胶性覆盖物，病叶尖端有鲜艳的红色丝状物。病原菌适温 0~30℃之间，可随水流、包装物、人和动物传播。

18. 白粉病（Powdery mildew，*Erysiphe graminis*） 白粉菌属。主要寄主有早熟禾属、羊茅属等草种，一般在春季和秋季冷凉（15~20℃）潮湿天气，高氮肥，特别是荫蔽和空气不流通环境，尤以温暖湿润条件最易发病。侵染叶片和嫩秆，表面密生白色菌丝和大量分生孢子状如白粉。

19. 腐霉菌属病害（Pythium Diseases） 有绵腐病（*Pythium aphanidermatum*）、禾草腐霉病（*P. graminicola*）、不规则腐霉病（*P. irregulare*）。腐霉病的病原涉及腐霉枯萎病（猝倒病）、禾草猝倒病、绵腐病、冠腐和根腐病、枯萎斑点病和雪腐病等病征。所有的草坪草（包括结缕草）都容易遭受侵害，以幼苗被害严重，冷季型草坪草被害较多。症状圆形，斑块直径 20~50mm（偶有 150mm 以上）。病害初期为红褐色斑块，叶片水渍状，或黑色，有黏性物，干燥后呈红褐色；晨露时病斑边缘有菌丝体。病害常发生在严寒或冷凉湿润气候。最有利的流行条件是突然高温（30~35℃）、高湿或多雨（相对湿度在 90% 以上），夜间温暖气温在 20℃ 以上，在短短的24 小时左右可以毁灭一块草坪。特别在排水不良或积水的位置，病害严重。草坪多施氮肥时，秋季温度不低于 20℃，如土壤 pH 值碱性大于酸性的草坪最易感腐霉菌病害。或在土壤温度较低（11 ~ 21℃），或冬季重雪时期常见于早熟禾亚科草种出现腐霉病。

20. 雪腐病（Snow molds）　常见镰孢霉属斑点病（*Fusariumnivale*）、核线菌属枯萎病（*Typhula incrnata*）、腐霉属病害（*Pythium spp.*）。雪腐病常在小径足迹处、雪上汽车车辙或雪橇小路上，由于雪压得很紧，草坪草受伤后有利于病菌侵害，尤以低洼地北坡草坪等雪深覆盖时间长的地方严重，当气温转暖季节到来时草株便干死。常见有：淡灰色或稻草黄色斑点，也有棕褐色的，斑块直径几厘米至一米以上，斑点合并后不规则，严重时整个草坪受害，雪融边缘斑点有淡红色的镶边。这种病害不一定要有雪，在低温高湿的秋冬时或春季均可发生。

21. 核线菌属疫病（Typhula blight, *Typhula incarmata*, *T. ishikariensis*）　又名灰色或斑纹雪腐病，有白色至灰色菌核体形成的小菌核，菌核出现在夏季。秋末小菌核多在冷凉气候（适宜温度为 10℃ ~ 18℃）萌芽传播侵害。

22. 黑痣病（Tar spot, *Phyllachora graminis*, *Ph. cynodontis*）黑痣属。常见世界各地许多草坪草（冷季型草坪草或暖季型草坪草）如早熟禾属、黑麦草属、羊茅属及狗牙根属、雀稗属、狼尾草属等草种上都有发生。叶和秆上有黑痣斑点，使叶片枯死。以潮湿、荫蔽位置，在春季为害严重。

23. 锈病（Rusts）　常见柄锈属（*Puccinia*），壳锈菌属（*Physopella*），单孢芽属（*Uromyces*），夏孢锈属（*Uredo*）。锈病在所有草坪草上都会发生，草坪草生长在不利的环境条件下最容易感病。锈病病菌产生生理小种，它们的差异在于侵害同种的不同栽培品种。锈病病菌的孢子萌芽和生长适宜的温度一般为 20 ~ 30℃ 之间，它们常常使草坪草缓慢生长，在不利条件的环境，如干旱、养分不足、修剪过低，草坪荫蔽及其他病害引起的草坪草上为害。夏孢子萌芽必须在叶片湿润条件。禾草秆锈病（*P. graminis*）侵染的适宜条件包括缺少阳光、叶表面湿润和温度大约在 22℃ 时；秆锈病侵染蔓延在强光照、叶表面干燥、温度约 30℃ 时；冷季型草的冠锈病（*P. coronata*）在 10℃ ~20℃ 时产生夏孢子。

24. 镰孢霉属病害（Fusarium Diseases，*Fusarium acuminatum*）早熟禾类病害（*F. poae*）。镰孢霉叶斑病、叶枯病和根、根茎、匍匐茎、根茎腐烂病，也常侵害幼苗，叶枯萎病出现在秋季、冬季、春季冷凉气温，寒温带地区，夏季也有发生的。冷季型草坪当冷凉潮湿天气，病菌开始侵染为害造成叶枯，幼苗期病害多。温暖潮湿天气发生，根茎和根腐烂病害，在高温、干燥天气发生。有时同二极孢菌属（*Bipolaria*）病害和德氏霉菌属（*Drechslera*）病害并发出现。

25. 狗牙根和结缕草衰退病 有瓶霉属、蛇孢腔菌属、小球腔菌属等。常见病害：*Gaeumanomyces graminis* var. *graminis*，*G. incrustans*，*phialophora graminicola*，*Magnapothe poae*，*Ophiosphaerleea herpotricha*，*Leptosphaeria narmiari*。狗牙根衰退病（Bermudagrass decline）的枯萎斑块不规则形状，超过 0.5m 常是低的叶片枯萎或死亡，也可向上移动，可以使根和匍匐茎和根茎变色后呈暗褐色或黑色。使根变短或完全腐烂成黑色。菌丝体侵染连合可使球盘染病，使狗牙根幼苗不能定植。病斑扩大后使草生长势衰退，有些症状易与腐霉属（*Pythium* spp.）病害和线虫病混淆。出现在温暖和高温潮湿时期的夏季至秋季，当降雨量高时更典型。

结缕草衰退病（Zoysiagrass decline），其病原菌与狗牙根衰退病相似，以 *Gaeumannamyces graminis* 较多，常在仲春、晚春和晚秋时发生为害。碱性严重、干旱土壤和枯草层过多的草坪病害尤重。

26. 轮斑坏死病（Necrotie ring spot） 有小球腔菌属、蛇孢壳菌属，常见 *Leptosphaeria korrae*，*Ophiobolus kerpotrichus*。冷季型草坪草常见病害，严重为害草地早熟禾，也侵害剪股颖、紫羊茅、早熟禾、普通早熟禾。病原菌在冷凉、湿润天气出现斑点，先较小，然后淡绿色斑点，直径 50 ~100mm，常有直径超过 0.3m，甚至 1m 的。在叶部症状出现秋季至春季。

27. 蘑菇圈病害（Fairy rings） 常见蘑菇属（*Agaricus*）、金线菌属（*Collybia*）、马勃属（*Lycoperdon*）、杯伞属（*Clitocybe*）、环柄菇属（*Lepiota*）、小皮伞属（*Marasmius*）等。这类病害属于草坪枯草层和土壤习居性担子菌纲的病原菌，有许多病原菌可以产生蘑菇、毒蕈和马勃等。其大小和种类较多，他们妨碍草坪的使用和景观。足球场有菌子，运动员易滑倒，庭园草坪还要防止小孩误食。发病处有一圈生长很快的黑绿色的草，圈呈拱形或马蹄形，直径从 5mm 到 0.4m 或更大，宽为狭长形。温暖或高温降雨后或大量浇水后常出现蘑菇或马勃，地下菌丝从中心点向外扩展或向土中伸长，从草根处夺取养分。

（二）细菌病害

细菌是最小的单细胞低等植物，有固定的细胞壁，无叶绿素，不能进行光合作用，只能从其他生物活体或死体上吸取养料，营寄生或腐生生活。细菌没有营养体和繁殖体的分化，是靠分裂法来繁殖的，又称裂殖菌。当一个细菌生长达到原体积一倍左右时，就从中间断裂，分成两个单细胞体，两个分成四个，四个分成八个等。环境适宜温度 18～28℃，大多数细菌约 20 分钟即裂殖一次，在不良环境时多能形成厚壁的内生孢子来渡过，对干燥有一定的抵抗力，在植物种子和风干组织中的细菌，生命力常能维持相当久。有些细菌病害发病后期，如气候湿润，往往在病部溢出脓状或黏液状物，叫"菌浓"，是细菌病害特有症状。

1. 常见草坪草的细菌病害 如 *Xamthomonas campestris*，易危害剪股颖类、早熟禾和狗牙根类许多栽培种；*Pseudomonas aveizae* 在冰草属、雀稗属草坪草上；*P. coronafacie* var. *atropurpurea* 在羊茅属、黑麦草属、早熟禾属草坪草上。支原体属（*Mycoplasma*）细菌病害呈星体黄色病，常发生在冰草属、黑麦草属草种上；白叶病害为害狗牙根；黄矮病发生结缕草草坪草上。

2. 防治方法 预防其带病的初次扩散，对发病草株及时处理，选用抗病品种，改善环境条件以及药剂防治害虫。

（三）病毒及类病毒

病毒是一种比细菌还小很多，没有细胞形态的寄生物。它可通过细菌滤器，故也叫滤过性病毒。可在电子显微镜的照片上显示出来，它们只能在活的寄主细胞内繁殖，不能在人工培养基上培养，在外界环境的影响下，成不活性或成为无生命现象的结晶体。真病毒有核酸无蛋白质。多数病毒的寄主范围很广。这类病害症状易与某些非侵染性病害混淆，常见症状有花叶、黄化、红化、卷叶、畸形、丛矮（簇生、矮生、矮缩）等。

1. 常见病毒：*Panicum mosaic virus* 寄主有钝叶草属、假俭草属、狼尾草属草种；*Barley yellow dwarf* 寄主有冰草属、羊茅属、黑麦草属、梯牧草属、草熟禾属、狗牙根属草种；*Sugarcane mosaic* 寄主有狗牙根属、雀稗属、狼尾草属、钝叶草属草种。侵染结缕草属草种的有 *Zoysia dwarf* 和 *Zoysia mosaic* 等。

2. 防治方法：草坪地土壤避免混有病毒的病株残体，选用抗病品种或无病草籽与草株。早期发现病株应立即拔除焚毁，注意轮换草种或品种，病害严重时改用地被植物绿化。也可使用药剂防治害虫、线虫和其他病害，促使草株健壮，增强抗病性。

（四）线虫病（Nematodes）

是由线虫（一种低等动物，因体形细长如线）为害草坪草造成的病害。是农林草业隐蔽性的有害生物，常被人们忽视。主要为害热带、亚热带及温暖地区草坪草，取食根秆、叶、芽及发育中的果实；造成大面积死亡或使冷凉地区草坪草生长势变弱。其被害程度因草种或品种不同而异。有的草种抗真菌和细菌病害，却易感染线虫。线虫还易传播病毒为害。当草坪草生长不良使用杀菌剂，浇水施肥，清除枯草层，松土通气措施，草坪仍无好转时，就应怀疑是否有线虫为害，作土样检查。

1. 症状 线虫为害草根后，地上部生长不良，叶片黄萎，生长势弱，草根数减少。有的有斑点、截根、膨大或过度生长，卷曲等，严重时枯萎死亡；线虫干扰固氮作用，导致植株矮小，叶色变黄。被害症状如图 3－12 所示。

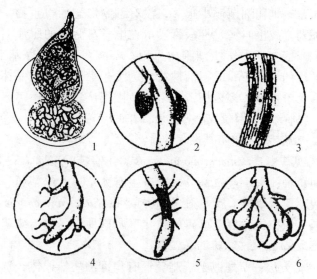

图 3 - 12 不同的草坪虫为害草根后的症状

1. 根结线虫；2. 胞囊线虫；3. 根痕线虫

4. 毛刺线虫；5. 环纹线虫；6. 剑线虫

（引自 Radeweld, 1980）

2. 线虫类型 分内寄生和半内寄生及外寄生三种类型。内寄生虫体完全进入草根内取食或永久性附贴着取食，使草根出现痕状，褪色或膨大，虫体成熟后产卵，再侵染为害，如根结线虫、穿孔线虫、胞囊线虫等；半内寄生虫体前部进入根部，很少全部进入根内，如盘旋线虫。环玟线虫、针线虫等，其口针长度介于内寄生和外寄生类型之间。外寄生习居在土壤不进入根内取食，虫体长，口针也长，用于穿刺根组织，可使草根膨大或变形，如截根线虫，拟毛刺线虫、毛刺线虫等。线虫致病包括线虫分泌物刺激或草坪草被害后所引起生理变化等。

3. 生活周期 线虫除成虫期和卵期外，幼虫期蜕皮 4 次，发育成熟后雌虫经交配（或未交配）产卵，再重复生活周期，在适宜条件下，完成一代的时间为 3 ~ 4 周，线虫习居草坪草根区，增殖快为害亦重。有利气温为 20 ~ 30℃，沙质土壤有利线虫繁殖为害，如锥线虫、拟毛刺线虫、螺旋线虫、枪线虫和根结线虫等。在冷凉气候地区为害重者如剑线虫、螺旋线虫、矮化线虫、拟毛刺线虫、环纹线虫、根痕线虫和根结线虫等。冷季型草坪草以仲春至春末及秋季为害，暖季型草坪草在初夏和秋季。线虫自身移动小，主要随草坪草扩散或表土层水分移动扩散，长距离传播靠人为耕作、农具、灌溉水流、土壤基质及草皮运输等侵扰。

4. 防治方法　预防其侵入草坪为害，加强草坪养护促成草坪草的生长优势，采取多种方法减少线虫虫源及数量减轻为害。选用无线虫的草籽和草皮，选用抗线虫的草种（品种）。化学防治有熏蒸剂和杀线虫剂（兼杀虫、杀线虫剂）。

二、非侵染性病害及其防治

（一）有生命性原体的非侵染性病害

1. 藻类和黑壳层　属于低等绿色植物，如绿藻和许多地方称的蛤蟆皮。常生长铺展于低湿秃裸的草坪地面，以春、秋季节较多。它降低草坪地温，阻碍草坪生长与铺展。可通过建造草坪前的土壤处理，必要时使用农药防治。

2. 苔藓类植物　通常扁平，匍匐生长，呈叶状或有茎、叶的分化，大概为两侧对称。其种类复杂、数量多，常生长铺展于阴湿秃裸的草坪地面，热带、亚热带、暖温带地区低湿地较多。

3. 害虫和有害动物对草坪草的伤害有时似病害斑点或枯萎状。

（二）非生命原体的非侵染性病害

1. 化学物质致病如杀虫剂、除草剂、肥料、盐害、大气污染、化学气体溢漏污染、养分缺乏病等。动物小便（Animals vrine）使草坪草似立枯病、菌核病症状，但边缘有一圈茂盛墨绿色草株镶边。

2. 物理原因致病如绝对最高或绝对最低温度超过极值。不同草坪草种都有一个适宜温度范围，超过了它们能忍耐温度界限或时间，就会出现生理性病害（斑点、枯萎，甚至死亡）。还有水分或冰冻，瘠薄土壤，土壤板结，枯草层，乔木和灌木荫蔽。

3. 机械作用致病如剪草机的伤害，践踏（磨损）过度，异物覆盖遮光伤害。对于泥浆粘附草坪草造成的伤害，可以在雨停止后及时喷（浇）水冲洗解决。

三、草坪病害防治策略

草坪病害通常发病的三个因素是：病原、感病机体和发病环境。三者缺少任何一个都不会发生。例如，草坪病害要有一定的病原或者环境对草坪草的生育较为不利；或者对病害属于敏感的草种（品种）和环境条件有利于病害。若草种（品种）对病害忍耐性（抗性）强，也不会发生病害或严重危害；即使草坪草对病原菌虽然敏感，但环境条件不利于病原菌时，也不会发病或严重危害。因此，草坪草种（品种）和环境对病害的发生、蔓延和危害程度有一定限制作用，对草坪病害应采用"预防为主，综合防治"的策略，即主要是应用抗病草种（品种）；选择和创造有利于草坪草健壮生长，而不利病菌发生、蔓延的环境；防止病原菌侵入新建草坪定居；改变草坪草的遗传基因，培育抗病品种；从病原菌侵染起就采用保护措施，避免或减轻其为害等。

（一）预防病害的发生

1. 建造草坪之前，要做好地下和表层土壤排水，防止地面低洼，不积水渍水，移走或疏伐草坪周围的乔木、灌木，以利空气流通，阳光穿透。

2. 要根据气候、地域选择草种，使用抗病害的草种和质量高的种子。

3. 正确地施肥、修剪、浇水能促进草株健壮生长，减轻病虫害的发生。

4. 不过低修剪（每次只能剪去叶片的1/3）。草株光合作用减弱，制造养分不足，生长势减弱，容易感染病害。

5. 草坪枯草覆盖过厚会阻止阳光、水分、空气和农药向土壤渗透，加重病虫害的发生，也会阻碍草坪草根系向深层生长。枯草层厚的草坪，如补播草坪草种子与土壤接触少，就会影响萌发率和幼苗的正常生长。

（二）选用抗病草种或品种

草坪草的不同草种或品种对病原菌的敏感性和对环境条件的抗逆性各异。首先，在建造草坪前对各种病害要制定防治计划，以防御病原菌的侵入。或改善种植方法，建造混合草坪。

（三）草籽、草床、草皮的清洁

清洁是一种预防技术，包括熏蒸土壤和防止草籽（种苗）带病。病原菌容易随风、水流、包装物、动物和人的活动等携带扩散，还必须重视对草坪草幼苗的病害的防治。

（四）提高种植管理水平

1. 温度。温度对草坪草和病菌的生长速率是一个直接影响因素。我们要创造一个使寄主和病原菌不协调的条件。防治病害还要考虑气象因素，将天气预报和草坪地病菌发生消长的观测结果结合起来分析才有好的防治效果。

2. 湿度。草坪冠层下的空气湿度与病害发生密切相关。许多病菌孢子必须在叶片表面有充分水分或几乎饱和的空气湿度的冠层下才能萌发，菌丝才会生长。很多地区草坪的冠层下湿度常常很高，特别是草坪草幼苗的密度很大，叶片长，土壤含水量很高，空气流动受到限制。

3. 水分。控制草坪冠层的水分和土壤结构对促成草坪草的健壮是重要的。土壤水分对草株的生长和土壤微生物的生活有密切关系。水分过多助长了草株徒长，延缓了组织结构的成熟。土壤积水会阻碍根的机能，不利于其他微生物活动。

4. 光。大气湿度对病害有很大的影响，光的强度和质量与温度有关系，严重荫蔽下草坪草易发生白粉病、锈病和多种叶斑病。

5. 肥料和土壤通透性。土壤透气影响草株从土壤中吸收有效的氮肥的能力和土壤微生物的均衡活动，对草坪草的壮健生长、防治病害也有作用。

（五）草坪草幼苗期病害

当草籽自萌芽后幼苗生长缓慢，若在不利的条件下（空间和环境），幼苗容易被许多土壤病原菌侵染，造成草籽腐烂或发生腐霉病或猝倒病，严重者还会蔓延扩大为害。幼苗期病害几乎在所有草床都会发生。不同草种幼苗病害侵染为害期各异，如草地早熟禾出苗期一般 2～3 周，黑麦草在一周内，紫羊茅、苇状羊茅和匍茎剪股颖大约在 1 周，假俭草在 2 周内，狗牙根大约 3 周，野牛草在 3～4 周内。冷季型草坪草种在 15～30℃能保证快速萌芽，而暖季型草坪草则在 20～35℃温度萌芽更为有利。

四、农药防治

（一）病害的农药防治

主要是应用杀菌剂（fungicides or germicides）、熏蒸剂（fumigant）、杀线虫剂（nematocides）直接杀灭或抑制真菌、细菌、线虫等有害生物。杀菌剂的作用一般有：

1. 保护（protection）或防御（phytoalexin）作用。在草坪感病前施药，抑制病原孢子萌发，或杀死萌发的病原孢子，以保护草坪草免受病原物侵染为害。

2. 铲除（erradication）作用。在草坪草感病后施药，直接杀死已侵入的病原物。

3. 化学治疗（Chemotherapy）。在草坪草感病后施药，药剂从草株表皮渗入组织内部，杀死萌芽的病原孢子，或抑制病原孢子萌芽，以消除病原或中和病原物所产生的有毒代谢物，治疗已发病害。

4. 内吸（systemic）作用。药剂通过草株、秆、根部吸收，进入体内，并在草株体内输导、扩散、存留或产生代谢物，以保护草坪草免受病原物的侵染，或治疗病害。

5. 防腐（antirotting）作用。不能杀死病原物，但可抑制病原物孢子萌发，防止腐生物的腐坏或腐烂。

（二）药剂类型和施药方法

药剂类型有粉剂（D）、可湿性（WP）、乳油（EC）、悬浮剂（FW）、微胶囊缓释剂（CS）、颗粒剂（G）。有烟剂、气雾剂、熏蒸剂等。常用喷雾法、喷粉、微量喷雾、熏蒸、气雾、拌种（或种子包衣混剂）等。选择药剂类型和施药方法，要根据草坪防治计划和预测预报结果进行，不可盲目施药，更不能让草坪病害已大发生，造成严重危害之后才施药。施药前要对工作人员进行培训，严格操作规程和安全保护措施。要向具有正式资格的农药工程师或植保农艺师咨询。还要注意保护环境，避免污染水源，防止产生药害及人畜中毒等。

（三）常见病害农药

1. 有机硫类：代森锌（Zineb）、福美双（thiran）。

2. 有机磷、胂、氮类：稻瘟净（EBP）、福美胂（asomate）、田安（MAFA）。

3. 取代苯类：甲基托布津（thiophanate - methyl）、百菌清（chlo - rothalonil）、敌克松（fenaminosulf）、甲霜灵（metalaxyl）。

4. 有机杂环类：农利灵（vinclozolin）、三环唑（tricyclazole）、三唑酮（triadimefon）、双苯三唑醇（bitertanol）、丙环唑（prapiconazole）、多菌灵（carbendazim）、速保利（dimiconazole）、粉唑醇（flutriafol）、特富灵（triflumizole）、恶霉灵（hymexazol）、菌核净（dimethachlon）、腈菌唑（Myclobutanil）、抑霉唑（imazalil）、氟硅唑（flusilazole）、丙硫米唑（albendazole）、烯唑醇（diniconazole）、酰胺唑（imibenconazole）、氟菌唑（triflumizole）、味鲜安（prochoraz）、乙烯菌核利（vinclozolin）等。

5. 混合杀菌剂：双效灵、恶霜锰锌、恶霜菌丹，溴菌清（Tektamer）、霜霉威盐酸盐（propamoearb hydrochloride）、盐酸吗啉胍·铜（moroxydine hydrochlofide，copper acetate）等。

6. 其他类杀菌剂：硫黄（Sulpohur）、多果定（dodine）、乙霉威（diethofencarb）等。

7. 杀线虫剂：二氯异丙醚（DCIP）、丙线磷（ethoprop）、克线丹（Sebufos）、苯线磷（fenamiphos）、棉隆（dazomet）、呋喃丹（Furadan），涕灭威（Temik）等。

上述有的新农药对褐斑病、锈病、白粉病、霜霉病、丝核菌病、枯萎病、炭疽病、猝倒病、腐霉病、疫病及线虫病有很好效果，盐酸吗啉胍·铜对花叶病毒有较好防效。

第六节　虫害及其防治

一、草坪虫害和防治策略

草坪和地被是具有原野特点的绿地，是多样物种的栖息地与安全岛。因此，居住的昆虫等种类多，常常超过农田环境。许多昆虫的成虫是五彩缤纷的蝶蛾，为人们所喜爱，也给城市居民（特别是青少年）感受自然美景增加情趣。蝴蝶出没多的地方生态环境优美。为此，对于草坪草害虫的防治策略和防治方法，应该完全有别于防治农田害虫，只有在必要时才使用化学农药，同时要注意保护环境，尽量减少农药的施用次数和用药量等。

草坪害虫及有害生物，主要指危害草坪草的昆虫（昆虫纲），蜱螨（蜱螨纲），蜗牛、蛞蝓（软体动物）和鼠类动物。它们有的咬断草根（须根、根茎），有的咬食（吸汁）秆叶，妨害草坪草的生长或损坏草坪（地被）景观。鼠类动物也严重损坏草坪，是不可忽视的防治对象。

1. 要调查了解本地区为害草坪主要害虫的区系和有害动物，正确区分它们造成危害的程度和时期。例如蚂蚁和蚯蚓，它们不是农田害虫，但在草坪的不同时期其后果也不一样。建造草坪初期，对草坪有危害性，特别对肥沃疏松土质草坪的为害严重，当草坪草铺满地面后，有一点蚯蚓、蚂蚁并不碍事，若有数量众多的蚂蚁会使草坪地面呈塚状，就要采取相应措施控制。

2. 以农业防治和生物防治相结合控制草坪害虫发生数量。如采取草坪养护管理措施，使草坪草生长健壮，增加抗虫害能力；施用腐熟有机肥和少施具特殊香味的饼肥。现在有的草坪主人和管理人员常用农业观点对待草坪害虫，环境保护意识较差，轻视生物防治，或者平时不注重害虫的发生规律，不采用预防措施治理虫害，当害虫数量剧增或发生严重危害时才决定防治方法，此时生物防治当然难于急救了。害虫天敌的种类和数量多少也是影响害虫消长的重要因素之一。害虫天敌可分为捕食性和寄生性两大类。捕食性天敌如有益多种瓢虫、食蚜虻、草青蛉、步行虫、蝼蛄等；还有食虫量很大的害虫天敌，如燕子、麻雀、多种飞鸟、青蛙、蝙蝠、啄木鸟、鸡、鸭、鹅等，蛇更是鼠类动物的大敌。寄生性天敌包括多种寄生蜂、寄生蝇等。有的细菌、真菌、病毒制剂使害虫致病的效果明显。只要科学的施药，对控制害虫发生数量和为害是有效的。

合理使用化学农药旨在防治数量大的害虫或暴食性害虫。应遵循农药施用原则，对当地主要害虫的发生为害进行预测预报，掌握防治害虫的有利时机，适时施药。同时，还要有合适的施药工具和方法，对症下药，并及时检查药效，决定是否补施或再施药一遍。有的地方第一次施药后，因为多种原因杀虫效果不好，害虫数量仍大，又没有采用补救措施而酿成严重危害，是值得重视的事例。

二、草坪常见害虫及其防治

我国草坪常见害虫（包括有害动物）及其防治措施见表 3 - 8 所列。

草坪常见害虫及防治　　　　　　表 3 - 8

中　名	拉丁名（英　名）	为害状	防治措施
蜱螨目害虫 狗牙根瘤瘿螨 草地小爪螨	*Acarina* *Aceria cynodoniensis* *Oligonychus Pratensis*	为害草坪草地上部分	诱杀法、杀虫剂
蚜虫科害虫	*Aphididae*	多种蚜虫为害秆、叶	防治初期发生虫源
大叶蝉科害虫 大青叶蝉	*Cicadellidae* *Cicadella viridis*	为害草坪草地上部分	加强管理，杀虫剂
蚧科害虫	*Coccidae*	吸食草坪草汁液	生物防治、地亚农
螟蛾科害虫 苍　螟 草地螟 （黄绿条螟）	*Pyralidae* *Crambus* spp. （*Sod webworms*） *Loxostege sticticalis*	为害严重，大片草坪呈褐斑	加强管理。地亚农，乐斯本，碘依可酯

续表

中 名	拉丁名（英 名）	为害状	防治措施
飞虱科害虫 稻褐飞虱 白背飞虱	*Delphacidae* *Nilaparvata lugens* *Sogatella furcifera*	吸食草坪草汁液，草上有小斑点	加强管理，杀虫剂如乐斯本、氯硫磷
叩（头）甲科害虫 （金针虫） 沟叩头虫 细胸叩头虫	*Elateridae* *Pleonomus canalicutatus* *Agriotes fuscicollis*	为害草坪草地下部分	预防侵入，诱杀法
蚁科害虫	*Formicidae*	草坪呈塚状，不平整	驱除法
蟋蟀科害虫 蟋 蟀 油葫芦	*Gryllidae* *Gryllulus chinensis* *G. testaceus*	咬食草坪草地上部分	诱杀法。乐斯本、地亚农
蝼蛄科害虫 非洲蝼蛄 华北蝼蛄 台湾蝼蛄	*Grytllotalpidae* *Gryllotalpa africana* *G. unispina* *G. formasana*	咬食草根和秆基部	加强管理，呋喃丹
蝗科害虫 短额负蝗 大青蝗	*Locustidae* *Atractomoypha sinensis* *Chondracris rosea*	同上	同上
长蝽科害虫 早熟禾象甲	*Lygaeidae* *Sphenophorus parvulus*	为害秆叶	同上
夜蛾科害虫 小地老虎 黄地老虎 黏 虫 草地黏虫	*Noctuidae* *Agrotis ypsilon* *A. segetum* *Mythimna separata* *Spodoptera frugiperda*	夜间（个别白天）为害草坪草地上部分	诱杀法 杀虫剂如乐斯本、地亚农、百树得、西维等
金龟子科害虫 日本花金龟 （蛴螬） 大黑金龟子 铜绿金龟子	*Scarabaeidae* *Popillia japonica* （*white grubs*） *Holotrichia diomphalia* *Anomala corpulenta*	主要以幼虫为害草坪，为害秆叶地下部分，使草坪呈松散翻倒状	诱杀法、杀虫剂（氯硫磷）、生物防治
杀蝉泥蜂	*Sphacius speciosus*	同上	同上
菱蝗科害虫	*Tetrigidae*	同上	同上

中　名	拉丁名（英　名）	为害状	防治措施
螽斯科害虫	*Tetrigoniiae*	同上	同上
蓟马科害虫	*Thripidae*	同上	同上
大蚊科害虫	*Tipulidae*	同上	同上
蚯　蚓	*Pheretima tschensis*	是草坪草幼苗期有害动物，造成草坪地面过分松软和不平整	驱除法、杀虫剂
蛞蝓	（*Eulota*）	为害草坪草地上部分	同上

第七节　更新技术

一、草坪出现秃裸斑块、荒废的原因

草坪经过一段时间使用后，会发生许多问题。如出现大片的秃裸斑块，甚至发生草坪荒废。要仔细检查诊断发生问题的原因，常见的有：

1. 草种选择失误。

2. 草坪地低洼积水、渍水、排水不良。

3. 土壤瘠薄、强酸性。

4. 灌水过多、剪草过低。

5. 病虫害、冻害、干旱为害。

6. 草坪过度使用，踏压严重，土壤板结。

7. 大量的杂草侵入为害。

8. 枯草层较厚。

9. 土壤物理性状差，透气性差。

10. 树木遮荫，阳光不足等。

针对以上问题，除了改善草坪土壤基础设施，加强水肥管理，防除杂草和病虫害外，可以对局部草坪使用小手术进行修理，使之恢复生长势成为优质草坪。如果草坪秃裸面积较大，无法恢复生长元气，或杂草覆盖度超过50%，已失去改造价值时，就要依据使用目的和经费等条件来衡量是否实行全面更新改造。

二、草坪的更新技术

（一）通气

最好使用土壤通气机（图3－13）。这种穿孔通气机是专门设计的尖硬似叉的中空圆筒管子，能穿插入土壤50～100mm，可取出如手指状的土条。待这些土条干燥后，用一种有一定重量的铁（钢）网拖耙，把土条压碎，并拣除石子和枯草根，再撒施一些肥细土，然后用钉耙背面或其他工具把草坪上的细土填入土壤孔洞，使深层土壤能透气，改善草坪草根部的呼吸作用，又补充了有机质肥料，草坪土壤物理性状得到彻底改善。

图3－13 草坪土壤穿孔通气

1. 草坪土壤通气孔；2. 拖碎取起的土条；3. 用钉耙背面填细土入土壤孔洞

（二）清除枯草层

枯草层（thatch）又称草坪草秆叶不分解层，许多冷季型草种和暖季型草种的草坪均有枯草层发生。草坪枯草层形成的原因较多，如细叶结缕草等草坪不及时修剪，草株的秆和匍匐茎衰老、纤细变硬、生长势很弱；在人为踏压多的小径上，草坪草呈现紧实的垫状物；无性繁殖草坪时的老草株；修剪草坪时没有清除的草屑堆积物。又如新建草坪当枯叶数量不多时，还能阻止杂草种子萌发为害，腐烂后可增加养分，若枯草厚度增加至10mm便成了有害的枯草层。

草坪梳草工具有手工平齿耙或扇状齿耙。动力梳草机是通过梳状弹性钢丝的耙齿清除枯死的草株、枯叶及地表杂草，保证草坪草有足够的生长空间，防止草垫层的形成。而梳根机的作业是通过旋转的刀耙来割断（裂）草秆或草叶不分的草垫层、枯死层，割断匍匐茎，疏松表土，促进新草株的繁殖。梳根机有的称刀耙机或垂直切割机，有蝶式刀片、锤式刀片、S形刀片、星盘式刀片等多种刀组。切割的行距、深度可以调节，作业宽度0.45~1.22m（图3-14和图3-15）。

图3-14 草坪梳草机清除枯草层

1. 草坪枯草层；2. 梳草机；3. 梳草作业机；4. 梳除草坪后的地面

（三）更新

有局部更新和全面更新两种。局部更新只对损坏的部分场地进行翻新种植。首先要诊断更新草坪的必要性，制定更新计划；其次是人工铲除或用取草皮机清除场地所有植物，对恶性杂草地下部分

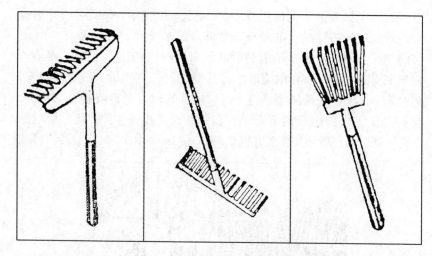

图 3－15　草坪常用几种手持耙

必须清除彻底；第三测定场地土壤物理性状和 pH 值，检查排水和灌溉设施；第四疏松和平整场地时要视植草土层厚度决定是否需要补充土壤。要精心测量草坪地面，细心平整，保证场地的比降度；第五采用播种法或无性繁殖法或铺植草皮。不管哪种方法都要保证草坪地面的比降度。旧草坪的土壤物理性状、pH 值和排水方面都存在着不同程度的问题需要整治，杂草的残存和病虫害的潜在为害等都存在许多问题。所以全面更新草坪较新建草坪的技术更为复杂，费用亦多。要严格掌握技术要领，解决好各种问题，才能保证更新草坪是高质量的。

第八节　生长调节剂和染色剂

一、植物生长调节剂

植物生长调节剂（Plant growth regulator）分为植物生长刺激素（Plant growth substance）和植物生长抑制剂（Plant growth retardant）两种，根据草坪的需要用来促进或抑制草坪草的生长、发育和繁殖。

不同性质的药剂，不同的用药量（浓度），不同的使用时期，其作用有所不同。有的可以促进生根、发芽，加快生长速度；有的具有抑制生长速度，促进草株分枝（蘖），增加扩展性和盖度，减少抽穗开花，增加草坪的美观和使用时间，还能减少机械剪草的次数，节省管理费用。国内外常在休息草坪、运动场草坪、微型景观草坪及墓地草坪使用植物生长调节剂。生长延缓剂有烯效唑（uniconazole），MBR‐18337，DL‐500和氯丁唑（又称多效唑，PP_{333}）等。这些药剂较过去的矮壮素（CCC）和B‐9（Alar）等具优越性。据作者试验，如氯丁唑能有效控制草坪草的高度，使节间缩短，分枝（蘖）增加，叶片增厚变短，叶色深绿，对多种暖季型草坪草和冷季型草坪草均有效。使用这类药剂前应根据当地气候、草种等进行试验，然后大面积使用，以提高效果，避免药害。

二、草坪染色剂（Dyeing）

有的商业足球场草坪使用草坪染色剂，我们的公园、风景区、庭园草坪和城市绿化草坪，不提倡这种"绿化"效果。草坪染色剂是一种特殊的化学物质，有几种颜色，以绿色染色剂较常使用。根据需要可在草坪草休眠期，或者大块草坪因病害变色时使用，或者人们在某一时间内需要某种特殊颜色时使用。应先将所需颜色的染色剂溶化，用喷雾器喷洒在草坪上，使草坪的颜色变成合乎人们的要求。药剂干燥后能保持较长时间不掉。草坪染色剂使用时，应参照使用说明书，并配合其他相应措施；还应选晴（阴）天气，若在临下雨前使用会影响效果。为了保证染色的效果好，大面积使用前必须进行小面积试验。

第九节　建造和养护时间表

使用暖季草坪草和冷季草坪草建造的草坪，要制定科学的种植和养护管理的工作日程表。表3‐9和表3‐10可供读者参考。

暖季草坪种植和养护管理时间表 表 3-9

暖季草坪草生长优势在热带、亚热带和暖温带多雨湿润地区，在仲夏至仲秋时气温 25～35℃之间是旺盛生长期，同冷季草坪草比较，对高温、干旱和践踏的耐性强。许多草种具低矮、匍匐和扩展性的习性，匍匐茎（枝）发达，耐低修剪，冬季其叶变褐色进入休眠期，翌春萌发	春	夏	秋	冬
种植 春季土壤温度完全变暖后播种或用无性繁殖，或用草皮铺植成草坪，时间自晚春至仲秋		播 种 无性繁殖或铺植 草 皮		
灌水 一般每周浇水 1 次，宜透忌勤、浅。生长季节视天气和土壤湿度浇灌，最好时间是上午。适时灌封冻水和早春灌水		浇浇浇 浇浇浇		
修剪 剪草的频率是使草坪草保持适当高度，每次剪去草叶的1/3，忌一次低剪裸露地面，具体时间依生长速率和使用目的而定		剪剪剪 剪剪剪		
肥料 冬季修理草坪时要施重肥，春季适当补充。夏季氮肥多常诱发病害，增加剪草次数，要保证秋肥促使草株有强的生长势越冬	肥	肥 肥肥	肥	肥
清除枯草 春季萌发前清洁草坪，清除枯草层；对结缕草属、狗牙根属草种要重梳草，其他草种视情况或中度、轻度梳草		梳草		梳草
通气 通气选晴天进行，使土壤疏松，改善空气、水分、肥料和杀虫剂的渗透性。促使补播草籽能较好发芽		通		通
杂草 根据杂草发生类型，使用人工拔除或化学除草防除冬春越年生杂草，夏季一年生杂草和多年生杂草。可在苗前、苗后施药，也可局部或全面处理及休眠草坪喷雾处理	越年生 杂草 夏生杂草 阔叶杂草和多年生杂草		越年生 杂草	
害虫和病害 根据害虫和病菌发生初期，对症施药。蝼蛄和蛴螬要及时施药防止为害；锈病施药也要及时	病害防治 害虫防治			

冷季草坪种植和养护管理时间表 表 3 - 10

	春	夏	秋	冬
冷季草坪草适宜在气候冷凉地区种植，春季和秋季温度在 15~25℃ 之间生长繁茂。生长习性直立，较暖季型草坪草更需要修剪。许多草种在仲夏 31℃ 时休眠，或干季末休眠进入雨季气候转凉生长旺盛。夏季灌溉只能适当减少草株死亡				
种植 早熟禾属、剪股颖属、羊茅属和黑麦草属等冷季型草坪草在秋季气候转凉播种，北方寒冷地区在初夏也可播种，在春末或初夏生长最好。除仲夏以后高温期外，都可铺植草皮	播种 铺植草皮		播种 铺植草皮	
灌水 每周需要浇水多次，有的地方自然降水量够用，但重要草坪仍需喷灌，需水量较暖季型草坪草多，浇水宜在上午，忌黄昏	浇浇	浇浇浇	浇	浇
施肥 秋季肥料用量占全年的 75%，其余在春、夏季使用。生长旺盛期宜少施用速效性氮素化肥	肥	肥肥	肥	肥
清除枯草 春季和初秋清除枯草，在生长旺盛前也要合理清除；草地早熟禾要视草情定期清除枯草		梳	梳	
通气 通气可减少土壤紧密性，改善空气、水分、养分和杀虫剂的渗透性；污水进入草坪会减少水分的渗透性		通		通
修剪 健康和旺盛草坪修剪频率高，仲夏至秋季要减少剪草次数和保持高度，每次剪草不要超过叶片的 1/3。高温期宜少剪草可增加耐高温和干旱能力	剪	剪剪剪	剪剪剪	剪
杂草 仲秋、冬季至春季要防除越年生杂草，仲夏至初秋防除夏生杂草，对于阔叶杂草和多年生杂草也要及时防除			越年生杂草夏生杂草 越年生杂草 阔叶杂草和多年生杂草	
病虫害 冷季型草坪草发生病害很多，要及时防治。对草地螟和夜蛾科害虫、蛴螬等要勤检查虫情及时施药			多种病害及虫害防治	

第四章 地被的种植和养护管理

第一节 种植和养护

一、正确选择植物

园林绿化和大地绿化的地被植物众多，要因地制宜地选择应用。第一，应选择适应性强的乡土植物（Native plants）为主。第二，要适当、慎重引用国外的优良植物。引种时要客观地权衡其利弊，注意吸取过去引种的教训，要以环境生态学的观点，从长衡量是否会造成损失或有潜在性危害，一切经过试验，然后再推广使用。如美国 1900 年从地中海地区引种假高粱（又名石茅——Sorghum halepense (L.) Pers.），虽具有牧草价值，但不久便发现其对田园和环境的严重危害，后来不得不列为植物检疫对象，花费了巨大的人力和财力仍无法控制；第二次世界大战后，美国从日本引入野葛（Pueraria lobata (Willd.) Ohwi）保护铁道的路基，绿化效果好，但后来因藤蔓绞死林木，竟被视为"绿魔"。金银花（Lonicera japonica Thunb.）在我国和亚洲是公认的优良园林景观植物，而美国引入栽培后，由于生境的变化，开始显现出侵害性。我国引种外国草本植物有的事例也值得借鉴，如喜旱莲子草（Aleternanthera philoxeroides (Mart.) Griseb.），在原产地美洲并非严重危害的杂草，引入我国作饲草，有的地方开始褒为"革命草"，后来成为恶性杂草则贬之为"反革命草"；又曾引入（或侵入）的假高粱作饲草，幸被杂草专家及时发现，经政府决定列为对外检疫对象调查处理，没有酿成祸害。侵入的豚草（Ambrosia artemisiifolia L.）、三裂叶豚草（A. trifida L.）曾是东北、华北部分地区滋生的危险性杂草，会诱发部分人的花粉过敏症，沈阳、北京及时防除才得到控制。南方部分地区发生的危险性杂草飞机草（Chromolaena odoratum = Eupatorium odoratum L.）、紫茎泽兰（*E. cocelestinum* L.）、胜红蓟（*Ageratum conyzoides* L.）、铜锤草（*Oxalis corymbosa* DC.）、银胶菊（*Parthenium bysterophorus* L.）和刺花莲子草（*Alternanthera pengens* H. B. K）等很值得重视。有的植物虽有牧草价值或景观作用，但在有些地方已造成严重危害，或已见潜在性麻烦。本书选择有代表性的地被植物，以《中国高等植物科属检索表》所采用的恩格勒（A，Engler）系统排列科名顺序，其属名和种名则按拉丁文的字母顺序排列，共计 92 科 223 属 258 种（表 4 - 1）。

二、土壤

1. 庭园地被和大地绿化地被的土壤，一般说来同草坪土壤一样重要，可参考其要点。要强调土壤的良好结构和配置肥沃土壤中含有较多的有机物质，需要测定和调整土壤 pH 值。多数地被植物以微酸性至中性之间较佳，一般草本植物的需肥量每平方米施用含有效氮磷钾混合肥料（10—10—10）为 97.7 ~ 195.3g，木本植物的需要量更多一些。地被植物根系生长区的土层深度最好在 0.15 ~ 0.30m 或稍深些。庭园地被的种植层基质可以掺和煤渣、锯木屑、泥炭、苔藓、树皮、腐熟人畜粪肥、堆肥等。若使用塑料容器钵栽，可将配置的上述轻便肥沃基质盛入容器中栽培。大地绿化的土壤条件较差，或者环境条件恶劣，也要重视土壤，至少要对种植位置的植物根区土壤进行改良，或用客土法栽种，使用有机物质和土壤改良剂、保护剂是很必要的。

2. 种植地被前的整地要因地制宜，要注意排水，使水分分流。对于不必翻耕土壤的地方，要改进整地方法，切实防止造成新的水土流失和损失。

3. 灌溉设施　地被植物生长过程中要充分利用天然降水、等高线水平沟、鱼鳞坑等抗旱栽培方法以及人工种植槽、种植坑（穴）等。在有条件的地方可以安装喷灌或滴灌设施。喷灌可以是固定式的，也可以随载重汽车移动式的。滴灌是通过安装在有压力的输水塑胶管道上的许多滴头，使水滴渗入地被植物的土壤，起湿润植物根部作用，是节水灌溉有效方法，不会破坏土壤结构，可以适应地形布管。还可以结合滴水管道施肥。若采用薄膜覆盖或树皮、干草等覆盖，效果更好。

常见地被植物名称、生态习性及利用

表4－1

科(类)名	中文名	拉丁名	乔木	矮灌木	多年生草本	木本	常绿	半落常绿	常年生绿叶	向阳湿地	阴湿	热冷	干旱	荫蔽	酸碱	盖地	观叶	观花果	遮阴	乔木下	灌木斜面坡	棚架	岩石间缝
叶状体植物	地钱	*Marchantia polymorpha* L.			√						√			√	√	√							√
	大金发藓	*Polytrichum commune* Hedw.			√						√			√	√	√							√
蕨类植物	垂穗石松	*Lycopodium cernuum* L.			√		√						√	√	√					√			√
	翠云草	*Selaginella uncinata*(Desv.)Spring			√		√				√		√	√	√	√				√			√
	问荆	*Equisetum arvense* L.			√		√			√													√
	紫萁	*Osmunda japonica* Thunb.			√			√			√		√	√	√	√				√			√
	里白	*Hicriopteris glauca*(Thunb.)Ching			√		√				√		√	√	√	√				√			√
	乌蕨	*Stenoloma chusanum*(L.)Ching			√		√					√	√	√	√	√				√			√
	肾蕨	*Nephrolepis auriculata*(L.)Triman			√		√				√	√	√	√	√	√	√		√	√			√
	凤尾蕨	*Pteris nervosa* Thunb.			√		√		√		√	√	√	√	√	√	√		√	√			√
	蜈蚣蕨	*P. vittata* L.			√			√	√		√	√	√	√	√	√	√		√	√			√
	虎尾铁角蕨	*Asplenium incisum* Thunb.		√			√						√	√	√			√	√				√
	巢蕨	*Nettopteris nidus*(L.)J. Sm.			√		√					√	√	√	√	√			√	√			√
	狗脊蕨	*Woodwardia japonica*(L.f.)Sm.			√		√		√			√	√	√	√	√			√	√			√
	贯众	*Cyrtomium fortunei* J. Sm.			√		√		√		√	√	√	√	√	√			√	√			√
	槲蕨	*Drynaria fortunei*(Kze.)J. Sm.			√		√				√	√	√	√	√	√			√	√			√
柏科	平铺圆柏	*Sabina horizontalis* Moench	√				√		√√		√√	√√	√√	√√		√√		√√	√√	√√			
	葡萄圆柏	*S. procumbens*(Endl.)Iwata et kusaka	√				√		√√		√√	√√	√√	√√		√√		√√	√√	√√			

136

续表

科(类)名	中文名	拉丁名	乔木	灌木	矮灌木	藤本	草本多年生	草本一/二年生	常绿	半常绿	落叶	向阴湿	阳湿地	热冷	干旱	荫蔽	酸	碱	地被	观叶	观花	观果	遮荫	乔	灌斜坡面	棚架下	石缝	岩石回缝
三白草科	鱼腥草	*Houttuynia cordata* Thunb.					√		√			√√		√		√√			√				√√		√√			
金粟兰科	草珊瑚	*Sarcandra glabra* (Thunb.) Nakai		√					√			√√		√		√√	√√		√√	√√			√√		√√√			
杨梅科	杨梅	*Myrica esculenta* Buch. – Ham.	√						√			√		√√		√√	√√		√√	√√	√√	√√	√√√		√√√			
桑科	薜荔	*Ficus pumila* L.				√			√					√	√	√√	√√		√	√			√	√				√
桑科	地瓜藤	*F. tikoura* Bur.				√				√√				√	√	√√	√√		√	√			√					√
荨麻科	水麻	*Debregeasia edulis* (Sieb. et Zucc.) Wedd.	√						√			√√	√√	√		√√			√√				√√		√√			
荨麻科	糯米团	*Gonostegia hirta* (Bl.) Miq.					√		√			√√		√√		√√			√√				√√		√√√			
荨麻科	大叶冷水花	*Pilea martinii* (Le vl.) Hand. – Mazz.					√		√			√		√		√√			√√				√√		√√			
马兜铃科	马兜铃	*Aristolochia debilis* Sieb. et Zucc.				√			√			√√		√		√√	√√		√√				√√		√√			
马兜铃科	杜衡	*Asarum forbesii* Maxim.					√		√			√	√√	√		√	√√		√√	√√			√√		√√			
马兜铃科	细辛	*A. sieboldii* Miq.					√		√				√√	√√		√	√√		√√	√√			√		√			
蓼科	苦荞麦	*Fagopyrum tataricum* (L.) Garetn.						√						√		√√	√√		√√				√√		√√			
蓼科	火炭母	*Polygonum chinense* L.					√		√					√√		√√	√√		√√				√		√			
蓼科	虎杖	*P. cuspidatum* Sied. et Zucc.					√							√		√√			√				√		√			√
藜科	滨藜	*Atriplex patens* (Litw.) Iljin						√						√√		√√	√√		√√	√√			√√		√√			
藜科	地肤	*Kochia scoparia* (L.) Schrader						√						√		√√	√√		√	√√			√√		√√			
苋科	鸡冠花	*Celosia cristata* L.						√						√		√	√√		√	√√			√√		√√			
紫茉莉科	叶子花	*Bougainvillea spectabilis* Willd.		√					√			√√		√√		√√			√√				√√		√√			√√

137

续表

科(类)名	中文名	拉丁名	乔木	矮灌木	藤木	多年生草本	一年生草本	常绿	半常绿	落叶	阳湿地	阴湿	向阳	热	冷	旱	干荫	酸	碱	蔽荫	地被	观叶	观花	观果	乔灌木下	斜坡面	棚架下	岩石缝
紫茉莉科	紫茉莉	*Mirabilis jalapa* L.				√				√			√	√		√				√	√		√			√		
商陆科	商陆	*Phytolacca acinosa* Roxb.				√				√	√	√		√		√			√	√	√	√			√			√
马齿苋科	大花马齿苋	*Portulaca grandiflora* Hook.					√		√				√	√		√				√	√		√			√		
落葵薯科	落葵薯	*Boussingaulia gracilis* var. *pseubo – baselloides* Bailey			√					√			√	√		√	√	√		√	√	√	√				√	√
石竹科	簇生卷耳	*Cerastium caespitosum* Gilib.				√		√				√								√	√		√		√	√		
	石竹	*Dianthus chinensis* L.				√				√		√		√		√			√	√	√		√		√	√		
	治疝草	*Herniaria glabra* L.				√		√				√		√		√			√	√	√		√		√	√		√
	矮雪轮	*Silene pendula* L.				√			√			√		√		√				√	√		√		√	√		
毛茛科	银莲花	*Anemone cathayensis* Kitag.				√				√		√		√		√	√			√	√		√		√	√	√	
	野棉花	*A. vitifolia* Buch. – Ham. ex. DC.				√				√		√		√		√				√	√	√	√		√	√		
	驴蹄草	*Caltha palustris* L.				√				√	√	√		√						√	√		√		√	√		
	铁线莲	*Clematis florida* Thunb.			√					√		√		√		√	√			√	√		√		√		√	
	飞燕草	*Consolida ajacis* (L.) Schur.					√			√		√		√		√				√	√		√		√	√		
	匍枝毛茛	*Ranunculus repens* L.				√				√		√		√		√	√			√	√		√		√	√		
木通科	木通	*Akebia quinata* (Thunb.) Decne.			√					√		√		√		√	√			√	√		√	√	√		√	√
小檗科	细叶小檗	*Berberis poiretii* Schneid.		√						√			√	√		√					√	√	√	√	√	√		√
	疣枝小檗	*B. verruchlosa* Hemsl. et Wils.		√						√			√	√		√					√	√	√	√	√	√		√
	箭叶淫羊藿	*Epimedium sagittatum* (Sied. et Zucc.) Maxim.				√		√					√	√		√	√			√	√	√	√		√	√		√

续表

科(类)名	中文名	拉丁名	植株类型						绿叶类型			适宜环境		相对耐性							利用目的					利用位置						
			乔木	灌木	矮灌木	藤本	多年生	一、二年生	常绿	半常绿	落叶	向阴	阴湿地	热	冷	干	阴	湿	碱	酸	盖地	观叶	观花	观果	遮荫	乔下	灌下	斜坡面	地被	木架	石棚	岩石凹缝
小檗科	十大功劳	Mahonia fortunei(Lindl.)Fedde		√					√			√		√	√	√						√	√	√		√	√					
	南天竹	Nandina domestia Thunb.		√					√			√		√		√						√	√	√		√	√					
罂粟科	花菱草	Eschschlzia californica Cham.					√			√		√				√								√	√			√	√				
十字花科	条叶庭荠	Alyssum lenense Adams.					√			√		√				√					√			√				√	√				
	硬毛南芥	Arabia hirsuta(L.)Scop.						√		√		√					√				√			√				√	√				
	屈曲花	Iberis amara L.	√							√		√				√					√			√				√	√				
	香雪球	Lobularia maritima Desv.						√√		√		√ √			√						√			√				√	√				
	诸葛菜	Orychophragmus violaceus(L.)O. E. Schulz					√			√		√		√		√					√			√				√	√				
景天科	佛甲草	Sedum lineare Thunb.					√		√			√				√					√			√			√	√	√			√	
	垂盆草	S. sarmentosum Bunge					√		√			√			√ √	√					√ √	√		√			√	√	√			√	√
虎耳草科	落新妇	Astilbe chinensis(Maxim.)Franch. et Sav.					√			√		√		√ √		√					√ √			√			√	√					
	岩白菜	Bergenia puparascens(Hook.f. et Thoms.)Engl.					√		√			√				√					√			√			√	√					
	绣球	Hydrangea macrophylla(Thunb.)Ser.		√							√	√		√		√					√			√			√	√					
	月月青	Itea ilicifolia Oliver		√					√			√				√					√			√			√	√					
	川鄂茶藨	Ribes franchetii Jancz.		√							√	√ √		√							√			√ √			√	√					
	虎耳草	Saxifraga stolonifera Meerb.					√			√		√ √		√ √							√ √			√ √			√	√	√				√
海桐科	海桐	Pittosporum tobira(Thunb.)Ait.		√					√			√			√	√					√			√ √			√	√ √					
金缕梅科	檵木	Loropetalum chinense(R. Br.)Oliv.		√					√ √			√			√	√					√ √			√ √				√ √					

139

续表

科(类)名	中文名	拉丁名	乔木	矮灌木	藤本	多年生草本	一二年生草本	常绿	半常绿	落叶	阴湿地	向阳湿地	热	冷	干旱	阴	酸	碱	盖地	观地	观叶	观花果	遮荫	岩石回缝	棚架	乔灌木下	斜坡面	地面
金缕梅科	蚊母树	*Distylium racemosum* Sieb. et Zucc.		√				√					√				√					√							
蔷薇科	葡萄栒子	*Cotoneaster adpressus* Bois		√						√		√				√	√		√	√			√		√			√	
	矮生栒子	*C. dammeri* Schneid.		√				√			√	√				√	√		√	√			√		√			√	
	平枝栒子	*C. horizontalis* Decne.		√					√			√				√			√	√			√		√			√	
	小叶栒子	*C. microphyllus* Wall.		√				√				√				√			√	√			√		√			√	
	蛇莓	*Duchesnea indica* (Andrews) Fooke				√			√		√	√					√			√			√				√		
	草莓	*Fragaria ananassa* Duchetne				√				√		√								√			√				√		
	蛇含委陵菜	*Potentilla kleiniana* Wight et Arn.				√						√				√				√			√				√		
	匍枝委陵菜	*P. reptans* L.				√						√								√							√		
	金樱子	*Rosa leavigata* Michx.		√				√				√				√							√			√			
	光叶蔷薇	*R. wichuraiana* Crep.		√					√			√							√				√			√		√	
	细圆火棘	*Pyracantha crenulata* (D. Don) Roem.		√				√				√				√							√		√				√
	火棘	*P. fortuneana* (Maxim.) Li		√				√				√				√							√		√				√
	台湾火棘	*P. koidzumii* (Hayata) Rehd.		√				√				√				√							√		√				√
	珍珠绣线菊	*Spiraea thunbergii* Sieb. ex Bl.		√						√		√											√						√
	林石草	*Waldsteinia ternata* (Steph.) Fritsch				√						√				√			√								√	√	
豆科	云实	*Caesalpinia sepiaria* Roxb.		√								√				√							√			√		√	
	锦鸡儿	*Caragana sinica* (Buchoz) Reld.		√						√		√				√		√	√				√		√				√

续表

科(类)名	中文名	拉丁名	乔木	矮灌木	灌木	藤本	多年生	越年生	一年生	常绿	半常绿	落叶	向阳	阴湿	阳湿地	热	冷	干旱	荫蔽	酸	碱	盖地	观叶	观花	观果	遮荫	斜坡	地面	岩石、灌木下	棚架	乔灌木下	岩石缝
豆科	小冠花	*Coronilla varia* L.					√							√		√		√			√√	√√			√		√√					
	菽麻	*Crotalaria juncea* L.							√				√			√		√			√		√√			√√		√√					
	猪屎豆	*C. mucronata* Desv.					√						√	√		√		√			√		√√			√√		√√					
	金雀儿	*Cytisus scoparius* Link.			√						√√			√						√				√		√		√√					
	山蚂蟥	*Desmodium racemosum* (Thunb.) DC.					√							√								√√			√√		√√						
	染料木	*Genista tinctoria* L.			√					√			√	√				√				√√			√		√√						
	米口袋	*Gueldenstaedia multiflora* Bunge					√			√			√	√√		√		√			√			√		√√							
	木蓝	*Indigofera tinctoria* L.			√					√			√	√			√√				√√			√		√√		√					
	胡枝子	*Lespedeza bicolor* Turcz.			√					√			√	√			√				√			√		√√		√					
	百脉根	*Lotus corniculatus* L.					√			√√			√√			√	√√				√√		√			√√		√√					
	鸡血藤	*Millettia reticulata* Benth.				√				√			√							√	√			√			√				√		
	黑萼棘豆	*Oxytropis melanocalyx* Bunge					√			√			√	√							√√			√√		√√		√√					
	苦参	*Sophora flavescens* Ait.			√					√			√	√							√			√		√√		√√					
	红三叶	*Trifolium pratense* L.					√			√			√	√				√			√√			√√		√√		√√					
	白三叶	*T. repens* L.					√			√			√	√				√√			√√			√√		√√		√√					
	紫藤	*Wisteria sinensis* (Sims) Sw.				√				√			√√	√√							√√				√						√√	√√	
酢浆草科	多叶酢浆草	*Oxalis martiana* Zucc.					√			√			√√	√			√				√√		√√			√√		√√					
牻牛儿苗科	野老鹳草	*Geranium carolinianum* L.							√			√	√√				√				√√			√√		√√		√√					√√

141

续表

科(类)名	中文名	拉丁名	植株类型 乔木	灌木	藤本	草本 多年生	一二年生	绿叶类型 常绿	半常绿	落叶	适宜环境 向阳	阴湿	相对耐性 干旱	荫蔽	酸	碱	利用目的 盖地	观花	观叶	观果	遮荫	利用位置 斜坡面	乔灌木下	棚架	岩石凹缝
牻牛儿苗科	天竺葵	*Pelargonium hortorum* Bailey				√							√				√	√				√	√		
大戟科	绿随子	*Euphorbia lathyris* L					√				√		√				√		√			√	√		
	红背桂	*Excoecaria cochinchinensis* Lour.		√				√				√					√	√				√	√		
马桑科	马桑	*Coriaria sinica* Maxim.		√						√	√		√	√			√			√		√	√		
漆树科	盐肤木	*Rhus chinensis* Mill.		√						√			√	√			√			√		√	√		
冬青科	枸骨	*Ilex cornuta* Lindl.		√				√				√	√	√			√	√		√		√	√		
	钝齿冬青	*I. crenata* Thunb.		√				√				√	√	√			√		√	√		√	√		
卫矛科	扶芳藤	*Euonymus fortunei*(Turcz.)Hand.－Mazz.			√			√				√	√	√			√		√			√	√		√
	胶东卫矛	*E. kiautschovicus* Loes.		√					√			√	√	√			√		√			√	√		√
	美迷卫矛	*E. viburnoides* Prain			√			√				√	√	√			√		√			√	√		√
	永瓣藤	*Monimopetalum chinense* Seh.			√			√				√	√	√			√		√			√	√		√
葡萄科	爬山虎	*Parthenocissus tricuspidata*(Seb. et Zucc.)Planch.			√					√	√		√	√			√		√			√	√		√
	葡萄	*Vitis vinifera* L.			√					√	√		√				√			√		√	√		
猕猴桃科	猕猴桃	*Actinidia chinensis* Planch.			√					√	√ √		√				√			√	√	√		√	
藤黄科	黄海棠	*Hypericum ascyron* L.				√			√		√	√	√	√			√	√				√		√	
	金丝桃	*H. monogynum* L.		√					√		√	√	√	√			√	√				√		√	
	金丝梅	*H. patulum* Thunb.		√					√		√	√	√	√			√	√				√			√
半日花科	半日花	*Helianthemum songoricum* Schrenk		√						√	√		√	√			√	√				√			√

续表

科(类)名	中文名	拉丁名	矮乔木	灌木	藤本	多年生	越年生	一年生	常绿	半常绿	落叶	向阴湿	阴湿地	阳	热冷	干旱	荫蔽	酸	碱	盖地遮荫	观叶	观花果	斜坡面	乔	灌	棚架下	岩石隙	岩石凹
			植株类型			**草本**			**绿叶类型**			**适宜环境**			**相对耐性**					**利用目的**			**利用位置**					
堇菜科	紫花地丁	Viola philippica Cav.				√			√			√	√				√			√		√	√	√				
	堇菜	V. verecunda A. Gray				√				√		√	√		√		√			√	√	√	√	√				
西番莲科	西番莲	Passiflora caerulea L.			√					√				√		√				√		√		√				√
使君子科	风车子	Combretum alfredii Hance		√	√						√			√		√				√		√		√				√
	使君子	Quisqualis indica L.		√	√					√				√		√				√		√		√				√
柳叶菜科	倒挂金钟	Fuchsia hybrida Voss.		√							√	√	√				√			√		√	√	√				
	月见草	Oenothera odorata Jacq.				√			√					√	√		√			√		√	√	√				
五加科	楤木	Aralia chinensis L.	√								√		√			√	√			√	√		√	√				
	八角金盘	Fatsia polycarpa Hayata		√					√			√	√			√	√			√	√		√	√	√			
	欧常春藤	Hedra helix L.			√				√				√			√	√			√	√		√	√		√		√
	中华常青藤	H. nepalensis var. sinensis (Tobl.) Rehd.			√				√				√			√	√			√	√		√	√		√		√
伞形科	东北羊角芹	Aegopodium alpestre Ledeb.				√				√			√			√	√			√	√		√	√				
	葡萄藁本	Ligusticum reptans (Diels) Wolff				√				√			√			√	√			√	√		√	√		√		√
杜鹃花科	熊果	Arctostaphylos uva-ursi (L.) Spreng.	√						√					√	√					√		√	√	√		√		
	欧石楠	Erica arborea L.		√					√					√			√			√		√	√	√				
	英国石楠	E. vagans L.		√					√			√		√			√			√	√		√	√				
	平铺白珠树	Gaultheria procumbens L.		√					√			√		√			√			√	√		√	√				
	沙龙白珠树	G. shallon Pursh		√					√			√		√			√			√	√		√	√				

143

续表

科(类)名	植物名称 中文名	植物名称 拉丁名	植株类型 矮灌乔木	植株类型 藤本木本	植株类型 多年生草本	植株类型 一年生草本	绿叶类型 常绿	绿叶类型 半常绿	绿叶类型 落叶	适宜环境 向阳湿地	适宜环境 阴湿地	相对耐性 热	相对耐性 冷	相对耐性 干旱	相对耐性 荫蔽	利用目的 盖地	利用目的 观赏观叶	利用目的 观花果	利用目的 遮荫	利用位置 乔木下	利用位置 灌木	利用位置 斜坡	利用位置 棚架	利用位置 岩石	利用位置 石缝回
杜鹃花科	佩蒂杜鹃	*Pernettya mucronata* L. f.	√				√						√			√	√	√			√				
	石岩杜鹃	*Rhododendron obtusum* (Lindl.) Planch.	√					√		√			√			√√	√√	√			√√				√
紫金牛科	紫金牛	*Ardisia japonica* (Hornsted) Bl.	√				√			√√				√√		√	√√	√			√				
报春花科	仙客来	*Cyclamen persicum* Mill.			√											√√		√√							
	过路黄	*Lysimachia christinae* Hance			√					√√			√			√√	√				√√				
	珍珠菜	*L. clethroides* Duby			√					√√			√				√				√√				
	报春花	*Primula malcoides* Franch.				√				√			√			√	√√	√			√√				
	海石竹	*Armeria maritima* Thrift.			√								√				√	√			√√				√
蓝雪科	角柱花	*Ceratostigma plumbaginoides* Bunge	√					√		√√			√	√√		√√	√	√			√√				
	蓝花丹	*Plumbago auriculata* Lamk.	√					√		√√			√	√√		√	√√	√			√				
木樨科	连翘	*Forsythia suspensa* (Thunb.) Vahl	√						√				√	√√		√	√	√√			√				
	金钟花	*F. viridissima* Lindl.	√						√				√	√√		√	√	√			√	√			
	迎春花	*Jasminum nudiflorum* Lindl.	√					√		√			√	√		√	√	√√			√√				
	小蜡	*Ligustrum sinense* Lour.	√					√		√			√	√		√√	√	√			√				
马钱科	驳骨丹(七里香)	*Buddleja asiatica* Lour.	√						√		√		√	√		√	√	√√			√	√			
	钩吻	*Gelsemium elegans* (Gardn. et Champ.) Benth.		√					√				√	√		√√	√	√			√	√			
夹竹桃科	长春花	*Catharanthus roseus* (L.) G. Don				√		√		√			√	√		√	√	√√			√√				
	夹竹桃	*Nerium indicum* Mill.	√				√			√			√	√		√	√√	√			√√				

144

续表

科（类）名	中文名	拉丁名	矮乔木灌木	藤木	多年生	越年生	一年生	常绿	半常绿	落叶	阴湿地	向阳湿地	热冷	干旱	荫蔽	酸碱	盖地	观地	观叶	遮荫	花果	乔木	斜坡面	灌木下	棚架	岩石回缝
夹竹桃科	络石	*Trachelospermum jasminoides* (Lindl.) Lem.		√				√				√	√		√	√	√	√				√			√	√
萝藦科	蔓长春花	*Vinca minor* L.		√					√		√	√		√	√	√	√	√			√		√	√		√
	夜来香	*Telosma cordata* (Burm. f.) Merr.	√						√		√	√		√	√	√	√	√		√	√		√	√	√	√
旋花科	彩叶甘薯	*Ipomoea batatas* Lam.				√				√	√		√	√		√	√	√		√			√			
	五爪金龙	*I. cairica* (L.) Sw.		√						√		√	√	√		√	√		√		√		√		√	
	茑萝	*Quamoclit pennata* (Lam.) Bojer.		√			√			√		√	√		√	√	√	√		√			√	√	√	√
马蹄金科①	马蹄金	*Dichondra repens* G. Forst.			√				√		√	√		√	√	√	√	√		√			√			
花荵科	小天蓝绣球(福禄考)	*Phlox drummondii* Hook.			√					√		√	√	√		√	√	√	√	√			√			
紫草科	颅果草	*Craniospermum echioides* (Schrenk) Bunge			√					√	√		√			√	√	√	√				√			
	勿忘草	*Myosotis sylvatica* Hoffm.			√					√	√		√	√	√	√	√	√	√				√			
马鞭草科	臭牡丹	*Clerodendron bungei* Steud.	√							√	√	√	√		√	√	√	√			√		√			
	过江藤	*Phyla nodiflora* (L.) Greene			√					√	√	√	√	√		√	√	√	√				√			
	美女樱	*Verbena hybrida* Voss					√			√		√	√	√		√	√	√	√	√			√			
	黄荆	*Vitex negundo* L.	√							√		√	√	√	√	√	√			√	√		√			√
唇形科	筋骨草	*Ajuga ciliata* Bunge				√				√	√		√		√	√	√	√	√				√			
	彩叶草	*Coleus blumei* Benth.			√					√	√		√			√	√	√	√	√			√			
	活血丹	*Glechoma longituba* (Nakai) Kupr.			√					√	√		√	√	√	√	√	√	√				√	√		
	宝盖草	*Lamium amplexicaule* L.				√				√	√		√	√	√	√	√	√	√				√	√		

① 马蹄金科（*Dichondraceae* Dumort. 1929）

续表

科(类)名	中文名	拉丁名	植株类型						绿叶类型			适宜环境		相对耐性					利用目的			利用位置					
			乔木	灌木	矮灌木	藤本	多年生草本	一年生草本	常绿	半常绿	落叶	向阳	阴湿	热冷	干旱	荫蔽	酸	碱	地被	观叶	观花、遮荫	斜坡	地面	木架下	乔灌木	棚架	岩石间石缝
唇形科	野薄荷	*Mentha haplocalyx* Briq.					√						√√		√√	√			√√			√√	√√				
	荆芥	*Nepeta cataria* L.					√					√			√√				√√			√	√√				
	牛至草	*Origanum vulgare* L.						√				√			√√				√			√	√				
	紫苏	*Perilla frutescens* (L.) Britton	√									√√		√					√	√		√√	√√				
	迷迭香	*Rosmarinum officinalis* L.		√					√			√			√√				√√			√	√√				
	一串红	*Salvia splendens* Ker.– Gawl.					√					√		√					√√			√√	√√				
	百里香	*Thymus mongolicus* Bonn			√							√			√				√√			√√	√				√
茄科	枸杞	*Lycium chinense* Mill.			√							√		√√	√√				√√	√		√√	√√				
	矮牵牛	*Petunia hybrida* Hort.						√				√			√√						√	√√	√				
	白英	*Solanum lyratum* Thunb.				√						√√			√√				√	√√		√				√	√
玄参科	通泉草	*Mazus japonicus* (Thunb.) Kuntze						√				√			√	√			√√			√	√				√
紫葳科	凌霄花	*Campsis grandiflora* (Thunb.) Loisel.				√				√		√√			√√						√√	√√			√	√	√
	美洲凌霄花	*C. radicans* (L.) Seen				√				√		√√			√√						√√	√√			√√	√√	√√
	炮仗花	*Pyrostegia venusta* (Ker – Gawl.) Miers				√			√			√√			√√						√√	√√			√√	√√	√√
苦槛蓝科	苦槛蓝	*Myoporum bontioides* (Sied. et Zucc.) A. Gray		√					√			√			√√				√√			√√	√√				√
茜草科	矮栀子	*Gardenia augusta* var. *radicans* (Thunb.) Makina		√					√				√		√√	√√			√√			√√	√√		√√		
	六月雪	*Serissa serissoides* (DC.) Druce		√						√		√√			√√	√√			√√			√	√				
忍冬科	大花六道木	*Abelia grandiflora* (Andre) Rehd.		√						√		√√			√	√			√		√	√√	√√				

续表

科(类)名	中文名	拉丁名	乔木	矮灌木	藤本	多年生草本	一年生草本	常绿	半常绿	落叶	向阴湿地	向阳湿地	耐热冷	耐干旱	耐阴	耐酸碱	盖地	观地	观叶花果	遮荫	乔木下	灌木下	斜坡面	岩石架	棚架	石缝凹
忍冬科	小叶六道木	A. parvifolia Hemsl.	√					√					√	√	√		√		√√							
	金银花	Lonicera japonica Thunb.			√					√			√	√√	√	√		√√		√√						√√	√√
败酱草科	缬草	Valeriana officinalis L.				√			√		√		√	√√	√	√√	√	√√		√√							
桔梗科	风铃草	Campanula medium L.					√					√	√√	√	√√		√	√√	√√	√√							
	铜锤玉带草	Pratia begoniifolia (Wall.) Lindl.				√			√		√		√	√	√√		√√	√√	√√	√							
菊科	欧蓍草	Achillea millefolium L.				√			√		√		√√	√√	√√	√√	√	√√		√√							√
	胜红蓟	Ageratum conyzoides L.					√		√				√√	√√	√√	√√	√	√√		√√							√
	大花金鸡菊	Coreopsis grandiflora Hogg.				√			√			√	√	√√	√√	√	√	√√		√√							√
	波斯菊	Cosmos bipinnatus Cav.					√		√		√		√√	√√	√√	√√	√	√√		√√							√
	野菊	Dendranthema indicum (L.) Des Moul.				√			√		√		√√	√√	√√	√	√	√√		√√							√
菊	鱼鳅串	Kalimeris indica (L.) Sch.-Bip.				√			√		√		√√	√√	√√	√	√	√√		√√							√
科	蒲儿根	Senecio oldhamianum Maxim.					√		√		√		√	√√	√√	√	√	√√		√√							√
	千里光	S. scandens Buch.-Ham.			√				√		√		√	√√	√√	√	√	√√		√√							
	孔雀草	Tagetes patula L.					√		√		√		√	√√	√√	√	√	√√		√√							
	蟛蜞菊	Wedelia chinensis (Osb.) Merr.				√			√		√		√√	√√	√√	√	√	√√		√√							
香蒲科	小香蒲	Typha minima Funk				√			√		√		√	√√	√√	√√	√	√√		√√							
禾本科	野古草	Arundinella hirta (Thunb.) Tanaka				√			√		√		√√	√√	√√	√√	√	√√		√√							
	牛筋草	Eleusine indica L.				√				√	√		√	√√	√√	√√	√√	√√		√√							

147

续表

科(类)名	中文名	拉丁名	乔木	矮灌木	藤本	多年生草本	一二年生草本	常绿	半常绿	落叶	一年生草生	热	向阳	阴湿	阳湿地	旱	荫	冷	蔽	酸	碱	盖地	观地被	观叶	观花	观果	遮荫	乔木下	灌木下	斜坡面	地面	棚架	岩石缝回
					植株类型				绿叶类型			适宜环境				相对耐性						利用目的						利用位置					
禾本科	弯叶画眉草	*Eragrostis curvula*(Schrad.)Nees				√		√					√	√		√	√				√	√	√	√				√		√			
	知风草	*E. ferruginea*(Thunb.)Beauv.				√		√					√	√			√	√			√	√		√			√	√		√			
	羊茅	*Festuca ovina* L.				√		√				√	√			√	√	√			√		√	√			√	√		√			
	牛鞭草	*Hemarthria compressa*(L. f.)R. Br.				√		√		√			√	√			√	√	√			√	√			√	√		√			
	白茅	*Imperata cylindrica*(L.)Beauv. var. *major*(Nees)Hubb.					√						√	√			√	√			√	√		√			√	√		√			
	箬竹	*Indocalamus tessellatus*(Munto)Keng f.	√					√				√	√			√	√	√			√	√		√			√	√		√			
	淡竹叶	*Lophatherum gracile* Brongn.				√		√				√	√				√	√			√	√		√			√	√		√			
	荻	*Miscanthus sacchariflorus*(Maxim.)Benth.				√		√		√			√				√	√			√		√	√			√	√		√			
	日本乱子草	*Muhlenbergia japonica* Steud.				√		√		√			√				√	√			√			√			√	√		√			
	河八王	*Narenga porphyrocoma*(Hance ex Trin.)Bor				√							√	√			√	√			√	√		√			√	√		√			√
	类芦	*Neyraudia reynaudiana*(Kunth)Keng				√							√	√			√	√			√	√		√			√	√		√			
	球米草	*Oplismenus undulatifolius*(Arduino)Roem. et Schult.				√			√				√	√			√	√	√			√	√			√	√		√			
	狼尾草	*Pennisetum alopecuroides*(L.)Spreng.				√			√				√	√			√	√			√	√		√			√	√		√			√
	芦苇	*Phragmites communis* Trin.				√			√			√	√				√	√	√			√	√			√	√		√			
	菲白竹	*Pleioblastus angustifolius*(Mit.)Nakai	√					√				√	√			√	√	√			√	√		√			√	√		√			
	鹅观草	*Roegneria kamoji* Ohwi				√				√			√	√			√	√	√	√			√			√	√		√			
	甜根子草	*Saccharum spontaneum* L.				√		√				√	√			√	√	√			√	√		√			√	√		√			
	倭竹	*Shibataea chinensis* Nakai	√					√				√	√			√	√	√			√	√		√			√	√		√			

续表

科(类)名	中文名	拉丁名	乔木	灌木	藤本	多年生草本	一年生草本	常绿	半落叶	落叶	向阳	阴湿	阴湿地	热冷	干旱	阴	酸	碱	盖地	观叶	观花	观果	遮荫	乔灌木下	斜坡	地面	石架下	棚架	岩石回缝
莎草科	山稗子	*Carex baccans* Nees				√							√	√							√					√	√	√		
	芒尖鳞薹草	*C. doniana* Spreng.				√			√				√	√	√						√					√	√		√	
	丛毛羊胡子草	*Eriophorum comosum* Nees				√			√		√	√		√	√	√					√					√	√	√		√
	钩状嵩草	*Kobresia uncinoides* (Boot.) Clarke				√					√	√		√							√					√		√		
天南星科	菖蒲	*Acorus calamus* L.				√					√	√		√					√	√					√	√			
鸭跖草科	紫竹梅	*Setcreasea purpurea* Boom				√			√		√	√		√					√	√					√	√		√	
灯心草科	野灯心草	*Juncus setchuensis* Bech.				√					√	√	√	√					√		√					√	√			
百合科	文竹	*Asparagus setaceus* (Kunth) Jessop				√			√				√	√							√	√			√	√		√	√
	铃兰	*Convallaria majalis* L.				√				√	√	√		√					√	√	√					√	√	√	
	萱草	*Hemerocallis fulva* L.				√				√	√	√	√						√	√	√			√	√	√	√	√
	玉簪	*Hosta plantaginea* (Lam.) Aschers.				√			√				√	√					√	√	√		√		√	√	√		√
	紫萼玉簪	*H. ventricosa* (Salisb.) Stearn				√			√				√	√					√	√	√				√	√	√	√	√
	土麦冬	*Liriope platyphylla* Wang et Tang				√					√	√		√	√		√		√	√	√				√	√	√	√	√
	阔叶麦冬	*L. spicata* (Thunb.) Lour.				√					√	√		√	√		√		√	√	√		√		√	√	√	√	√
	沿阶草	*Ophiopogon japonicus* (L.f.) Ker-Gawl.				√		√			√	√		√	√		√		√	√	√				√	√	√	√	√
	吉祥草	*Reineckia carnea* (Andr.) Kunth				√		√			√			√	√		√		√	√	√				√	√	√	√	√
石蒜科	百子莲	*Agapanthus africanus* (L.) Hoffmgg.				√			√		√	√		√						√	√					√		√	
	葱兰	*Zephyranthes candida* Herb.				√			√		√	√		√	√		√		√	√	√				√	√		√	√

续表

科(类)名	中文名	拉丁名	植株类型					绿叶类型			适宜环境			相对耐性					利用目的					利用位置				
			矮乔木	灌木	藤本	多年生草本	一二年生草本	常绿	半常绿	落叶	向阳	阴湿	湿地	热冷	干旱	荫蔽	酸	碱	盖地	观地	观叶	观花	果、蔽荫	斜面坡下	乔木	棚架	灌木	岩石凹缝
鸢尾科	蝴蝶花	Iris japonica Thunb.				√			√			√				√			√	√	√	√		√				
姜科	艳山姜	Alpinia zerumbet(Pers.) Burtt et Smith				√		√				√		√	√				√	√	√	√		√				
	喙花姜	Rhynchanthus beestanus Smith				√		√				√	√	√	√				√	√	√	√		√				
	蘘荷	Zingiber mioga (Thunb.) Rosc.				√			√			√		√	√				√	√	√	√		√				
美人蕉科	美人蕉	Canna indica L.				√			√		√				√			√		√	√	√		√				
竹芋科	竹芋	Maranta arundinacea L.				√		√				√		√	√				√	√	√	√		√				

150

三、杂草防除

地被一般是低养护的植物，对其生长过程必须有效控制杂草为害。在种植前可以根据种植计划和当地杂草植物种类及其对除草剂的反应等，使用灭生性除草剂或选择性除草剂，这也是尽量减少翻动表层土壤的有效方法。地被种植后杂草防除的重点是幼苗期的保护，使用人工方法或除草剂及时控制杂草，让地被植物定植，扩展形成优势植物群落覆盖地面，以后则转入正常的养护管理。具体方法请参阅草坪杂草及其防除。

四、种植

1. 地被植物的种植方法有：种子直播法、苗圃育苗移植法和营养体无性繁殖法等。种子直播法是常用方法之一，与园林植物种植和草坪草种子播种法相同。育苗移植法是在苗圃用种子播种先培育成幼苗或用植物营养体扦插培育成幼株，然后将大批量的幼苗（幼株）附带营养基质或裸根进行大面积移栽（如图4-1和图4-2）。营养体无性繁殖法是利用多年生地被植物分生组织机能强或扩展性强的特性，直接在现场定位栽植，然后采用分株、分根、压条、枝条断茎扦插、鳞茎分植等，使之迅速扩展形成优势植物群落覆盖地面或斜坡。

2. 由于地被是利用植物群体的效果，要求种植的植物生长速度快，整齐。为此，种植时应适当增加株行距和密度，争取在2~5个月内基本上实现植物枝叶茂盛郁闭，覆盖地面。密植的程度要根据植物生长特性、种苗的大小和养护管理水平等来确定。如果种植过稀则郁闭慢，地面容易滋生杂草，增加除草的费用；如果种植过密，植株生长瘦弱，不久又要重新分植。

草本植物由于植株矮小，其株行距为50~100mm。玉簪、萱草、鸢尾等可按0.20m×0.20（0.25）m栽植。石蒜、葱兰等宿根地被，间距较小，可至50mm。对于自播繁殖的地被，可先行播种，对于过密处的幼苗要及时疏苗，补植于草株稀疏的地方，以免植株过密而瘦弱，开花不好，或过稀又裸露地面。当他们定居（植）后会自行调整生长数量，遮盖地面。对于较大的灌木植株，可根据景观布置

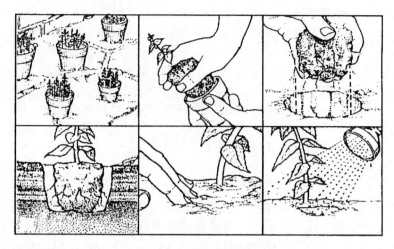

图 4-1 育苗移植地被植物

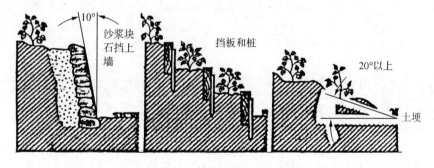

图 4-2 斜坡种植地被植物

要求，群体栽植，或 3~5 丛群植；对于较小的灌木苗，也可几株合并栽植以扩大冠群。如果是较快覆盖地面的大面积景观地被，可以先密植，以后视其生长势采用逐渐疏苗移去部分植株，平衡其生长势。

3. 栽植方法要根据园林景观的设计要求，可实行片植、单植、列植、丛植或按照图案配植等。种植时间既要根据景观需要，也要遵从自然规律，考虑到植物生长的周期中最有利的种植时间和当地气温、降雨季节等，以提高地被植物的成活定植率，尽力减少经费开支。例如，有些地区秋季或春季是最佳种植时间；有的地方利用天然降雨在雨季末种植成活，次年就能形成生长优势；有条件的地方在旱季末利用浇灌定植，成活后就进入雨季迅速生长期；有的地方则利用雨季水分、湿度良好的环境种植。对于陡坡地被的种植要多利用有利的气候条件和局部穴植、水平沟植、客土栽培等方法，可以获得事半功倍的效果。

五、养护管理

（一）苗期管理

地被幼苗期是成活、定植的关键时期，一是要防除杂草保护幼苗，二是视条件浇水灌溉，三是施肥促进地被生长形成优势群落，四要防治病虫害和人畜损害。但实践中常见忽视管理的现象，致使杂草滋生为害和缺肥生长缓慢等。

（二）中期管理

地被植物定植后，除正常的浇水、施肥、防除杂草以外，主要是按照园林景观的要求，辅助其扩展，修剪、整枝、整形，提高其观赏价值。

（三）更新

根据地被植物的生长周期采用不同的方法更新。对于一年生或越年生植物要及时更换另一个生长季节的植物以形成新的植物景观；对于多年生植物则应及时剪除已凋谢花序和花朵，修剪枯枝和徒长枝，及时修剪整形以促进分枝，形成茂密、短枝的圆形、矩形、平顶式植物景观，或成绿墙、绿网等欧洲规则式园林景观。

第二节　攀缘植物

攀缘植物一般指茎中机械组织不发达，柔软不能直立，但生长迅速，能缠绕或借助附属器官攀附他物向上（或下）生长的植物，现在扩大到那些茎枝交错依附成为整体的低矮乔、灌木植物。主要用于绿化墙面、围墙、篱笆、竹墙、格子墙、栅栏、棚架、拱门、杆柱。墙面的温度主要取决于它们的朝向和颜色，一般朝西向或西南向的深色墙面，夏季温度可高达 60℃ 左右，冬季则低至 -10℃ 左右，温度变化很大，剧烈的膨胀或冷却都会损害墙面；而夏季墙面的辐射热和紫外线，对周围居民也有不利影响，还会引起附近栽培植物的灼伤。绿化墙面，对保护墙体结构和保持室内适宜温度均有明显效果。靠近窗户外的植物枝蔓要靠修剪来调节、控制透光度；在风沙大的地区，墙面绿化还有保护住宅的作用。另外，住户可以选择不同的地被植物并通过不同的造型使住宅别具风格，以便识别。攀缘植物还是防治侵蚀地和治理荒漠的好材料。

现在城镇住区钢筋混凝土结构建筑物增多，其表面如果不加以绿化，这种灰色建筑物令人感到不快，特别是夏季高温期，辐射热和光反射对环境造成危害，尤以居民和行车驾驶员的反应强烈，迫切要求用攀缘植物绿化。

一、绿化的主要方法

1. 在建筑物底部透水处或专门设置的种植槽内种植攀缘植物，让其逐渐扩展生长遮蔽斜面，或在适当表面处设置网状物、格子框等辅助物。

2. 在建筑物顶部种植槽内种植悬垂性植物。

3. 在水泥斜面设置种植槽、穴，或在挡土墙的间隙，种植藤蔓攀缘植物以及具根茎的植物。

有的人担心绿化墙垣植物的根系对建筑物的基础和地下室墙体造成损害，或引起泛潮、漏水等。实践证明，只要房屋的施工质量得到保证，墙面平滑，墙体有密封材料；在填地基槽时，安装有保护板，或在墙的外面填入一些石砾、砂石等材料，即使渗入少量雨水也会迅速排走，能保持建筑物基础的干燥。有的在墙体前面设置种植坑或种植槽，填入土壤基质，对墙体更无损害。如果是瓦木结构的房屋，植物选择不当，或对其根、枝、藤蔓控制不好，有时会引起麻烦。

二、攀缘植物的选择

攀缘植物的选择不仅要考虑植物的攀缘能力和需要的辅助措施，考虑绿化效果，了解植物的形态结构，对光照的要求与遮蔽度，植物生长的环境条件和房主的爱好与要求；还要考虑建筑物的具体情况，如墙面大小、朝向，使用棚架、篱笆或棚栏，对装饰性绿化植物造型要求等可根据植物的生育特点选择使用，见表4-2所列。

攀缘植物的类型、生长特点

表4-2

类　型	植物生长特点	植物选择
自力攀缘型	茎蔓附生根（中华常春藤）或卷须短、多分枝、枝顶端有吸盘（爬山虎属植物）。它们依靠墙垣攀缘荫蔽墙面降温；有的冬季落叶增加日照和温度；有的在幼小时要牵引，不需要其他支撑物。但多畏强日照灼伤叶片造成早落叶	爬山虎属植物，中华常春藤
爬蔓和缠绕型	自身有蔓绕器官稳定缠绕在绳索、竿和棚架上，并有加固棚架作用。多数幼嫩时要牵引，但不能在光滑墙面上攀缘。要严加控制不能缠绕其他植物	铁线莲属、香豌豆、黄瓜、丝瓜、蛇瓜、葫芦、括蒌、葡萄、西番莲、旋花属等植物
茎枝交错依附型	以植物枝杈上的刺或钩依附在其他植物上，或在棚架上；或以自身茎枝纵横交织成为整体（苹果、梨等）；或借气生根攀附于其他物体上	紫藤、金银花、猕猴桃、啤酒花、叶子花、多种果树、枸子、悬钩子、火棘、蔷薇属植物、金樱子、凌霄花属植物
悬垂型	植物自上而下生长，或有较短附生器官着生在墙面（垣）上，或悬垂荫蔽下方墙面（垣）	欧常春藤、迎春、蔷薇属植物
种植坑（槽）栽培型	在建筑物前面或人行道旁设置种植坑（槽），一般距墙体0.30~0.40m，长宽为0.60×0.50m或长条形，深0.60m，要有利于植物生长	种植自力攀缘植物或靠棚架爬蔓缠绕植物

三、养护管理

攀缘藤本植物由于它们的枝蔓可以互相交叉重叠，应视植物的生长特性、生长量和要求覆盖的时间来决定其栽植方式和密度。如爬山虎、五叶爬山虎等是由地面向上生长，靠蔓节萌发枝的吸盘固定，较为牢固；而欧常春藤等则是自上而下伸长，蔓节的附生根固定力较弱，常需人为帮助才能固定。爬山虎一般采用扦插繁殖或压条繁殖，也可以用播种繁殖，其移植期在春季气温回升未萌芽以前，可根据地形栽于地面或种植槽中，让其茎蔓向上伸长覆盖墙壁（垣）、斜坡、岩石或裸地。南方地区在酷暑时应注意浇水抗旱，有条件的地方可以安装滴灌设备，北方地区则要防止冬季冻害。欧常春藤在春末夏初和仲秋匍匐茎生长旺季时扦插，成活率高。或使用生长刺激素促进生根成活，移植期的时间范围较爬山虎大，可植于钵内或种植槽内。在南方地区可在大面积地面或斜坡种植成地被；在北方寒冷地区，需在秋末冬初将钵栽植株移入室内管理。

第五章 草坪草的育种

第一节 概 论

　　草坪草最初来源于挖取原野草皮，或者采集原野草籽繁殖，经过人工驯化，选择成为栽培草种。草坪环境一般较原野的条件优越，特别是水肥条件充足，常低修剪草株，既有利于草坪草特性的显现，同时也会减退部分抗逆性，容易感染多种病害，影响草坪景观、使用以及草坪的使用年限。在园林绿化和大地绿化中，随着人们对草坪草质量要求的提高，草坪科学的发展，在不同的气候地区又有多种多样的使用目的。因此，必须进行草坪草的选种育种。

　　我国疆域约有 960 万 km^2，南北之间纬度差达 49°23′之多，有寒温带、温带、暖温带、亚热带和热带气候区；太平洋的东南季风和印度洋季风是我国降水的主要来源，东部和南部地区湿润，西北部干旱，两者之间有过渡的半干旱地带。全国地势变化显著，除平原、盆地之外，尚有山峦起伏，高山与深谷相间，西南部又有青藏高原的隆起，有的山地植物种群，反映着海拔垂直分布特点。因此，各植被区域的城市和原野所生长的众多植物有明显的落叶植物、半常绿植物和常绿植物。植被的乔木、灌木和草本层植物的物种具有多样性，不同物种的生理生态特性各异，它们对于不同气候地区的适应性和生长势差别甚大。实事求是，一切经过试验和因地制宜是选种育种工作遵循的原则。我国农作物和园艺植物的种子工作具有丰富的经验和成就，促进了生产力的发展。但是，过去有的地方也曾经历过不重视选种育种，品种混杂退化，盲目引种造成大面积减产并危及人民生活问题；有的引种造成危险性病虫，杂草侵入蔓延等，种子苗木工作出现无章可循的状况。特别是 1956 年和 1958 年等"跃进"形势，个别地方的领导人过于干预具体技术工作，因瞎指挥、强迫命令、形式主义造成的教训，是值得后人汲取的。草坪和地被绿化种苗工作的盲目性，虽然不致造成局部地区的民生问题，但是其经济损失和环境损失也是不可低估的。

我国各地种质资源十分丰富，可供选择的育种材料很多，中国人应用这些原始材料在水稻等粮食作物、果树蔬菜和园林景观植物等方面选育了许多优良品种，受到外国人的称赞；欧美植物学家在一百多年来，通过多种途径采集了我国大量的植物物种回国进行栽培利用或选种育种，促进了他们国家的农业和花卉、草坪业发展，这是不争的事实。我国历史上是草坪草种子的出口大国，出超大国。我国幅员辽阔，各个气候带的气候指标和植物生长季节特征不同，绿化景观的目的各异，种植和养护管理水平、经费等条件也不尽相同。因此，不能期望使用单一类型草坪植物，更不能长期依赖进口草种来解决一个气候区的草坪绿化问题。近年我国大量的园林花卉和景观植物出口欧美市场，对草坪业的发展有很好的启发性，也给草坪草选种育种工作以巨大的鼓舞。我国政府"为了保护和合理利用种质资源，规范品种选育和种子生产、经营、使用行为，维护品种选育者和种子生产者、经营者、使用者的合法权益，提高种子质量，推动种子产业化，促进种植业和林业的发展"，于 2000 年 7 月 8 日颁布了《中华人民共和国种子法》。

草坪草的选种育种同农艺作物、园艺植物基本相似。要求掌握有关基础理论，综合运用多学科知识，采用各种先进技术，有针对性和预见性地选育新品种。生物进化论是育种学的基本理论。生物进化的三大要素：变异、遗传、选择是育种工作具有创造、稳定、选择优良变异的主要理论依据。遗传学是育种的重要基础理论之一。根据植物遗传变异的规律，可以提高育种工作的科学性和预见性，按照人类的需要选育新的品种。要正确地制定育种目标，而生态学不仅是制定育种目标的理论根据，还能提高种质资源的收集研究和引种工作的目的性与计划性。因此，育种工作者要熟悉植物学、生物化学、植物生理学、植物病理学和农业气象学等方面的知识。优良品种还需要有一整套栽培管理技术来保证。良种的应用必须有良法，要把造园学同园艺学相结合，园林景观植物的特性和功能才能充分显现。

　　草坪草也属于重要的景观植物，种质资源的外部性状变异是研究的重要内容。不论是早熟禾亚科草坪草，虎尾草亚科、黍亚科草坪草，或者莎草科草坪草，不同种源在叶色、质地、密度、草层高度、根状茎、种子结实率、发芽率等性状都有不同程度的差异。通过系统选育，一定会选出质优色美的草坪草品种。由于草坪草株低矮细致，是以营养体为人们利用和观赏的主体，它们对不同环境胁迫的反应敏感，在园林景观的营建中，常与乔木、灌木、花卉和地被植物配置。因此，在育种中要求品种具有较强的和较广泛的适应性。不同的草种或品种其抗逆性亦存在着明显的差异。例如：不同地区狗牙根的种源其耐寒性、耐盐碱性、耐荫性、耐旱性、耐病害等都有很大差异。美国人 Duncan 等对近 800 份结缕草材料进行观察，发现不同种源在耐旱性以及在酸性土壤的表现有明显差异。假俭草的不同种源耐寒性也存在明显差异，并与外部形态有关。偏穗钝叶草不同种源对麦长蝽和花叶病毒的抗性具有明显差异。而不同种源的草地早熟禾在耐病性和生殖模式上也存在明显不同。虽然不同草种内存在广泛的变异，其实这些变异不是杂乱无章的，而是有一定规律可循。例如日本人 Matumura 等对结缕草资源的研究，发现日本南部种源较北部种源草株密度更大，匍匐茎更长，更耐修剪，其种子的发芽率亦高；而不同海拔高度的结缕草种源，其结实率变异为 17.1% ~ 84.1%，结实率以高海拔的种源为高。刘建秀等对我国东部地区狗牙根的调查结果，其植株的外部性状呈明显的地带性变化规律，即随着纬度增加，草株愈显粗壮直立，叶色趋于浅淡，地下茎较深，生殖枝渐高，花序渐长。

　　国内外学者对草坪草种质资源在调查研究的基础上，进行分类应用于选种育种工作，已经取得好的效果。分子生物学技术也应用于草坪草分类研究中，例如 Yaneshita 等利用结缕草 10 个材料的基因克隆，应用 RFLP 技术对包括典型分类的五种结缕草的 17 个材料的遗传变异分类进行了研究，结果表明，这些材料主要分为三个组：即结缕草组、沟叶结缕草和细叶结缕草组以及中华结缕草和大穗结缕草组。

第二节　育种技术

一、目标

（一）草坪草选种育种的主要目标

1. 草株秆叶柔软与韧性适当，草枝均匀，颜色淡绿美观，具备草坪草多种农艺特性和遗传性稳定的草种。

2. 抽穗开花少，其匍匐茎和根茎粗壮，无性繁殖力强；或者结实率较高，草籽容易采收，脱粒干净，以利于种苗繁育的规范化或工业化生产。

3. 适应性和抗逆性强。适宜一定气候区营造一种或多种类型草坪的要求。特别要强调抗病性、耐热（寒）性、耐旱性，对休息和运动场草坪的草种，要强调耐践踏（磨损）性和持久性等。

对于草坪草的性状和相对耐性（Relative Tolerances）的认识和测定法见表 5－1 所列。

草坪草的性状和相对耐性的测定　　　　　　表 5－1

项　目	性　状　和　相　对　耐　性
1. 密度	单位面积草株（枝）数由遗传因子决定。属间、种间及种内都存在广泛差异。具发达匍匐茎和根茎的草坪草能形成高密度草坪。也受环境、气候、土壤、养护水平影响，常修剪或低修剪易形成致密草坪。同草坪盖度有密切关系，盖度愈高草坪价值愈高 有目测法和实测法
2. 质地	叶片的宽窄度和触感的软硬度的量度。叶片较窄品质较好，不同草种和品种的质地有较大的差异。但低修剪和密度增加，影响叶片变窄 实测法

项　目	性　状　和　相　对　耐　性
3. 色泽	观赏草坪草重要质量的性状，属间、种间及种内叶色有不同差异。常因人为爱好和欣赏习惯不同，其衡量标准而异 主要测定叶绿素含量及成分，而叶色比色卡简便实用，目测评分法也实用
4. 均一性	草坪草种群内个体差异大小的指标，差异越小，均一性越高，草坪越均匀、整齐。由遗传因子决定。营养体（无性）繁殖系优于种子（有性）繁殖系。种子繁殖系中，均一性一般依：自交系→常异交系→异交系递减 主要采用目测法
5. 青绿期	指露地种植的草坪草在一年里自返青期至枯黄期的天数。主要由遗传因子决定。是草坪草同当地气候节律长期相互作用的结果。与植物生长期有关，即指一年之中原生植物和种植植物适宜生长的时期，通常随赤道之间距离的增大而缩小，与纬度、海拔有关 参阅本书草坪草区域化表 1-3 所列季节特征
6. 耐热性	主要针对早熟禾亚科草坪草的草种对高温的忍耐程度，或对高温及其持续时间的反应，主要由遗传因子决定 采用生物鉴定法测定
7. 耐寒性	不同类型草坪草的属间、种间及种内植物的耐寒性均有差异，又与低温（包括冰冻）及其持续时间有关。主要由遗传因子决定。草坪草不同发育阶段，如匍匐茎和根茎的有效碳水化合物含量多少同耐寒性有关 采用生物鉴定法或实验室鉴定法
8. 耐旱性	植物体对缺水时的反应。不同类型草坪草的属间、种间及种内植物的耐旱性均有差异，主要由遗传因子决定。除受灌溉条件限制外，还与高温、空气湿度、土壤种类、土层厚度和植物形态结构特性等有关 采用生物鉴定法
9. 耐病性	草坪草病害严重影响景观和使用，不同草种和品种对多种病害的反应不同。耐病性很复杂，又十分重要，由遗传因子决定，又受环境的影响。在农作物和园艺植物的选种育种材料中，对产量、品质虽佳，但严重感染病害者，常常是"一票否决制"，可以节省育种费用，防止浪费，对减轻病菌的大面积危害，减少防治经费等有重要作用，值得草坪业重视和借鉴 采用生物鉴定法

续表

项　目	性　状　和　相　对　耐　性
10. 耐践踏 （磨损）性	这是一个综合性指标，由耐磨性和再生（恢复）力组成。主要由遗传因子决定，依草种或品种的不同而异。耐磨损性是指草坪草在严重践踏下保持光合作用器官的完整性的能力，取决于其秆、叶的机械组织和维管束组织的发达程度。恢复力则是受到磨损后一定时间内再生能力 实测法
11. 持久性	不同类型草种其持久性差异很大，具发达匍匐茎和根茎的草种的持久性远远超过具丛生型草种。据报道上海有种植 150 年以上的假俭草草坪，100 年以上的结缕草与假俭草混植草坪；南京有种植 130 年的中华结缕草和结缕草的混合草坪。草坪的持久性同养护管理水平至关重要，同是结缕草或狗牙根的草坪，坚持精细管理或者粗放管理、不管理的结果完全不同

（二）繁殖方式与育种的关系

草坪草在长期进化过程中，由于自然选择和人工选择，有多种繁殖方式，不同的繁殖方式与育种技术和良种繁育有密切关系。草坪草的繁殖方式一般分为无性繁殖和有性繁殖。无性繁殖包括营养体繁殖和无融合生殖，有性繁殖是以种子（颖果）进行繁殖。

无性繁殖大大地简化了育种过程，对育种的惟一需要就是产生优良的选系。这样使得种间杂交和属间杂交成为可能。而营养体繁殖对种子生产没有要求，可以选育出少穗的或无穗的选系，便可以大量降低养护成本，提高草坪的景观效果。营养繁殖的草坪草的种质改良是通过选择优良单株或创造优良单株的方法来实现的。

无融合生殖是无性生殖的另一种形式，如草地草熟禾、四倍体巴哈雀稗等草种均存在这种现象。四倍体巴哈雀稗是专性无融合生殖，无有性后代产生，后代与母体特征相同，因此，在其后代中选择优良株系是无效的。而草地早熟禾是兼性无融合生殖，大多数植株会产生与母本特征不同的有性后代，因此通过后代株系的选优是有效的。无融合生殖的草坪（尤其是专性无融合生殖）的种质改变可以通过以无融合生殖植物为父本，与有性母体杂交来实现的。

　　有性繁殖的草坪草包括苇状羊茅、黑麦草、普通狗牙根等。大多数草坪草是异花授粉的，而且通常是自交不育的，很适合于混合留种的方法，亦可采用移栽个别优良植株单独繁殖的方法。

二、方法

　　草坪草的选种育种主要包括：系统选育、引种驯化、杂交育种、诱变育种和高新技术育种等。

　　（一）系统选育

　　主要是利用原有栽培种或品种，对自然变异材料进行单株或集团选择的系统选种。优中选优，连续选优，使种质资源或栽培种或品种不断改进提高，是简便易行，行之有效的好措施。这种育种方法的理论基础：第一，草坪植物多系常异交植物、自然群体或栽培群体异质性较高；第二，许多草坪植物具发达的匍匐茎和根茎，有众多的幼芽存在，芽变是无性繁殖植物的重要变异原因之一；第三，草坪植物在自然界或栽培条件下，其群体即草坪草要受到环境严重的干扰和逆境条件的胁迫，其异质群体中的个体势必作出相应的反应，从而加快了选择的过程，也可以解释为许多以无性繁殖的品种，主要是通过系统选种的成功原因。

　　1. 变异草株（包括芽变）的主要表现：

　　（1）形态特征组织结构，如草株高度、叶片和匍匐茎的变异；

　　（2）生理生态特征的变异，如草株生长速率，光合作用效率，在不同气候区的反应，生长周期（萌发期、生长旺盛期和枯叶休眠期等）；

　　（3）抗逆性变异，如对热、冷、干旱、盐碱耐性的反应；对病害、虫害的抗性，同杂草的竞争性，对杀虫剂、除草剂的抗性，对践踏的耐性反应等。

　　2. 选育的步骤：

　　（1）单株或芽变的选择。挑选育种目标的优良变异个体是选种是否成功的基础，既要求草株在主要育种目标上的突破，又要求综合特征特性较好。对优选材料要进行多年的考查观察。

（2）进行初步观察比较试验，剔除劣株，进一步挑选并加速繁殖优选材料。

（3）严格对比试验，特别强调品种比较试验的规范和抗性（或耐性）试验的鉴定。

3. 新品种的审定应有多学科的专家，包括遗传育种学家、农（园）艺学家、生态学家和权威的植物病理学家等。选育一个新草种或品种要用多年时间，耗费巨大资金。一定要严格试验，不允许那些遗传性不稳定的材料成为生产上的品种，或者效果不理想，会造成草坪草使用年限短的浪费和损失。

（二）引种驯化

引种泛指从外地区和外国引进的新草种或品种，通过适应性驯化栽培试验，然后在本地区或本国一定气候区推广适应。这项工作虽然不属创新品种，更不能以此代替本地区和本国的选种育种，但对解决生产上的急需仍是有效的途径之一。

1. 引种的一般规律。任何良种都有很强的区域性，从地理上远距离引种，包括不同地区和国家之间的引种，为了减少盲目性，增强预见性，必须重视两个地区之间的生态环境，特别是气候因素的相似性。纬度相近的东、西地区之间比经度相近而纬度不同的南、北地区之间的引种有较大的成功可能性，这主要由于温度和日照是随纬度高低而变化。在干旱地区水分也是重要的相关性。另外，还必须考虑海拔高程和光照，据估计，海拔高程每升高100m，相当于纬度增加1度，同温度关系密切。例如，美国在多年前从我国和亚洲有的地方引种结缕草属、假俭草属等草坪草种，主要用于本土南部和东南部纬度、温度与原产地相似地区，故获得了很好的成功。

2. 引种的程序和注意事项。

（1）搜集引种材料。掌握引种材料资料，包括草种（品种）栽培、选育历史，生态类型，遗传性状，原产地的生态环境和生长周期与抗（耐）性等，必要时还应实地考察。有的引种经验说明，引种失败原因常常是由于对引种材料的遗传变异缺乏足够认识，或缺少严谨的科学试验。

（2）检疫。引种常是传播危险性病虫害和杂草的一个重要途径。引种单位或个人常常强调外来草种（品种）在短期内显现的某些特征特性，忽视国家对外对内植物检疫法规的严肃性。国家各地植检部门对外来草坪草发现的病虫害，有的在我国尚无记载，值得人们重视和警惕。为了确保安全，对于新引进的品种，除需经训练有素的检疫员严格检疫外，必要时应特设检疫圃隔离种植，鉴定是否携带有检疫对象，然后决定取舍。

（3）引种试验。对引进的各个品种材料的实际利用价值，要以当地同类型具有代表性的良种为对照，进行全面的比较观察鉴定，包括生育期抗（耐）性和草坪价值等。严格试验规范，对于引种材料进行公平、客观的评价。试种观察先在小面积上进行，经初步鉴定较满意后，再扩大试验。新草种（品种）引入新区后，由于生态条件的改变，往往加速变异，要及时进行选择，以淘汰杂株和不良变异株，保持典型的优良植株。如发现突出变异的优良单株，则采集供系统选种法育种使用。

经试种的优良引种材料，进行品种比较和区域试验。对于引种材料必须强调适应性和抗病性鉴定，必要时设置专门试验区接种病菌鉴定（有的称为带破坏性质的鉴定）。对于优良的引种材料，进行大面积栽培试验示范，肯定其效果，以便得到公众认可和推广。

（三）杂交育种

杂交育种是品种选育的最有效的方法之一，杂交后代的基因重组，产生各种各样的变异类型，为育种提供了丰富的材料。杂交育种有种内不同生态型和变种间的近缘杂交和种、属间的远缘杂交等。杂交育种主要指遗传不同的种间进行杂交或嫁接嵌合，得到具有两个亲本优良特性、特征的杂种，而杂种的性状不稳定，没有定型，可以使它向人们需要的方向发展（定向培育），创造新品种。虎尾草亚科和黍亚科草坪草可以通过营养体繁殖，种间杂交杂种的不育性可以避免。杂交育种通常做法是选择互补性强的数个亲本材料，将它们混植，令其混交。混交后代保持距离，单株种植，在开花前"留优去劣"，剔除性状不理想的株系，再将理想株系令其混交，经连续数代选择后，作为一个选系参加区域试验，这项试验常在有隔离屏障的栽植区进行，以避免受到外来花粉的干扰。

不同草种之间的杂交育种，通常 F_1 代是不育的，因为虎尾草亚科和黍亚科草坪草可以通过营养体繁殖，可以从杂种一代中选择优良株系进行无性繁殖，并作为一个选系参加区域试验。美国农业部海滨试验站使用非洲狗牙根×普通狗牙根，或普通狗牙根×非洲狗牙根的杂交育成品种'Tifway'和'Tifgreen'获得很大的成功。

杂交育种常遇到的一个问题是花期不遇。必须调节亲本的开花期，以保证杂交的顺利进行。可通过改变光照时间，改变环境温度等方面调整花期。对于虎尾草亚科和黍亚科草坪草，缩短或延长光照时间，可以促进或延迟开花，而对于早熟禾亚科草坪草则相反。对于喜温的虎尾草亚科和黍亚科草坪草，提高生育期的温度可促进开花，而对于早熟禾亚科草坪草，提高生育期温度也可延迟开花。早熟亲本多施氮肥可延迟开花，晚熟亲本多施磷肥可促进开花。

此外，草坪植物杂交育种中，尤其是远缘杂交育种，控制授粉也是一项关键技术。由于草坪草常是低矮质细的，花序通常也很小，因此，人工去雄是一项很枯燥而且耗时的工作。为了减少人工去雄的失误，人工创造浓雾是一个很有效的办法。温汤杀雄法是一个很有效的方法。化学杀雄法也可以尝试。授粉时间掌握在一天开花最盛的时候，这时不仅易于采取花粉，而且此时雌蕊大多数成熟，花粉容易在柱头上发芽，可提高受精率和结实率。

（四）诱变育种

利用物理或化学等因素诱导植物变异，并从中进行新品种选育称之为诱变育种。诱变育种具有突变率高，改变单一性状，诱发的变异较为稳定等特点，优良草坪草要求低矮细致且色泽优美，而株高和叶色是质量性状，容易通过诱变育种加以改变。因此，诱变育种是草坪草育种的重要方法之一。

诱变育种方法已在杂交狗牙根、偏穗钝叶草、假俭草、狗牙根、苇状羊茅育种中得到应用，并展现出较好的前景。Hanna（1990）利用 4000 ~ 8000rads 的 $Co^{60}\gamma$ 射线处理杂交狗牙根品种'Tifgreen'和'Tifdwarf'诱导出精细质地的突变体。Dickens 等（1981）利用 $Co^{60}\gamma$ 射线对假俭草 20 个选系种子进行辐射，结果表明，当辐射剂量小于或等于 40000rads 时，经辐射的选系叶片长度宽度、节间长度、叶色、结实性及耐寒性均产生了较大的变异，7% 植株矮化，7% 选系在处理后 2 ~ 3 年未结实，数个受辐射的株系耐寒性超过对照。Philip Busey（1980）利用 $4500Ce^{127}\gamma$ 射线辐射偏穗钝叶草匍匐茎，辐射结果表明，辐射后 50% 材料生长速率降低，并出现匍匐茎色泽为绿色的变异体，此外，辐射亦对其种子生产有较大影响，诱变后代育性降低了 0.6% ~ 56%。

诱变育种首先是选择诱变植物材料。诱变材料应选取综合性状良好的草种或育种材料，或是杂交种，或利用单倍体或多倍体材料。诱变材料既可以是种子，也可以是营养器官，如匍匐茎或根茎，也可以是愈伤组织等。其次，要选择适宜的诱变方法。诱变方法有两种，即辐射诱变和化学诱变。在最佳剂量，辐射诱变和化学诱变的突变率是等同的。由于辐射诱变，如 X 射线和热中子辐射会因导致染色体断裂和重组而降低结实率，常常用于营养繁殖的草坪植物。而化学诱变如秋水仙碱不会引起染色体的明显变异，对结实率影响甚微，因此，适合应用于种子繁殖的草坪植物。不同植物适宜的辐射剂量不同。一般而言，种子处理适宜剂量明显高于营养器官的剂量，如苇状羊茅适宜剂量为 20000rads 左右，而狗牙根或杂交狗牙根匍匐茎的适宜辐射剂量为 8000 ~ 9000rads。

由于大多数诱导变异表现为隐性，单一处理很少能同时改变基因的两个位点。处理种子的诱变一代（M_1）变异较少，当处理材料是纯合体时更是如此。在这种情况下，对 M_1 代需进行自交，使得诱变结果得以充分表达。对杂合体进行诱变处理后，由于杂合位点易于诱变，因此，杂合体诱变一代产生的变异要远高于纯合体。

对于无融合生殖植物而言，尤其是专性无融合生殖材料，变异创造是很不容易的。如果母本不能进行有性生殖，诱变处理是增加变异的惟一方法。Hanson 等（1962）利用热中子对具兼性无融合生殖材料即草地早熟禾'Merion'加以辐射，将其突变率提高311倍，尽管大部分变异的草坪草性状不如亲本，但仍有数个很有潜力的变异株系。

在对诱变材料加以处理后，就要对它们加以种植和鉴定。既可以对同一处理不同材料分别种植，也可以混合种植。对于诱变材料为种子的草坪植物而言，同一处理材料分别种植就是将每粒种子分别种植鉴定；而对于营养体繁殖的材料而言，就是将其匍匐茎或根茎每个节作为一个繁殖单位，分别种植鉴定。混合种植即指将同一处理材料种植在一起进行观察鉴定。表现良好的后代可进入评比试验乃至区域试验。

（五）高新技术育种

生物技术应用于植物育种是一种新的育种趋向。目前草坪植物细胞及分子育种限于细胞融合、基因导入及细胞选择方面的生物技术，研究对象有剪股颖属、早熟禾属、黑麦草属及羊茅属植物；有结缕草及狗牙根等植物。

一般而言，细胞与基因操作的前提条件是确定体外植株再生系统，否则便达不到育种目标。目前禾草常选用特定的全能部位，如未熟胚、幼穗、幼叶基部等作为外植体，以获得再分化培养系统。剪股颖、草地早熟禾、结缕草等植株和种子小的禾草可用成熟种子（胚）作为外植体。以获得可再生的愈伤组织到再生植株取决于胚的发生或器官的发生，前者起决定作用。

为了细胞融合和基因导入等工作的顺利开展，必须开展原生质体培养。目前，草坪植物来自叶肉的原生质体培养相当困难。为获得可培养和再分化的原生质体，应采用上述同样的不定胚愈伤组织，并且需将其移置于均一的悬浮培养液中，以完成原生质体的分离。然而，以常异花授粉为主的草坪草原生质体的分化率很低，只有

0.05%左右。培养通常采用琼脂包埋法和空心颗粒法。为提高效率，也可采用滋养条件培养基。在草坪草中，由原生质体培养出的再生植株的草种有苇状羊茅、黑麦草、剪股颖及结缕草等。草地早熟禾仅限生成白化体。

细胞融合既包括对称融合，亦包括不对称融合。对称融合的典型例证是苇状羊茅与意大利黑麦草的融合。将经过碘乙酰胺（IOA）处理，细胞质已钝化、分裂能力失去的苇状羊茅原生质体与没有再分化能力的意大利黑麦草电融合，利用其互补性，选择杂种个体，最后获得数个正常杂种，利用同工酶、细胞核及细胞质的 DNA，确定其杂种性。然而，对称融合由于种间、属间有性杂交不亲合的缘故，常导致不理想的效果。近年来所进行的仅导入特定核基因或细胞质基因的非对称融合（对一方施主原生质体进行放射照射，使其多数核基因钝化后，再进行融合处理）与对称融合相比，则更实用。采用这种方法，有望导入除草剂抗性细胞质基因而培育抗除草剂草坪草。此外，也可在多基因或者复杂遗传背景以及不明性状的导入等情况下使用。

对于土壤农杆菌很难侵染的禾本科植物，主要采取电穿孔法或化学法（利用 PEG）直接导入 DNA 法，使原生质体实现基因直接转移。草坪草早在 1985 年已成功导入标记基因，到目前为止，已培育出抗除草剂转基因的小糠草（Asano et al.，1994），抗除草剂的匍茎剪股颖（Zhong 等，1993；Hartman 等，1994），抗除草剂苇状羊茅（Har 等，1992；Quai 等，1998）以及抗潮霉的结缕草（C. Inokuma 等，1996，1997）。此外，利用禾草矮性多变异的特点，导入矮化基因（Ri 质粒的 rolC），若能引起形态变异，将有较高的实用价值。

利用细胞选择技术，创造并（或）选择变异株系，以培育草坪植物新品种，是一条简单易行而有成效的方法。采自污染区对锌、铜有抗性的匍茎剪股颖，在愈伤组织状态下，仍显示较高抗性。来自黑麦草愈伤组织的再分化个体，也可发现染色体、酶谱以及株高、叶形、大小、叶色、穗、开花期及活力等变异，从这些常规育种方法无法获得的变异体中，可望选出优良变异个体。不仅如此，也可对培养的愈伤组织加以胁迫或处理，如对剪股颖与病原菌一起培养，或进行高温 38~40℃ 处理，或在培养基中提高 pH 值等方法，以选择或抗病、或耐热、或耐盐碱的无性系。

第三节　品种命名和审定

一、草坪草品种标准同育种目标、草坪质量标准有密切的关系

植物分类学的《国际植物命名法规》中有栽培植物名称的内容；《国际栽培植物命名法规》中，"对于在农业、林业和园艺上（自然起源的或栽培起源的）所使用的另外单独的一套属之下和种以下的等级都给了定义，还为那些等级名称的构成和使用规定了条规"。美国对草坪草品种名称还参照 1970 年颁布的植物品种保护法，欧洲有的国家在 20 世纪 60 年代由于实施了对育种者给予奖赏的育种者权益条例，对草坪草的选种育种也起到促进作用。

二、对草坪品质的鉴定

（一）通常鉴定方法

1. 草坪草颜色：有的分为 6 级。6 分最优，5 分优，4 分良，3 分中，2 分差，1 分劣。每隔 14 天目测一次。

2. 采用比色法测定叶绿素含量。

3. 在离地面 1m 处用仪器测定光反射，每月一次。反光射越少，草坪品质越好。

4. 测定每平方米草坪草的枝（株）数等。

（二）高质量草坪的鉴定方法

1. 建成草坪的概况：包括草坪质量、夏季生长情况、冬季生长情况等。

2. 形态特征和生态学特性。如秆的粗细、叶片长短和颜色、草枝（株）密度、建造（定植）难，易、生长速率、践踏后的恢复力、多种抗（耐）性和使用年限等。

3. 耐病性。常见病害如褐斑病、二极孢菌属枯萎病、德氏霉菌属病害、苦乌菌属病害、菌核病、叶黑粉病、锈病以及已经引起国家对外植物检疫部门关注的多种病害等。

4. 按用途（观赏、公共绿地、运动场草坪、粗放型草坪）等采用打分标准。满分为9分，最差为1分。由于草坪草生长周期不同，许多学者对草坪在夏季表现和冬季表现分别打分是有实际意义的。

三、术语、品种的命名和登记

（一）术语

1. 小区。农业品种试验中，一个处理（品种）的种植面积单位。其大小和形状直接影响试验结果的准确性。一般以长方形较好，长宽比例为5:1。小麦、水稻等农作物的小区约50~200m^2，草坪草的野生性强，有的匍匐茎较长，面积过小会影响试验准确性。

2. 标准区。又名对照区，是田间试验用来衡量选种材料优劣的对比小区。品种比较试验时，标准区内种植的是当地广泛栽培的优良品种，供试材料经与标准区对比就可决定取舍，优者当优，劣者淘汰。

3. 保护区。试验小区和试验地周围的保护行的面积。要求试验结果比较精确，每个重复试验小区以及每块试验地的周围都需要种植3~5行作不记载数据（不计算产量）的同一品种植物来保护，目的是防止外来损害影响试验的准确性。

4. 重复次数。某一个试验的同一处理重复进行的次数。增加试验的重复次数，是为了减少因土壤肥力等条件的差异引起的误差，提高试验的准确性。通常要求一个试验有3~4次的重复试验。

5. 品种比较试验。把从鉴定圃或其他试验圃中选出的优良品系，在较大面积上种植，进行精确的比较鉴定。

6. 田间试验。在大面积草坪地上，鉴定原始材料及选种材料的农（园）艺特性的试验，要求能代表本地区自然条件的试验地及其地势、土质、土壤肥力、土壤pH值等条件应该均匀一致；每个试验都应该有精确的、完整的和原始的试验记录。有的试验单位，要求原始记录纸上应有观察记载员和监督观察员的签字方能有效，以提高其试验的准确性。

7. 诱发鉴定。诱发鉴定是鉴定选种材料的性状和特性，通常用来鉴定其抗逆性。例如鉴定抗病性时可以人为接种病菌；鉴定耐干旱性时可以人为造成干旱环境（生境）。因为病虫害、干旱等条件不一定每年都能发生，人为地创造这类不良条件，才能进行诱发鉴定。

8. 区域试验。测定某一品种适宜在哪些地区种植和推广的试验。这个品种可以是育成的新品种，也可以是从外地引进的品种。我国遗传育种工作历来十分严谨，在学习外国经验时，应坚持成功的规范技术。

（二）国际栽培植物命名法规（International Code of Nomenclature For Cultivated Plants－1980）

1. 本法规的目的是促进农业、园艺和林业栽培品种命名趋于一致、准确和稳定。栽培品种的商标的登记是一个法律手续问题，不属于本法规范围。

2. 栽培品种（cultivar）。这一国际性术语是指具有明显区别特征（形态学、生理学、细胞学、化学和其他），并且在繁殖（有性或无性）后这些特征仍能保持下来的一个栽培植物群体。栽培品种（cultivar）术语相等于英文的 variety，…中文的 pinzhong（P'inchung）。

3. 种间杂交或属间杂交，用乘号（×）连接亲本的植物拉丁名，母本名称放在第一位，必要时加上雌性（♀）和雄性（♂）的符号，如 *Zoysia japonica*（♀）× *Z. tenuifolia*（♂）育成品种'阿德莱德'（Emerld）。

4. 栽培植物的品种名称不是植物拉丁名。若直接写在植物拉丁名或普通名称之后时，必须在品种名称之前写上缩写 cv. 或将它置于单引号之内。双引号或缩写 var. 不能用来表示栽培品种名称。如 *Cynodon dactylon* cv. Coastal，或写成：*Crnodon dactylon*'Coastal'读成海滨狗牙根。

5. 栽培品种的合法名称是指符合本法规各条文的名称或通过法律手续确定的名称。栽培品种不必用斜体印刷。其正确名称是指最早发表的合法名称。栽培品种名称的发表必须是公开出版发行的印刷品或类似复制品才有效。但中文、日文、朝鲜文书籍在 1900 年 1 月 1 日以前根据手写稿原件用手工抄定的，也为有效发表。

6. 栽培品种的登记是指一个栽培品种名称为栽培品种登记机构所承认并被收录于登记册中。栽培品种的比较试验是十分重要的。登记机构要求登记的名称有：培育者、引种者或其受托人的姓名和地址，已知的亲本，品种特性比较试验的项目，包括试验日期和地址。当栽培品种先前已有描述或命名时，须附有描述人的姓名及发表日期和地点的完整文献。《中华人民共和国种子法》规定："主要农作物品种和主要林木品种在推广应用前应当通过国家级或者省级审定，申请者可以直接申请省级审定或者国家级审定"。

第六章　常见草坪植物

第一节　禾本科虎尾草亚科和黍亚科草坪草

一、虎尾草亚科草坪草

（一）结缕草属植物

为多年生、低矮、草皮型草本，C_4 植物。大约有十多种，分布于亚洲、大洋洲和非洲的暖温带、亚热带和热带气候区[①]。是中国和世界上公认的优质草坪草。

1. 结缕草

〔名称〕通名：结缕草。别名：锥子草（东北）、老虎皮草（上海、江苏）、崂山草（青岛）、返地青（宁波）、宽叶结缕草（重庆）。由于植物分类学模式标本采自日本，拉丁名的种加词为"日本"，故有人称日本结缕草；拉丁名异名中有使用"朝鲜"为种加词的，便有人称朝鲜结缕草。

拉丁名：*Zoysia japonica* Steud.

英　名：Zoysia Japanese

〔形态特征〕（图 6 - 1）多年生。属较粗糙型草种，具发达的根茎，匍匐茎贴地伸长，节着土生须根，侧芽萌发分枝或成匍匐茎、根茎。直立杆高 0.15～0.20m，基部常宿存枯萎的叶鞘。叶扁平或少卷曲，革质，条状披针形，长 30～50mm，宽 2～5mm。总状花序穗形，长 2～4mm，宽 3～5mm。小穗卵圆形，长（2）3～3.5mm，

───────────

① 徐礼根、谭志坚、谭继清. 美国结缕草品种来源和应用区域. 园艺学报，2004，31（1）：124～129

宽 1.2mm，常呈淡黄绿色或紫褐色。小穗柄通常弯曲。第一颖退化，第二颖革质，边缘下部合生。颖果卵形，长 1.2～2mm。染色体 2n ＝40，花果期 4～8 月。

〔分布〕吉林、辽宁、山东、河北、河南、上海、江苏、安徽、浙江、福建、台湾等省市。据前苏联《禾草志》记载，远东乌苏里南部哈桑地区（即图们江口俄方一侧，北纬约 42°20′左右，同我国吉林省珲春县防川村毗邻）有分布；朝鲜半岛南北方均有分布；在日本分布广，北限在北海道西海岸石狩川河口的厚田村地区（43°23′N）有自生分布；澳大利亚也有分布。

〔生态习性〕结缕草的相对耐性见表 6－1 所列。结缕草在极端低温-33℃时，其地下部可以安全越冬。喜阳，能忍耐 40℃以上高温，耐干旱，耐践踏极强。美国引种在波士顿（Boston）种植能越冬，定植成草枰。

结缕草的相对耐性　　　　　　　　表 6－1

项目	相　对　耐　性				
	低	中　低	中	中　高	高
热					√
冷		√			
盐					√
病害			√		
虫害			√		
干旱					√
荫蔽			√		
践踏					√

〔常用栽培草种〕我国多使用草籽播种，或进行无性繁殖成草皮与草坪。美国始于 1895 年从中国东北地区引进结缕草，后来又从中国、朝鲜、澳大利亚和非洲等地引种结缕草进行选种育种，已商品化的品种数十个，常见的有：

图 6 - 1　结缕草（引自冯钟元）　　图 6 - 2　大穗结缕草（引自史渭清）

（1）梅尔（Meyer），为梅尔 1905 年在朝鲜北部采集，经多年选育。现在以 Meyer - 52 应用较广。

（2）阳光 Z - 73（Sunburst），由美农业部农试场和美高尔夫球协会合作选育，是防止土壤侵蚀的理想草种。

（3）近年商品化的品种：皇冠（Crowne）、朋友（Companion）、岩壁（Palisodes）、帝国（Empire）、皇后（Empress）、旅游者（Traveler）、雅德（Jade）、朝鲜（Korean common）、比莱尔（Belair）、伊尔—吐蕾（EL Toro）、德·安赞（De Anza）、J - 14、J - 37、Zen - 400，还有种间杂交种'阿德莱德'（Emerald）、'开司米'（Cashmere）、Z - 3 等。

'结缕草重庆 1 号'，系谭继清 1987 年在南京草坪上采集的结缕草生态型草株，经 7 年田间观察，以常用结缕草对比试验。其叶片稍绿，革质明显，扩展性强，经鉴定命名为 *Zoysia japonica* 'CQ-I'。

〔繁殖〕播种或无性繁殖成草皮铺植，或在草坪场地直接种植。

〔用途〕公园、风景区、庭园休息草坪，竞技运动场草坪，护坡、河岸、湖堤、海滨，铁路、公路斜坡绿化和水土保持工程的优良草坪草。

2. 大穗结缕草

〔名称〕通名：大穗结缕草。别名：江茅草（青岛）。

拉丁名：*Zoysia macrostachya* Franch. et Sav.

〔形态特征〕（图6-2）多年生。具根茎和匍匐茎，直立秆高 0.10~0.20m，基部节常残存枯萎叶鞘，叶鞘下部松弛相互跨覆，上部紧密裹秆。叶片线状披针形，质地硬，常内卷，长15~40mm，宽 1~4mm。总状花序呈穗状，长30~40mm，宽5~10mm。穗轴具棱，小穗黄褐色或略带紫褐色。第一颖退化，第二颖革质，外稃膜质，内稃退化。颖果卵椭圆形。花果6~9月。本种的小穗一般较长且宽，花序基部常包藏于叶鞘，这与结缕草、中华结缕草有区别。

〔分布〕辽宁、山东、江苏、浙江等省。

〔生态习性〕喜阳，耐高温、瘠薄、干旱，践踏性均强，在海岸边尤以耐盐碱性较结缕草强。

〔常用栽培草种〕经驯化栽培的大穗结缕草草株或草籽。

〔繁殖、用途〕与结缕草基本相似。

3. 中华结缕草

〔名称〕通名：中华结缕草。

拉丁名：*Zoysia sinica* Hance

英　名：Zoysia Chinese

〔形态特征〕（图6-3）多年生。具根茎，匍匐茎发达，直立秆高 0.10~0.30m。叶片披针形较结缕草窄，长60mm，宽3mm，质地稍硬，扁平或边缘内卷。总状花序穗状，幼时有部分包藏在叶鞘内，成熟时完全伸出鞘外，小穗披针形，紫褐色。颖果棕褐色，长椭圆形。花果期4~10月。

本种有两个变种：中华结缕草 *Z. sinica* Hance var. *sinica* Ohwi

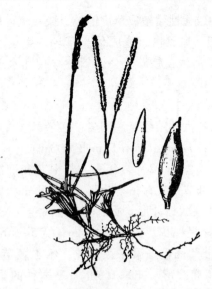

图 6-3　中华结缕草（引自史渭清）

长花中华结缕草 Z. *sinica* Hance var. *nipponica* Ohwi

〔分布、生态习性〕与结缕草基本相同。

〔常用栽培草种〕经驯化栽培的中华结缕草草株或草籽。本种的株型介于结缕草和沟叶结缕草之间，各地生态型多，是选育品种的好材料。由于中华结缕草的叶片较窄，草枝密度大，扩展性强，耐践踏，具有一定观赏价值，是庭园草坪和草地网球场优良草种。

〔繁殖、用途〕与结缕草和沟叶结缕草近似。

4. 沟叶结缕草

〔名称〕通名：沟叶结缕草。别名：马尼拉草（英译名）。

拉丁名：*Zoysia matrella*（L.）Merr.

英　名：Manila grass

〔形态特征〕（图 6-4）多年生。具根茎和匍匐茎，直立秆高 50～150mm，基部节间短。叶片质稍硬，扁平或稍内卷，上面具纵沟，长 30mm 左右，宽 1～2mm，顶端尖锐。总状花序线形，黄褐色或略带紫褐色。颖果长卵形，棕褐色。染色体2n＝40，花果期4～10月。

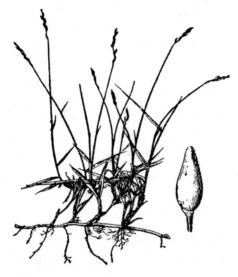

图6-4　沟叶结缕草（引自仲世奇）

〔分布〕广东、海南、台湾等省，多生于海岸沙地。亚洲和澳洲有分布。模式标本采自印度马拉巴（Malabar）。

〔生态习性〕生长势和扩展性强，相对耐性接近于结缕草，耐寒性强于结缕草属许多草种。具观赏性，可适当践踏，修剪较少，养护费用降低，是热带、亚热带等地区使用价值高的草种。本种变形较多，如台湾省云林斗六草等。

〔常用栽培草种〕经驯化栽培的沟叶结缕草草株或草籽。美国自亚洲等地引种选育了许多品种，如钻石（Diamond）、骑士（Cavalier）等。近年台湾省中兴大学翁仁宪教授选育有‘金山沟叶结缕草’（Z. matrella（L.）Merr. cv. Jinshan）和SN1－5（Z. matrella × Z. japonica）等，其生物学特性和相对耐性表现优异，已在有些地区广泛应用。

〔繁殖〕主要采用无性繁殖草皮或草坪。

〔用途〕建造介于中华结缕草和细叶结缕草之间草坪绿地，还可应用在高尔夫球场球道和高草区草坪。

5. 细叶结缕草

〔名称〕通名：细叶结缕草。别名：天鹅绒草、朝鲜芝草、台湾芝草、眉毛草。

拉丁名：*Zoysia tenuifolia* Willd. ex Thiele

英　名：Mascarene grass

〔形态特征〕（图 6-5）多年生。匍匐茎发达，秆纤细，高 50~100mm，叶片丝状内折，长 20~60mm，宽 0.5~1mm。总状花序，小穗穗状排列，狭窄披针形；第一颖退化，第二颖革质；外稃与第二颖等长，内稃退化。颖果与稃体分离。染色体 2n = 40。花果期 5~10 月。

〔分布〕我国南方地区和台湾省。朝鲜半岛、日本等有分布。前苏联温暖地区和欧美许多国家的热带、亚热带地区有引种栽培。

〔生态习性〕观赏草坪优质草种，耐高温，干旱性强，但耐寒性和耐荫性较差，且常罹锈病，须加强维护。由于其匍匐茎和秆均纤细，如不及时修剪和维护，草坪常出现"垛状"和"枯草层"，影响美观和使用。

〔常用栽培草种〕经驯化栽培的细叶结缕草草种。我国和朝鲜、日本有生态型草株，是选种的优良材料。

小穗

具匍匐根茎的植株

图 6-5　细叶结缕草
（引自史渭清）

本种与其他种杂交后的品种较多，如美国农业部农试场应用 *Zaysia japonica* × *Z. tenuifolia* 杂交育成的品种阿德莱德（Emerld），其繁殖力较细叶结缕草强，早春萌发早，草坪色泽漂亮。

〔繁殖〕多使用无性繁殖成草皮或草坪。

〔用途〕观赏草坪。

6. 半细叶结缕草

〔名称〕通名：半细叶结缕草。别名：马尼拉草（青岛）。

拉丁名：*Zoysia* sp.

〔形态特征〕这种草坪草是青岛市科委张宣主任于 1982 年从日本引入，经多年试验，向全国多地推广并命名的草种。日本人归入‘小芝-Ⅰ’类型中，其种源历史不详。草株小穗似沟叶结缕草，但植株细弱，叶片内折明显，正面无纵沟。草坪若久不修剪，草株增高，叶片细长又有似细叶结缕草"垛状"发生。花果期 4～11 月。

〔生态习性、繁殖、用途〕生长势强，颜色翠绿，耐干旱性、瘠薄性、践踏性、抗锈病性和耐寒性均强于细叶结缕草。所以，使用地区从热带、亚热带扩大到暖温带部分地区，是建造介于休息草坪和观赏草坪之间的优良草种。

（二）狗牙根属植物

为多年生草本，具短根茎和发达的匍匐茎。适应的土壤很广，但不能忍受稠密荫蔽和严寒与潮湿环境。是铺植草坪与保土固沙的好材料，并有较高的饲料价值。若侵入农田、果园以及非本种草坪的地方，就成为杂草，属世界十大恶性杂草之一[①]。草坪草种有：狗牙根（*Cynodon dactylon* (L.) Pers.），非洲狗牙根（*C. tranuaalensis* Burtt‑Davy），布莱德雷狗牙根（*C. bradleyi* Stent），弯穗狗牙根（*C. arcuatus* Presl），麦景狗牙根（*C. magennsis* Hürcomb）以及它们的杂交种等。

狗牙根

〔名称〕通名：狗牙根。别名：拌根草（江苏）、爬根草（南

---

① 世界十大恶性杂草：香附子、狗牙根、稗、芒稷、牛筋草、假高粱、凤眼莲、白茅、马樱丹、大黍（Holm，1969）。

京）、百慕大草（英译名）、行仪芝（本草纲目，日名）、铁线草（西南地区）、普通狗牙根（英译名）。

拉丁名：*Cynodon dactylon*（L.）Pers.

英　名：Common Bermudagrass，Dog's tooth grass，wird‐grass

〔形态特征〕（图6-6）多年生。短根茎，须根细韧。秆匍匐地面，长可达1m；直立秆高10~100mm。叶片线形，长10~60mm，宽1~3mm。穗状花序3~6枚呈指状簇生于秆顶部。小穗灰绿色或带紫色；第一颖几等长，或稍长于第二颖。外稃草质，内稃约与外稃等长。染色体2n=30，36，40。花果期4~10月。

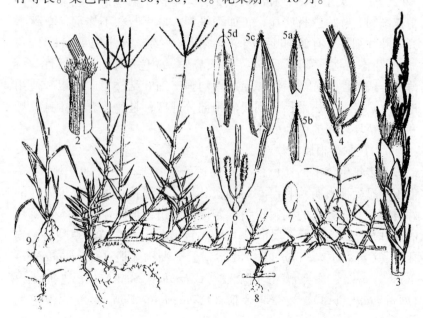

图6-6　狗牙根（引自 E. S. CALARA）

1. 植株；2. 叶舌；3. 花序；4. 小穗；5a-5d. 苞片；

6. 小花；7. 谷粒；8. 断茎；9. 幼苗

〔分布〕狗牙根是世界分布极广的植物，纬度从45°N（53°N）至45°S，垂直分布从海平面以下到海拔3000m左右。我国主要分布于热带、亚热带和暖温带的广大地区，在吉林、青海、甘肃、新疆、西藏等地也有分布。

〔生态习性〕狗牙根的生长势、适应性、扩展性强，路边、田园、湖泊和河流泛滥地、海岸等地都有优势群落。在新疆干旱沙漠区，狗牙根耐严寒、干旱和盐碱性强，利用价值高。狗牙根在原野蔓延性、侵害性和抗逆性均强。经人工栽培成草坪后有的特性减弱，同其他植物（杂草）的竞争力和耐荫性弱，病虫害发生较多。其相对耐性见表6-2所列。

狗牙根的相对耐性　　　　　　　　　　　表6-2

项目	相 对 耐 性				
	低	中 低	中	中 高	高
热					√
冷			√		
盐			√		
病害			√		
虫害			√		
干旱					√
荫蔽	√				
践踏					√

狗牙根草坪草经多次低修剪，草枝细密，适合作高尔夫球和草地保龄球的球盘或称果领（Green）使用，因而为体育界和草坪学界重视。有的学者在许多地方收集狗牙根属的多种生态型，经选种育成栽培品种。例如我国南京中山植物园刘建秀博士选育的普通狗牙根低矮品系‘爬地青’等，美国佐治亚州（Georgia）蒂夫顿（Tifton）的研究所培育了狗牙根‘蒂夫顿草’系列品种。过去我国有人将它译成‘天堂草’（香港）或‘天福草’，为了方便人们认识育种单位地点，本书使用较统一的地名译名，用‘蒂夫顿草’来编号。美国已商品化的狗牙根品种名称见表6-3所列。

常见狗牙根品种名称、选育单位和时间　　表6－3

品种名称	选育单位	育成年份
矮生蒂夫顿草（矮生天堂草） Tifdwarf（狗牙根×非洲狗牙根）杂交种	美国农业部、佐治亚州农试场	1965
蒂夫顿草127（天堂草—127） Tiffine（狗牙根×非洲狗牙根）杂交种 （T—127）	同上	1953
蒂夫顿草328（天堂草—328） Tifgreen（狗牙根×非洲狗牙根）杂交种 （T—328）	同上	1956
蒂夫顿草419（天堂草—419） Tifway（狗牙根×非洲狗牙根）杂交种 （T—419）	同上	1960
蒂夫顿草57（天堂草—57） Tilawn（狗牙根×非洲狗牙根）杂交种 （T—57）	同上	1952
Bayshore（FB－3） （狗牙根×非洲狗牙根）杂交种	美国佛罗里达州农试场	
Everglades（FB－4） （狗牙根×非洲狗牙根）杂交种	同上	1962
No-Mow（Floraturf）（FB－137） （狗牙根×非洲狗牙根）杂交种	同上	
Midway	美国堪萨斯州农试场	1965
Ormond（FB－45）（狗牙根品种）	美国佛罗里达州农试场	1967
Pee Dee （狗牙根×非洲狗牙根）杂交种	美国达南科他州农试场	1965
Royal cape（狗牙根品种）	美国加州和农业部农试场	1960
Santa Ana（RC－145）	同上	1966
Sunturf（狗牙根×麦景狗牙根）杂交种	美国俄克拉荷马州农试场	1956
Texturf If（T－35A）	美国得州农试场	1957
Texturf lo（T－47）狗牙根品种	同上	1957

184

多年来，我们在四川、云南、新疆、华东等地对田园杂草植物和城市工矿严重污染环境生存植物的调查研究中，发现狗牙根有生态型，对保护环境有巨大作用，对选种育种和杂草植物的利用有很好的启示。

〔繁殖〕无性繁殖或播种培育成草皮或草坪。

〔用途〕公园、风景区、庭园的休息草坪或观赏草坪、运动场草坪、护坡固堤草坪。狗牙根如作地被使用，对保护环境、消除污秽（包括酸碱污染或放射性污染）等也有很好前景。

（三）马唐属植物

具草坪价值者，我国有长花马唐。美国有双指马唐（*Digitaria didactylon* Willd.），其英名 Blue couchgrass，外貌和应用与狗牙根相似，但较耐寒。同杂草竞争，耐荫性较强，对除草剂和杀虫剂的抗性均强。新加坡使用小马唐（D. *dicosa*（Presl）Miq.）作草坪草。本属许多植物可作地被治理侵蚀和荒漠。

长花马唐

〔名称〕通名：长花马唐。别名：铁线草（英译名）。

拉丁名：*Digitaria longiflora*（Retz.）Pets.

英　名：Wire crabgrass

〔形态特征〕（图6-7）多年生。具长匍匐茎，节间长，节着土生须根，侧芽萌发成草枝。直立秆高 0.10~0.40m，纤细。叶片长 20~50mm，宽 2~4mm，线形或披针形。总状花序 2~3 枚呈指状排列，穗轴边缘具翼，小穗椭圆形，第一颖缺，第二颖与小穗近等长，背部及边缘密生柔毛。染色体 2n = 18。花果期 4~10 月。

〔分布〕产于海南、广西、福建、台湾、江西、湖南、贵州、云南等地。

图6-7 长花马唐
（引自冯晋庸）

185

〔生态习性〕喜阳，耐高温，生长势、扩展性强，较耐荫和湿润。

〔常用栽培草种〕经驯化栽培的长花马唐草株或草籽。

〔繁殖〕播种或无性繁殖成草皮或草坪。

〔用途〕休息草坪或适当混植成运动场草坪。

（四）野牛草属

野牛草属植物仅有一种，即野牛草。

野牛草

〔名称〕通名：野牛草。别名：水牛草。

拉丁名：*Buchloë dactyloides*（Nutt.）Engelm.

英　名：buffalograss

〔形态特征〕（图6－8）雌雄异株或同株。多年生。具匍匐茎的

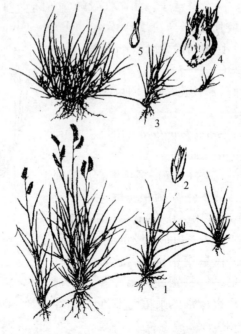

图6－8　野牛草（引自 Hichcock）

1. 植株（♂）；2. 小穗（♂）；3. 植株（♀）；4. 花序（♀）；5. 小花（♀）

低矮草本，秆高 0.05~0.25m，较细弱；叶鞘紧密裹秆，疏生柔毛。叶片线形，长 0.20m，宽 1~2mm。雄花序 2~8 枚，小穗成两行覆瓦状排列于穗轴的一侧，形似刷子；雌花序 4~5 枚，簇生呈头状花序。染色体 2n=56。花果期：秋季。

〔分布〕模式标本产于美国密苏里州，属美国常用草坪草种。早年由美国人传入我国西北天水，其适应性、耐干旱强。经中国科学院植物所科研人员总结提高，扩大试验，大力倡导种植，已成为华北、东北、内蒙古地区草坪面积较大的草种。

〔生态习性〕野牛草多生长于干旱草地。在我国温带草原区和温带荒漠区表现抗逆性强，尤以耐干旱性和耐盐碱性强著称。种植草坪时，只要浇灌定植水，草株定植后，不浇水也能生存，是华北、东北等地没有灌溉条件地方很受欢迎的草坪草种。其相对耐性见表 6-4 所列。

野牛草的相对耐性 　　　　　表6-4

项目	相 对 耐 性				
	低	中 低	中	中 高	高
热					√
冷		√			
盐					√
病害					√
虫害					√
干旱					√
荫蔽				√	
践踏				√	

〔常用栽培草种〕经驯化栽培的野牛草草种。美国针对本土干旱、缺水浇灌的广大地域选育了许多品种，如得州草（Texoka）、普蕾（Prairie）、土朴居（Topgnn）、比萨（Bison）、普兰斯（Plains）等。

〔繁殖〕播种或无性繁殖。

〔用途〕公园、风景区、庭园休息草坪和水土保持地被。

（五）虎尾草属植物

广布全球热带和亚热带地区，暖温带也有分布。非洲虎尾草，可作草坪；虎尾草（*Chloris virgata* Sw.）和台湾虎尾草（*Ch. formosans*（Honda）Keng）等生长势、适应性、抗逆性均强，草籽结实率高，繁殖快，是大地绿化的地被。

非洲虎尾草

〔名称〕通名：非洲虎尾草。别名：盖氏虎尾草、无芒虎尾草。

拉丁名：*Chloris gayana* Kunth

英　名：rhodesgrass

〔形态特征〕（图6-9）多年生。具长匍匐茎，秆坚硬，有少许压扁，高1~1.5m。叶片长达0.30m，宽3~10mm。穗状花序数枚至数十枚簇生。颖膜质，第一颖长约2mm，第二颖长约3mm，外稃长3~3.5mm，内稃顶端微凹，稍短于外稃。染色体2n=20、40。花果期：秋季。

6-9　非洲虎尾草（引自 Hitchcock）　图6-10　格兰马草（引自 Hitchcock）

〔分布〕原产非洲，我国引种栽培。

〔生态习性〕耐高温、干旱，适应性强，需常修剪。

〔常用栽培草种〕经驯化栽培的非洲虎尾草。

〔繁殖〕播种繁殖。

〔用途〕休息草坪或作地被。

（六）格兰马草属植物

我国引入两种作草坪草使用。

1. 格兰马草

〔名称〕通名：格兰马草（英译名）。

拉丁名：*Boutelouagracilis*（H. B. K.）Lag. ex Steud.

英　名：grama grass blue

〔形态特征〕（图6-10）多年生。秆丛生，高0.20～0.60m，叶鞘光滑，紧密裹秆。叶片狭长，扁平或稍卷内折，长0.20～0.30m，宽1～2mm。穗状花序，成熟时呈镰刀状弯曲，穗轴不延伸于顶生小穗之上；小穗长5～6mm，紧密地栉齿状排列两行。颖尖披针型，第一颖长约3.5mm，第二颖长5～6mm，脊上可疏生长疣毛，外稃背面是柔毛，内稃稍短于外稃。染色体2n＝28，35，42，61，77。花果期：秋季。

〔分布〕原产墨西哥，我国先引入作牧草，也可作庭园草坪。

〔生态习性〕生长势和适应性强，耐修剪。

〔繁殖〕播种繁殖。

〔用途〕庭园草坪或大地绿化地被。

2. 垂穗草

〔名称〕通名：垂穗草。

拉丁名：*Bouteloua curtipendula*（Michx.）Torr.

英　名：grama sideoats

〔形态特征〕（图6-11）多年生。根茎短密被鳞片，秆直立丛生，高0.50～0.80m。叶鞘疏生短毛，叶片扁平或稍卷折，长0.20～0.30m，宽3～5mm。穗状花序数枚，紫色，具长2～3mm总梗，常下垂而偏于主轴之一侧，小穗不呈栉齿状排列，颖尖披针形不等长，第一颖长约2.5mm，第二颖长约4mm，外稃长约4.5mm，内稃略长于外稃。染色体2n＝28。

〔分布〕原产美国伊利诺伊州，我国先引入作牧草。

〔生态习性〕生长势和适应性强，耐修剪。

〔繁殖〕播种繁殖。

〔用途〕庭园草坪或大地绿化地被。

（七）獐毛属植物

小獐毛 *Aeluropus pungens*（M. Bieb.）C. Koch 等产于甘肃、新疆等盐碱地，是治理荒漠的优良地被。

獐毛

〔名称〕通名：獐毛。别名：獐茅、马牙头、马绊草、小叶芦。

拉丁名：*Aeluropus sinensis*（Debeaux）Tzvel

英　名：Chinese Aeluropus

图6-11　垂穗草（引自 Hitchcock）　　图6-12　獐毛（引自冯钟元）

〔形态特征〕（图6-12）多年生。具短而坚硬之根茎头，须根坚韧粗壮，常有匍匐茎。秆高0.15～0.35m，节上有柔毛。叶片无毛，扁平，长30～60mm，宽3～6mm，圆锥花序穗状，长20～50mm。花序分枝排列紧密重叠。花果期5～8月。

〔分布〕产于东北、河北、天津、山东、江苏沿海地区和河南、山西、甘肃、宁夏、内蒙古、新疆等盐碱地区。

〔生态习性〕生长势和适应性强。喜阳，耐干旱和耐盐碱性强，耐寒性也强。

〔繁殖〕播种繁殖或无性繁殖。

〔用途〕休息草坪或固沙护堤地被。

二、黍亚科草坪草

（一）假俭草属

别称蜈蚣草属（*Ermochloa* Büse）植物，多产于亚洲热带和亚热带。我国有 3 种：假俭草（*E. ophiuroides*）、马陆草（*E. zeylanica*）和蜈蚣草（*E. ciliaris*）。蜈蚣草又名百足草，因小穗的第一颖背部密生柔毛似蜈蚣脚而得名，与假俭草的形态有显著区别。本属只有假俭草具发达匍匐茎，为优良草坪草。

假俭草

〔名称〕通名：假俭草。别名：蜈蚣草（英译名）。

拉丁名：*Eremochloa ophiuroides*（Munro）Hack.

英　名：Chinese Lawngrass，centipedegrass

〔形态特征〕（图 6 - 13）多年生。

具发达匍匐茎，基部节间很短（2～8mm），秆向上斜升，高 0.05～0.15m。叶鞘扁压多密集跨生于匍匐茎和秆基部，叶片扁平，长 30～90mm，宽 2～4mm。总状花序一枚顶生，穗轴节间扁压，略似棍棒状；无柄小穗互相覆盖，而生于穗轴之一侧。第一颖硬纸质，与小穗等长，上部具宽翼，第二颖略呈舟形，厚膜质，外稃长圆形，先端尖，几等长于颖，内稃等长于外稃而较狭。花果期 6～10 月。

〔分布〕我国主要分布在河南、江苏、安徽、福建、台湾、广西、广东、海南、湖南、湖北、重庆、四川、贵州、云南等地。

〔生态习性〕生长势和适应性强，耐水湿、耐

图 6 - 13　假俭草
（引自冯钟元）

高温、耐干旱、耐寒冷性均强，耐荫性和践踏属中强，对酸性土壤适应性很强，在 pH 值4.0 土壤也能生存。喜生长于潮湿草地、河滩、沟旁、山坡林地或岩石薄土上。草质稍粗糙，早春返青较慢，但仲夏~秋季生长旺盛，竞争力强，覆盖地面效果好。且修剪次数少，可节省能源和草坪养护费用，是值得提倡使用的草种。相对耐性见表6-5 所列。

假俭草的相对耐性 表6-5

项 目	相 对 耐 性				
	低	中 低	中	中 高	高
热					√
冷			√		
盐		√			
病害				√	
虫害				√	
干旱					√
荫蔽				√	
践踏				√	

美国自20 世纪初从我国引入假俭草后，经俄克拉荷马州农试场选育，商品化品种有俄克草（Oklawn），其耐干旱性和耐寒性较原引草种增加。近年商品化的品种还有田纳西州草（Tennessee Hardy）、佐治亚草（Georpia common）等。1995 年我们从美国引回假俭草在重庆栽培，表现较好。

〔繁殖〕播种或无性繁殖成草皮或草坪，须待匍匐茎粗壮生长后抗逆力增强。

〔用途〕公园、风景区、庭园休息草坪。可作疏林下的地被，也是护堤、河岸等水土保持工程地被。

（二）地毯草属植物

多分布在热带的美洲、南亚、印尼等地。属较粗糙质地草坪草，适宜低肥力土壤和稍粗放条件。

1. 近缘地毯草

〔名称〕通名：近缘地毯草。别名：
长穗地毯草、类地毯草（台湾）。

拉丁名：*Axonopus affinis* Chase

英　名：carpetgrass，Louisiana *grass*

〔形态特征〕（图6－14）多年生。具
匍匐茎，秆扁平，高 150～200mm。叶片
线状前端钝，长 100～200mm，宽 3～
5mm。总状花序 2～4 枚，小穗卵状披针
形，第一颖缺，第二颖与小穗等长；第一
外稃等长于第二外稃，外稃革质，短于小
穗，颖果椭圆状长圆形。染色体 2n＝54，
80。花果期 7～10 月。

图 6－14　近缘地毯草
（引自朱宝强）

〔分布〕原产热带美洲中部和西印度群岛。第二次世界大战后作
草坪草。我国 20 世纪 80 年代大面积引种作草坪。

〔生态习性〕生长习热和适应性强，喜阳，耐高温、湿润，较耐
荫，再生力强，耐寒性强于地毯草。其相对耐性见表6－6所列。

近缘地毯草的相对耐性　　　　　　　　表6－6

项目	相　对　耐　性				
	低	中 低	中	中 高	高
热					√
冷		√			
盐			√		
病害			√		
虫害			√		
干旱				√	
荫蔽				√	
践踏				√	

〔繁殖〕播种或无性繁殖

〔用途〕休息和运动场草坪。护坡固堤及水土保持绿化地被。

2. 地毯草

〔名称〕通名：地毯草。别名：大油草（广州）。

拉丁名：*Axonopus compressus*（Sw.）Beauv.

英　名：Carpetgrass

〔形态特性〕（图6-15）多年生。具长的匍匐茎，秆扁压，节有灰白色柔，秆高100～200mm。叶鞘松弛，叶片宽较柔薄，长50～200mm，宽80～120mm。总状花序2～5枚，小穗长圆披针形，单生，第二小花腹面对轴，第一颖退化，第二颖与第一外稃等长，第二外稃革质，边缘内卷紧包内稃。谷粒椭圆形，先端疏生少数柔毛。花果期7～10月。

图6-15　地毯草

〔分布〕热带美洲。我国广东、广西、云南、贵州、台湾等地有原生分布。生于荒野、路旁、潮湿地。

〔生态习性〕生长势和适应性强，喜阳、耐高温、温润、稍耐荫。叶片宽且薄，遇雨水后草坪很滑，值得足球队注意。其相对耐性与近缘地毯草相似，但耐寒性较弱。

〔繁殖和用途〕与近缘地毯草相似。

（三）雀稗属植物作草坪使用的有巴哈雀稗、毛花雀跃和两耳草率等三种。属较粗糙质地草种，适宜环境条件较差的地方生长。

1. 巴哈雀稗

〔名称〕通名：巴哈雀稗。别名：百喜草（香港、台湾地区）、金冕草（河北）。

拉丁名：*Paspalum notatum* Flügge

英　名：common Bahiagrass

〔形态特征〕（图6-16）多年生。有粗壮木质化多节的匍匐茎，秆密丛生，高150~800mm，叶片长200~300mm，宽3~8mm，扁平或对折。总状花序长约150mm，2枚对生，小穗卵形，第二颖长于第一颖，具3脉，中脉不明显，第一外稃具3脉，第二外稃绿白色，稍短于小穗。染色体2n=40、30、20。花果期6~10月。

图6-16　巴哈雀稗
（引自张泰利）

〔分布〕原产南美洲巴哈马。我国甘肃、河北等地早年引种作牧草。近年台湾、香港、广东、重庆、上海、云南等地引种作草坪。而台湾、江西等地引种作大面积水土保持绿化。

〔生态习性〕抗逆力耐高温、干旱性强，抗病虫害，稍耐荫，在瘠薄土壤也能生存，适宜pH值5.0~6.5土壤。但草质粗糙，草坪需肥量多，宜在早春、初夏或晚秋施用。相对耐性如表6-7。

巴哈雀稗的相对耐性　　　　　　　表6-7

项　目	相　对　耐　性				
	低	中　低	中	中　高	高
热					√
冷			√		
盐			√		
病害				√	
虫害				√	
干旱				√	
荫蔽			√		
践踏					√

本种常见有三个：（1）阿尔吉廷草（Argentine），叶片较普通巴哈雀稗狭窄，耐低温中等，适合庭园栽培；（2）巴拉圭草（Paraguay）叶片硬，治理公路旁水土流失；（3）佩塞科纳草（Pensaco-la），叶片较阿尔吉廷草狭窄，直立，耐低温性强，适宜于作庭园、宅园和运动草坪。

〔繁殖〕播种或无性繁殖。

〔用途〕休息草坪，一般运动场草坪，护坡、护堤草坪及水土保持绿化地被。

2. 毛花雀稗

〔名称〕通名：毛花雀稗。

拉丁名：*Paspalum dilatatum* Poir.

英　名：dallisgrass

〔形态特征〕（图6-17）多年生。具短根状茎，秆丛生，直立粗壮，高0.50~1.50m，叶片长0.10~0.40m，宽5~10mm，中肋明显。总状花序3至多数，互生于伸长的主轴上，小穗较粗糙，卵形，第二颖等长于小穗，具7~9脉，表面散生短毛，边缘具长纤毛，第一外稃相似于第二颖但边缘不具纤毛。染色体2n=40、50~63。花果期5~8月。

图6-17　毛花雀稗
（引自冯晋庸）

〔分布〕产于浙江、上海、湖北、台湾等地，生于路旁。全球热带和温暖地区有分布。

〔生态习性〕与巴哈雀稗相近。但不可侵害田园。

〔繁殖、用途〕与巴哈雀稗相同。

3. 两耳草

〔名称〕通名：两耳草。

拉丁名：*Paspalum conjugatum* Berg.

〔形态特征〕（图6-18）多年生。具长的匍匐茎；秆直立，高0.30~0.60m，叶片披针状线形，长50~200mm，宽5~10mm。总状花序长60~120mm，2枚，纤细。小穗卵形，第二颖与第一外稃质地较薄，无脉，第二颖边缘具长丝状柔毛，第二外稃变硬，背面略隆起成卵形，包卷同质地的内稃。染色体 2n = 40、80。花果期 5~10 月。

〔分布〕海南、广东、广西、云南、台湾等地。生于田野、林缘、潮湿草地，是全球热带及温暖地区的旺盛生长草本植物。

〔生态习性〕生长势、适应性强，相对耐性与巴哈雀稗相似。应有条件限制使用，不可逸为野生杂草侵害田园。

〔繁殖、用途〕与巴哈雀稗相同。

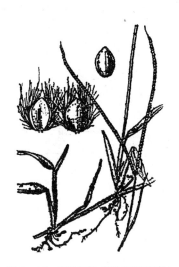

图6-18 两耳草（引自冯晋庸）　　图6-19 钝叶草（引自曾怀德）

（四）钝叶草属植物属于质地较粗糙，耐高温、干旱，生长在潮湿和土壤肥力低的草坪草。

1. 钝叶草

〔名称〕通名：钝叶草。别名：苡米草（广东）。

拉丁名：*Stenotaphrum helferi* Munro ex Hook. f.

英　名：Heifer Stenotaphrum

〔形态特征〕（图6-19）多年生。秆扁平，横卧地面成匍匐茎，节着土生根，直立秆高 0.10~0.40m，叶鞘光滑无毛，松弛，叶扁平，长 50～150mm，宽 5～10mm。花序主轴具翼扁平 4～4.5mm，分枝贴生于主轴凹穴内，三棱形，如同主轴一样延伸于顶端小穗之上成一尖头。小穗卵状披针形，颖草质，第一颖长为小穗的 1/2～2/3，第二颖与小穗等长，第一外稃与小穗等长，内稃厚膜质，略短于外稃。谷粒长约 4mm，平滑具小尖头，极易自小穗其他部分脱落。花果期：秋季。

〔分布〕产于广东、海南、云南等地。多生于海拔 1100m 以下湿润草地、林缘或疏林中。缅甸、马来西亚等热带地区有分布。

〔生态习性〕属热带和亚热带地区生长的草坪草，其相对耐性见表 6-8 所列。在我国南方常见有'金线钝叶草'，叶片绿白相间，尤以仲夏～仲秋时，草坪景观十分漂亮，具休息和观赏价值。但有少数草株数年后又恢复全绿色叶片，需要不断选择。绿叶草种的耐寒性较斑叶草种强。

钝叶草的相对耐性 表 6-8

项目	相 对 耐 性				
	低	中 低	中	中 高	高
热					√
冷		√			
盐			√		
病害				√	
虫害				√	
干旱				√	
荫蔽				√	
践踏				√	

〔繁殖〕以无性繁殖为主，或播种成草皮、草坪。

〔用途〕公园、风景区、庭园草坪、运动草坪及水土保持地被。

2. 锥穗钝叶草

〔名称〕通名：锥穗钝叶草。

拉丁名：*Stenotaphrum subulatum* Trin.

〔形态特征〕多年生。秆下部平卧，上部直立，节着土生根。叶鞘松弛，叶片披针形，扁平，长 40～80mm，宽 5～10mm，顶端尖。花序主轴圆柱形，坚硬，无翼，小穗嵌生于主轴凹穴内。小穗长圆状披针形，可与钝叶草区别。

〔分布〕我国西沙群岛及太平洋诸岛、澳洲等地有分布。

〔生态习性、繁殖、用途〕与钝叶草相似。

3. 扁穗钝叶草

〔名称〕通名：扁穗钝叶草。别名：奥古斯丁草（英译名）、羊草。

拉丁名：*Stenotaphrum secumdatum*（Walt.）Kuntze

英　名：St. Augustinegrass

〔形态特征〕扁穗钝叶草的形态特征与钝叶草基本相似，明显区别在于花序为扁平状。叶片蓝绿色，低矮生长，较粗糙。

〔分布〕南美洲墨西哥和北美洲南部地区及澳大利亚等地。

〔生态习性〕与钝叶草相似，喜湿润，土壤 pH 值 6.0～7.0。喜阳光，较耐荫，需要肥料和水分较多，耐盐性强。宜在早春、初夏和晚秋施肥，修剪高度 25～51mm。每年春季或秋季要清除枯草层。美国育成品种蓝比特草（Bitter Blue）反应较好。

〔繁殖、用途〕与钝叶草相似。

（五）金须茅属植物

竹节草

〔名称〕通名：竹节草。别名：粘人草。

拉丁名：*Chrysopogon aciculatus*（Retz.）Trin.

英　名：Acieulate Chrysopogon

〔形态特征〕（图 6－20）多年生。具根茎和匍匐茎铺展地面。秆高 0.20～0.50mm，叶鞘无毛，多聚集跨生于匍匐茎上，叶片条形，顶端钝，长 20～50mm，宽 3～6mm，圆锥花序直立，长 50～90mm 带紫色，分枝细弱，小穗数枚生于顶端，常粘刺人畜，借以传播（应适时修剪可克服此缺点）。无柄小穗之第二颖渐尖或具小短芒，第二外稃之芒劲直，有柄小穗无芒，小穗柄无毛。花果期 6 ~ 10 月。

〔分布〕海南、广东、广西、云南、台湾等地。

〔生态习性〕耐高温、干旱和阴湿，较耐践踏。

〔繁殖〕无性繁殖或播种。

〔用途〕南方地区休息草坪，防治侵蚀地被。

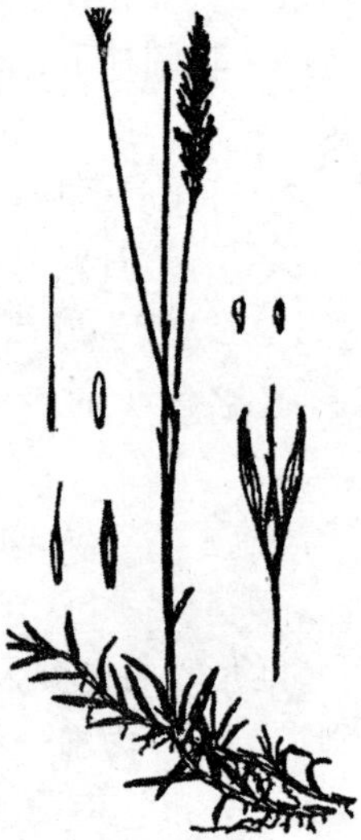

（六）狼尾草属（*Pennisetum* Rich.）

铺地狼尾草

〔名称〕通名：铺地狼尾草。别名：肯尼亚草，东非狼尾草。

拉丁名：*Pennisetum clandestinum* Hochst. ex Chiov.

英　名：Kikuyugrass

图 6 - 20　竹节草
（引自冯钟元）

〔形态特征〕（图 6 - 21）多年生。粗糙型低矮丛生状。根茎和匍匐茎发达，秆高 0.30 ~ 1.20m，叶鞘常重叠生长于节间。花序由 2 ~ 4 个小穗组成，多数包被在叶鞘内不伸出。小穗线状披针形，第一颖膜质，第二颖三角形与小穗等长。染色体 2n = 36。花果期：夏秋季。

〔分布〕东非热带地区，我国台湾等地有引种（或侵入）栽培。

〔生态习性〕喜高温多湿气候，生长势和扩展性强，具一定草坪价值。但在非洲、美洲、菲律宾、夏威夷、印度、澳大利亚、台湾等地是农田、牧场为害严重的杂草[1]，使用时宜慎重。

〔繁殖〕播种或无性繁殖。

---

[1]　Holm et al. "The World's Worst Weeds Distribution and Biology" 1980. Honolulu.

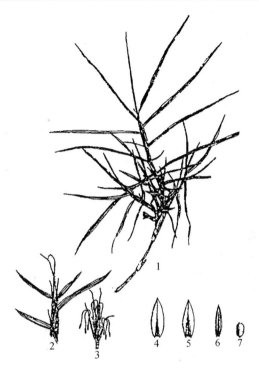

图6-21 铺地狼尾草（引自 Holm）
1. 植株；2. 花秆；3. 穗状花序；4. 内颖；5. 外颖；6. 稃片；7. 谷粒

〔用途〕粗放型草坪。

另外，据 1997 年美国著名草坪学家詹姆士·比尔德（James B. Beard）等的专著介绍，美国为充实使用地域化草坪草种，有使用缘毛蒺藜草（*Cenchurs ciliaris* L.），卷毛海氏草（*Hilaria belangeri*（Steud.）Nash）等作草坪。

第二节 禾本科早熟禾亚科草坪草

一、早熟禾属植物

早熟禾属植物约有 300 多种，广布全世界温带和寒带地域。我国约有100多种，以西南、东北地区较多，按其生态类型分为草地系、林地系、泽地系、山地系、旱原系、砾地系、极地系及一年生草系等。许多草种其生长期长，根茎繁殖力强，较耐踏压，且草株营养价值高。国产草种，其适应性和抗病力强于外来草种，值得开发应用。

1. 草地早熟禾

〔名称〕通名：草地早熟禾。别名：六月禾、多年生早熟禾、肯塔基蓝草。

拉丁名：*Poa pratensis* L.

英　名：Kentuchy bluegrass, bluegrass, smooth stalked, meadowgrass

〔形态特征〕（图6-22）多年生。具匍匐较细根状茎，秆单生或疏丛生，光滑，圆形或有部分扁压，直立高0.50～0.75m，叶片线形，扁平或内卷，长65～180mm，宽2～4mm。圆锥花序卵圆形，两次分枝，小分枝着生2~4个小穗，小穗柄通常短于小穗，小穗卵圆形，绿色，成熟后呈草黄色；颖卵圆或卵圆披针形，第一颖长2.5～3mm，通常具1脉，第二颖宽披针形，长3～4mm，具3脉，外稃顶端钝，基盘具稠密的白色棉毛，第一外稃长3～3.5mm，内稃短于外稃。颖果纺锤形，具3脉。染色体2n = 50～124。花果期4~8月。

〔分布〕黄河流域、东北和江西、四川等地，生于山坡、路边或草地。北美洲的栽培种引自欧洲。

〔生态习性〕喜冷凉湿润气候。温暖

图6-22　草地早熟禾
（引自冯晋庸）

地区广泛使用的草坪草，对高温、干旱和病害较敏感。当高温和干旱越过适宜生长限度时，草株生长不良，出现越夏休眠或半休眠状态，严重时死亡，草坪秃裸地面。其相对耐性（在早熟禾亚科草坪草中比较，下同）见表6-9所列。

草地早熟禾的相对耐性　　　　　表6-9

项　目	相　对　耐　性				
	低	中　低	中	中　高	高
热			√		
冷					√
盐		√			
病害		√			
虫害			√		
干旱			√		
荫蔽			√		
践踏				√	

〔常用栽培草种〕各地除经驯化的草地早熟禾栽培种外，有的国家选育品种较多，如艾德尔菲（Adelphi）、美洲（America）、巴农（Baron）、黎明（Tawn）、菲尔津（Fylking）、格拉德（Glade）、马杰斯蒂克（Majestic）、优异（Merit）、午夜（Midnight）、瓦巴斯（Wabash）等。

〔繁殖〕播种成草皮或草坪，也可无性繁殖。

〔用途〕公园、庭园草坪、运动场草坪及水土保持绿化地被。

2. 加拿大早熟禾

〔名称〕通名：加拿大早熟禾。

拉丁名：*Poa compressa* L.

英　名：Blue grass Canada

〔形态特征〕（图6-23）多年生。具根茎，秆单生，直立或基部倾斜压扁成脊，光滑，高0.30~0.50m；叶片扁平或边缘稍内卷，长 30~120mm，宽 1~4mm。圆锥花序狭窄，分枝粗糙，小穗卵圆状披针形，排列较紧密，颖披针形近相等，具 3 脉，外稃间脉明显，脉与基盘均具少量柔毛或绵毛乃至无毛。第一外稃长 2.5~3mm，内稃约等长于外稃。颖果纺锤形，具三棱，长约 1.5mm，染色体 2n = 42，56，62，64。花果期 5~6 月。

〔分布〕原产欧洲，各地引种栽培较多。

〔生态习性〕与草地早熟禾基本相似，我国引种栽培反应较好。

〔常用栽培草种〕除经驯化的加拿大早熟禾外，各地选育的品种较多，如：雷边斯（Reubens）、P1203737 等。

〔繁殖、用途〕与草地早熟禾基本相似。

图 6-23　加拿大早熟禾
（引自史渭清）

3. 普通早熟禾

〔名称〕通名：普通早熟禾。

拉丁名：*Poa trivialis* L.

英　名：rough - stalked，meadow - grass

〔形态特征〕（图 6-24）多年生。秆丛生，直立或基部倾斜匍匐着土生根，高 0.45~0.75m，叶片扁平，长 85~150mm，宽 2~3mm，两面粗糙。圆锥花序长圆形，小穗柄极短。颖披针形，第一颖较窄具 1 脉；第二颖具 3 脉，外稃背部略呈弧形，具明显稍突出的 5 脉，基盘具长绵毛，第一外稃长约 2.5mm，内稃等长或稍短于外稃。染色体 2n = 14，27，28。花果期 5~6 月。

〔分布〕原产欧洲。

〔生态习性〕与草地早熟禾基本相似，喜生长于潮湿的山坡、草地、林下或河边。我国引种栽培反应较好。

〔繁殖、用途〕与草地早熟禾基本相似。

4. 林地早熟禾

〔名称〕通名：林地早熟禾。

拉丁名：*Poa nemoralis* L.

英　名：wood meadow grass

图6－24　普通早熟禾（引自冯晋庸）　图6－25　林地早熟禾（引自史渭清）

〔形态特征〕（图6－25）秆细弱丛生，高约0.45m，叶片质薄，扁平，上面微粗涩，下面平滑，长100～180mm，宽（1）2～2.5mm。圆锥花序较开展，小穗轴稍具微毛，颖披针形，先端渐尖，具3脉，第一颖较第二颖稍短而狭窄，外稃长圆披针形，基盘具少量绵毛，第一外稃长约4mm，内稃较短而狭窄，脊上粗糙。染色体2n＝47～49，70。花果期5～6月。

〔分布〕我国华北地区有分布，模式标本产于欧洲。

〔生态习性、繁殖、用途〕与草地早熟禾基本相同。

5. 早熟禾

〔名称〕通名：早熟禾，别名：一年生早熟禾。

拉丁名：*Poa annua* L.

英 名：Annual Bluegrass

〔形态特征〕（图 6 - 26）一年生或越年生。秆细弱丛生，高80～300mm。叶鞘自中部以下闭合；叶舌钝圆，叶片柔软长 20 ～100mm，宽 1～5mm。圆锥花序展开，长 2～7mm，分枝每节 1～（3）枝；颖边缘宽膜质，第 一 颖 长 1.5～2mm，具 1 脉，第 二 颖 2～3mm，具 3 脉，外稃边缘及顶端呈宽膜质。基盘无绵毛。颖果纺锤形。花果期 4～5 月。

图 6 - 26 早熟禾
（引自冯晋庸）

〔分布〕我国多数省市区及欧、亚、美洲有分布。常生于路旁、草地或阴湿地。

〔生态习性〕秋末或早春播种，能很快形成旺盛生长的草坪，至翌年仲夏开花结实死亡。其生长势、抗逆性很强，是冬春季的优良草坪草种。

〔繁殖、用途〕播种。冬春季草坪绿地。

另外，高原早熟禾（*Poa alpigna*（Blytt.）Lindm.）、细叶早熟禾（*P. angustifolia* L.）、中华早熟禾（*P. sinattenuata* Keng）、台湾早熟禾（*P. taiwanicola* Keng）、西藏早熟禾（*P. tibetica* Munro）、多变早熟禾（*P. varia* Keng）也有开发价值。

二、羊茅属植物

羊茅属（又名狐茅属）植物约 100 多种，分布在温带和寒带及热带、亚热带高山地区。我国主要有 20 多种，产于西南、西北、东北地区，尤以西南分布最多。本属有质地粗糙丛生型和质地细密型两类，它们能在贫瘠、干燥和酸性土壤生长，耐荫性较强，但不能在潮湿、高温条件下生长，对病害较为敏感。其适应性、抗病性均以国产植物优于外来草种。

1. 紫羊茅

〔名称〕通名：紫羊茅。别名：红狐茅。

拉丁名：*Festuca rubra* L.

英　名：red fescue

〔形态特征〕（图6-27）多年生，秆多数丛生，高0.45~0.70m，基部红色或紫色；叶鞘基部红棕色并破碎，呈纤维状，叶片对折或内卷，长50~150mm，宽1~2mm。圆锥花序狭窄，稍下垂。颖狭窄披针形，第一颖具1脉，长2~3mm；第二颖3.5~4mm，具3脉；外稃长圆形，第一外稃长4.5~5.5mm，内稃与外稃等长。染色体2n=14，42，56，70。花果期夏季。

〔分布〕我国东北、华北、西南、西北、华中诸省。

图6-27　紫羊茅
（引自冯晋庸）

〔生态习性〕喜冷凉湿润气候，生长势、适应性、耐寒性均强。较耐荫。其相对耐性见表6-10所列。

紫羊茅、羊茅的相对耐性　　　　　　　　表6-10

项目	相 对 耐 性				
	低	中 低	中	中 高	高
热		√			
冷					√
盐	√				
病害			√		
虫害				√	
干旱				√	
荫蔽					√
践踏			√		

〔常用栽培草种〕本种的变种（变型）较多，如匍匐型紫羊茅（creeping red fescue）*F. rubra* L. ssp. *rubra* 为常见草种，其叶鞘呈褐色至赤色，有茸毛，基部叶片通常较长，且密，张开扁平，中脉明显，抽穗秆高 0.30～0.90mm，小穗长于 6.4～12.7mm；而易变形紫羊茅（chewing red fescue）*F. rubra* L. var. commutata Gaud. 其株型矮，生长细腻，较耐践踏和低修剪，又较耐干旱。欧美国家选育匍匐型紫羊茅品种有：道森（Dawson）、福特斯（Fotress）、宾夕草（Penntawn）、鲁比（Ruby）等；易变形紫羊茅有：斑道（Banner）、大力神（Hidhight）、高姆镇（Gamestown）、莎道（Shadow）、百琪（Bargena）、碧玉（Jasper）等。

〔繁殖〕播种繁殖成草皮或草坪，也可无性繁殖。

〔用途〕公园、风景区、庭园草坪，或与其他冷季型草坪草混植成运动场草坪以及地被绿地。

2. 羊茅

〔名称〕通名：羊茅。别名：酥油草。

拉丁名：*Festuca ovina* L.

英　名：sheep's fescue

〔形态特征〕（图 6-28）多年生。秆稠密丛生，直立高 0.15～0.25m，叶片内卷呈针状，长 20～60mm。圆锥花序狭窄，有的呈穗状，第一颖具 1 脉，1.5～3mm，第二颖内 3 脉，3～4mm，外稃长圆状披针形，具 5 脉，第一外稃长 3～4.5mm，顶端长为外稃 1/3～1/4 的短芒，内稃与外稃等长。颖果椭圆状长圆形，红棕色，先端无毛。染色体 2n＝14，42，56，70。花果期 6～7 月。

图 6-28　羊茅
（引自冯钟元）

〔分布〕我国西北、西南地区诸省区。欧亚、美洲温带区域。

〔生态习性〕与紫羊茅相似。相对耐性如表 6-10。

〔常用栽培草种〕羊茅变种有：硬羊茅（fescue hard）*F. ovina* var. *duriuscula*（L.）Koch.；灰蓝羊茅（fescue blue）*F. ovinavar.*

glauca Hack. 品种较多，如：斯卡迪士（Scaldis）、瓦尔迪纳（Waldina）等。

〔繁殖、用途〕与紫羊茅相似。

3. 苇状羊茅

〔名称〕通名：苇状羊茅①。别名：苇状狐茅、高羊茅（英译名）。

拉丁名：*Festuca arundinacea* Schreb.

英　名：tall fescue

〔形态特性〕（图6-29）多年生。秆成疏丛，直立，粗糙，高0.80~1m。叶片条形，长150~250mm，宽4~7mm。圆锥花序开展，小穗卵形，颖片披针形，无毛，先端渐尖。第一颖具1脉，长4~6mm，第二颖具3脉，长5~7mm。外稃长圆披针形，具5脉，第一外稃长8~9mm，内稃和外稃等长或稍短，脊上具纤毛。染色体2n=24。花果期5~7月。

图6-29　苇状羊茅
（引自冯钟元）

〔分布〕我国新疆及欧洲。

〔生态习性〕自然分布生长于低湿而腐殖质含量较多的疏松土壤，质地粗糙。喜温暖湿润温带气候，耐寒性、耐干旱性、耐践踏性较强，其相对耐性见表6-11所列。

〔常用栽培草种〕经驯化栽培的矮生苇状羊茅草种。欧美选育的品种很多，如：阿帕奇（Apach）、交战（Crossfine）、时代（EAR）、福尔克（Falcon）、猎狗（Houndog）、雷波（Rebel）、野马（Mustang）、朝阳（Sunpro）、奥林匹克（Olympic）、沙诺（Shanon）、翠波（Triple）、维加斯（Vegas）、节水草（Watersaver）等。

----

① 苇状羊茅是植物学中名的通名。高羊茅（*Festuca elate* Keng）系耿以礼教授早年根据秦仁昌教授和A. N. Steward及焦启源先生分别在广西采的植物标本定名的新种。为了防止植物学名混淆，我们应遵从植物学通名。

苇状羊茅的相对耐性　　　　　表 6 - 11

项　目	相　对　耐　性				
	低	中 低	中	中 高	高
热				√	
冷				√	
盐				√	
病害				√	
虫害				√	
干旱				√	
荫蔽			√		
践踏				√	

〔繁殖〕播种，局部移植。

〔用途〕公园、风景区、庭园、运动场草坪及水土保持地被。

三、剪股颖属植物

剪股颖属植物为细弱、低矮或中等高度的多年生草本，广布全世界，主要在北温带，我国分布也多。使用较多的有：小糠草、匍茎剪股颖、细弱剪股颖、绒毛剪股颖等。许多草种能耐很低（2mm）修剪，是密生的优质草坪，适宜肥沃、排水良好的微酸性土壤，但对多种病害敏感，常发生危害。在我国东北、四川西部、江西、台湾等地，草种很有开发利用价值。如短柄剪股颖（*A. brevies* Keng），疏花剪股颖（*A. perlara* Pilger），施氏剪股颖（*A. schneideri* Pilger），台湾剪股颖（*A. sozanensis* Hayata）等。

1. 匍茎剪股颖

〔名称〕通名：匍茎剪股颖。

拉丁名：*Agrostis stolonifera* L.

英　名：cleeping bentgrass

〔形态特征〕（图 6 - 30）多年生。秆基部常卧地面长达 80mm，节着土生根，直立秆高 300~450mm。叶鞘无毛，稍带紫色；叶片扁

平，线形长 55～85mm，宽 3～4mm。圆锥花
序，卵状长圆形，绿紫色，老熟后紫铜色，每
节具 5 枚分枝，小穗长 2～2.2mm，两颖等长
或第一颖稍长，外稃长 1.6～2.0mm，顶端钝
圆、无芒，内稃长为外稃的 2/3，具 2 脉。染
色体 2n＝28，56。花果期6～8 月。

〔分布〕我国甘肃、河北、河南、浙江、
江西及欧亚大陆之温带和北美。模式标本产于
欧洲。

〔生态习性〕喜冷凉湿润气候，耐寒性
强，耐超低修剪（球盘），多生于潮湿草地。
其相对耐性见表 6－12 所列。

图 6－30　匍茎剪股颖

〔常用栽培草种〕经驯化栽培的匍茎剪股
颖草种。欧美选育的品种甚多，如宾克鲁斯（Penncross）、海边
（Seasidis）等。

匍茎剪股颖的相对耐性　　　　表 6－12

项　目	相　对　耐　性				
	低	中　低	中	中　高	高
热		√			
冷					√
盐		√			
病害		√			
虫害		√			
干旱			√		
荫蔽				√	
践踏			√		

〔繁殖〕播种为主，也可无性繁殖。

〔用途〕公园、风景区、庭园及运动场草坪。条件较好地方可作
水土保持地被。

2. 细弱剪股颖

〔名称〕通名：细弱剪股颖。

拉丁名：*Agrostis tenuis* Sibth.

英　名：Clilnial bentgrass

〔形态特征〕（图 6-31）多年生。具根茎及根头，秆丛生，直立高 0.20~0.36m；叶鞘无毛，有带紫色，叶片线形，质较细软长 22~40mm，宽 1~2mm，扁平或稍内卷。圆锥花序长圆形开展，小穗长 1.5~1.7mm，两颖等长或第一颖稍长，先端尖，外稃长 1.5mm，内稃长为外稃的 2/3。染色体 $2n=28$，$29~41$。花果期 6~7 月。

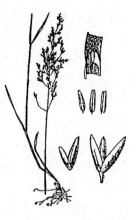

图 6-31　细弱剪股颖（引自冯晋庸）

〔分布〕我国山西及欧亚大陆之北温带。模式标本产于英国。

〔生态习性〕喜冷凉温暖湿润地方，适应性较匍茎剪股颖弱。

〔常用栽培草种〕经驯化栽培的细弱剪股颖植物。变种有粗糙细弱剪股颖（*A. tenuis* var. *hispida*）；矮生细弱剪股颖（*A. tenuis* var. *humilis*）。欧美选育的品种甚多。

〔繁殖〕播种繁殖成草皮或草坪，也可无性繁殖。

〔用途〕公园、风景区、庭园草坪。

3. 小糠草

〔名称〕通名：小糠草。别名：红顶草（英译名）。

拉丁名：*Agrostis alba* L.

英　名：redtop grass，fioring glass

〔形态特征〕（图 6-32）多年生。具根头及细长的根茎，秆直立或下部节常膝曲而倾斜上升，高 0.90~1.20m；叶扁平，长 0.17~0.32m，宽 3~7mm。圆锥花序尖塔形，疏松开展，草绿色或

图 6-32　小糠草（引自冯晋庸）

带紫色，老熟后呈黄紫色，每节多数具簇生的分枝，小穗长 2 ~
2.5mm，两颖等长或第一颖稍长，外稃长 1.8 ~ 2.0mm，内稃具 2
脉，长为外稃的2/3 ~ 3/4。染色体 2n = 28，42。花果期 6 ~ 8 月。

〔分布〕华北、内蒙古、西南、长江流域各省。

〔生态习性〕多生长于潮湿山坡或山谷等地。其适应性、抗病性
和耐践踏性较匍茎剪股颖强。

〔常用栽培草种〕经驯化栽培的小糠草植物。欧美品种较多。

〔繁殖〕播种为主，也可无性繁殖。

〔用途〕公园、风景区、庭园、运动场草坪及水土保持地被。

另外，绒毛剪股颖（*A. canina* L.），又称加里纳剪股颖，其耐
热、耐干旱性较细弱剪股颖强。

四、黑麦草属植物

黑麦草属（又名毒麦属）植物，作草坪草或兼作饲草的主要有
黑麦草和多花黑麦草。我国引种栽培，常作为优势草种与早熟禾属、
羊茅属、剪股颖属草种混植成草坪，需水和肥料较多，在条件差时
也能生长，但不能耐高温、干旱和冰冻覆盖。毒麦（*Lolium temulen-
tum* L.）和田间毒麦（*L. temultentum* var. *arvense* Bab.）等，是危险
性杂草，属我国政府规定的对外检疫对象。

1. 黑麦草

〔名称〕通名：黑麦草。别名：多年生
黑麦草（英译名）。

拉丁名：*Lolium perenne* L.

英　名：common ryegrass，perennial ryegrass

〔形态特征〕（图 6 - 33）短期多年生草
本。具细弱的根茎，须根稠密，秆成疏丛或
多数丛生，质地柔软，基部常斜卧，高 0.30 ~
0.60m。叶片长 0.10 ~ 0.20m，宽 3 ~ 6mm。
穗状花序，颖短于小穗，具 5 脉，外稃披针
形，具 5 脉、无芒。基部有明显的基盘，顶

图 6 - 33　黑麦草
（引自 Hubbard，J. C. E.）

213

端通常无芒中上部小穗具有短芒，第一外稃长 7mm，内稃与外稃等长，脊上生短纤毛。染色体 2n = 14。花果期 5 ~ 7 月。

〔分布〕原产欧洲，我国引种栽培。

〔生态习性〕适宜温暖湿润的暖温带气候，不耐严寒和高温。在长江流域冬小麦地区冬春季节生长良好，尤以初夏生长旺盛。其相对耐性见表 6 - 13 所列。

黑麦草的相对耐性　　　　　　　表 6 - 13

项　　目	相　对　耐　性				
	低	中 低	中	中 高	高
热		√			
冷				√	
盐				√	
病害				√	
虫害				√	
干旱				√	
荫蔽			√		
践踏				√	

〔常用栽培草种〕欧美选育的品种很多，如：爱神（Accent）、百乐（Barrage）、伯德（Birdie）、布朗策（Blazer）、卡特（Cutter）、德蕾（Delray）、德贝（Derby）、德卜洛曼特（Diplomat）、矮生（Lowgrow）、菲斯特（Fiesta）、曼哈顿（Manhatan）、奥梅加（Omega）、宾阿特、（Pennant）、莎吉尼（Sakini）等。

〔繁殖〕播种为主，也可无性繁殖。

〔用途〕公园、风景区、庭园草坪和运动场草坪，以及其他绿地，也可作短期地被植物。

2. 多花黑麦草

〔名称〕通名：多花黑麦草。别名：意大利黑麦草、一年生黑麦草（英译名）。

拉丁名：*Lolium multiflorum* Lam.

英 名：Italian ryegrass，domestic ryegrass，annual ryegrass

〔形态特征〕（图6-34）一年生或越年生。须根密集，秆多数，直立高 0.50～0.70m。叶片长 100～150mm，宽 3～5mm。穗状花序扁平，颖片质地较硬，具膜质边缘，5～7 脉，长5～8mm。外稃披针形，具 5 脉，基盘微小，第一外稃长 6mm，芒细弱，长 5mm，内稃约与外稃等长，边缘内折，脊上具微小纤毛。染色体2n=14。花果期 4～6 月。

图6-34 多花黑麦草（引自 Hitchcock）

〔分布〕原产欧洲，我国引种栽培。

〔生态习性〕越年生草本，喜温暖湿润气候，在长江流域冬小麦地区生长良好，但不耐严寒。其相对耐性见表6-14所列。

多花黑麦草的相对耐性 表6-14

项 目	相 对 耐 性				
	低	中 低	中	中 高	高
热					
冷				√	
盐			√		
病害				√	
虫害				√	
干旱			√		
荫蔽			√		
践踏				√	

〔常用栽培草种〕在我国能开花结实就地繁殖。欧美选育有许多品种，如以多花黑麦草同曼哈顿黑麦草品种的杂交种，增加了抗病性和对寒冷、高温的忍耐性。

〔繁殖〕播种繁殖成草坪。

〔用途〕公园、风景区和庭园成短期绿化草坪；水土保持，绿化地被。

五、燕麦草属植物

燕麦草属植物多数分布在欧洲，我国引种栽培。

燕麦草

〔名称〕通名：燕麦草。别名：大蟹钓（日名）、高燕麦草。

拉丁名：*Arrhenatherus elatius*（L.）Presl

英　名：tall oatgrass

〔形态特征〕（图 6-35）秆直立或基部膝曲，高 1~1.5m。叶片扁平，长 140~250mm，宽 3~9mm。圆锥花序，灰绿色或略带紫色，有光泽，分枝簇生，小穗长 7~8mm，第一颖长 4~5mm，第二颖与小穗等长，外稃粗糙具 7 脉，第一外稃基部的芒长为稃体的 2 倍。染色体 2n=28。本种属质地较粗糙、植株较高的植物，人们多使用其变种：球茎燕麦草（又名丽蚌草，拉丁名：*Arrhenatherus elatius* var. *bulbosum*），叶片绿白色相间，十分美观，其实用性、观赏性均高。

图 6-35　燕麦草
（引自 Hictchcock）

〔分布〕原产欧洲。我国引种栽培。

〔生态习性〕适宜温暖湿润气候，在长江流域和暖温带冬小麦地区生长较好，适砾土、耐酸性土壤，不耐高温。草株较高、粗糙，宜适时修剪。我国多使用球茎燕麦草（或不修剪），但应注意剔除恢复全绿叶的植株，以增加观赏价值。

〔繁殖〕播种或无性繁殖。

〔用途〕公园、风景区、庭园草坪和地被。

六、梯牧草属植物

梯牧草属植物，我国引入作牧草。

梯牧草

〔名称〕通名：梯牧草。别名：猫尾草。

拉丁名：*Phleum pratense* L.

英　名：timothygrass

〔形态特征〕（图 6 - 36）多年生。为根状茎，秆高 0.50 ~ 1m，基部常呈球状膨大，叶片两面粗糙，长 100 ~ 300mm，宽 5 ~ 8mm。圆锥花序长圆柱状，小穗矩形，颖相等，膜质，长约 3.5mm，具 3 脉，中脉成脊，脊具硬纤毛，顶端具小尖头，外稃长约 2mm，具 7 脉，顶端钝圆，内稃稍短于外稃。染色体 2n = 28，42。花果期夏秋季。

〔分布〕原产欧亚大陆之温带，我国引种栽培。

〔生态习性〕宜冷凉温暖气候，不耐干旱和高温，忌排水不良和强酸性土壤，修剪后恢复较慢。

〔繁殖、用途〕播种。较粗放草坪或地被。

七、冰草属植物

国内外常使用冰草、沙生冰草及蓝茎冰草（*Agropyron smithii* Rydb.）作草坪。匍匐冰草（*A. repens* L.）的根茎很发达，具侵害性，属于田园恶性杂草。

1. 冰草

〔名称〕通名：冰草。别名：大麦草、野麦子、山麦草。

拉丁名：*Agropyron cristatum*（L.）Gaertn.

英　名：Wheatgrass faiway

〔形态特征〕（图 6 - 37）多年生。秆高 0.30 ~ 0.75m，叶片长 50 ~ 200mm，宽 2 ~ 5mm，边缘内卷。穗状花序，顶生小穗不孕或退化；小穗紧密排列呈篦齿状，颖舟形具脊，被刺毛，外稃舟形被毛，芒长 2 ~ 4mm。染色体 2n = 14，28，42。花果期 7 ~ 9 月。

〔分布〕甘肃、新疆、青海、内蒙古、华北、东北及西伯利亚、欧洲等地。

〔生态习性〕质地较粗糙，属寒冷、干旱平原的多年生草坪草，适宜冷凉干燥、灌水条件较差、养护管理水平较低的地区使用。

 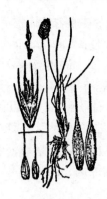

图6-36　梯牧草（引自 Hicthcock）　　图6-37　冰草（引自冯晋庸）

〔常用栽培草种〕经驯化栽培的冰草植物。近年欧美国家选育有许多品种，效果较好。

〔繁殖〕播种繁殖成草坪或无性繁殖。

〔用途〕半干旱温带地区的草坪及大地绿化地被。

2. 沙生冰草（*A. deserorum*（Fisch.）Schult.）其花序宽仅5～7mm，小穗斜生，不呈篦齿状，叶片宽1～1.5mm（图6-38），可作草坪或地被。

6-38　沙生冰草（引自冯晋庸）　　图6-39　无芒雀麦（引自史渭清）

八、雀麦属植物

无芒雀麦

〔名称〕通名：无芒雀麦。

拉丁名：*Bromus inermis* Leyss.

英　名：bromu smooth

〔形态特征〕（图6-39）多年生。有横走根茎，秆直立高0.45~0.80m，叶鞘紧密包茎，闭合近鞘口处裂开，叶片披针形，质地较硬，长70~160mm，宽5~8mm。圆锥花序开展，每节具3~5枝，每枝着生1~6个小穗，颖披针形，第一颖长4~7mm，具1脉；第二颖长6~9mm，具3脉；外稃宽披针形，第一外稃长8~11mm，具5~6脉，内稃短于外稃，脊具纤毛。颖果约等长于内稃。染色体2n=28，42，56。花果期7~9月。

〔分布〕我国东北、西北诸省及欧亚大陆温带皆有分布。

〔生态习性〕本种秆叶繁茂，再生力强，耐寒、耐干旱、耐病虫害和踏压，对土壤要求不高，是固土固沙的先锋植物。

〔常用栽培草种〕经驯化栽培的无芒雀麦植物。加拿大选育'卡通'（Colton）品种，效果较好。

〔繁殖〕播种。

〔用途〕公园、风景区、庭园、运动场草坪及水土保持地被。

九、鸭茅属植物

鸭茅属植物，国外有使用鸭茅作草坪。

鸭茅

〔名称〕通名：鸭茅。别名：鸡脚草、果园草。

拉丁名：*Dactylis glomerata* L.

英　名：orchardgrass, rough cocksfoot

〔形态特征〕（图6-40）多年生。秆直立或基部膝曲，单生或少数丛生，高0.40~1.2m，叶鞘通常闭合至中部以上，上部具脊，叶片（6）100~300mm，宽4~8mm，扁平。圆锥花序开展，小穗多聚集于分枝之上部，颖披针形，先端渐尖，长4~5（6.5）mm，脊上粗糙或具纤毛，第一外稃约与小穗等长，内稃较狭，约等长于外稃，脊具纤毛。染色体 2n = 28。花果期 5 ~ 8 月。

〔分布〕原产欧洲，广布欧亚温带区域，我国引种作牧草。

〔生态习性〕喜温湿气候，多生于草地、林下，较耐荫和耐干旱，忌排水不良或强酸性土壤。

〔繁殖、用途〕播种。较粗放草坪或地被。

图 6 - 40　鸭茅
(引自中国高等植物国鉴第五册)

图 6 - 41　碱茅
(引自史渭清)

十、碱茅属植物

碱茅属植物为低矮、丛生草种。除碱茅有利用价值外，尚有耿氏碱茅（*P. kengiana* Ohwi），热河碱茅（*P. jeholensis* Kit.），小林碱茅（*P. kobayashii* Ohwi），朝鲜碱茅（*P. chinampensis* Ohwi）。

碱茅

〔名称〕通名：碱茅。别名：铺茅。

拉丁名：*Puccinellia distans*（L.）Parl.

英　名：Alkaligrass

〔形态特征〕（图 6 - 41）多年生。直立或基部倾斜，高 200 ~

300mm，秆基部着土生根或分枝。叶片扁平或对折，长20～60mm，宽1～2mm。圆锥花序幼时藏于叶鞘中，后突出开展，绿色或草黄色，每节具2～6个分枝，平展或下垂。颖质较薄，先端钝，具不整齐之细裂齿。颖果纺锤形。花果期5个月。

〔分布〕我国华北诸省及欧亚大陆温带。

〔生态习性〕喜温暖潮湿或微碱性土壤，适应性和抗逆性很强。

〔繁殖、用途〕播种作短期草坪或水土保持地被。

十一、溚草属植物

溚草属植物分布在北半球之温带。溚（音塔 ta）草在欧洲、非洲各地和气温高的亚洲、北美和澳洲有分布。美国提倡使用大花溚草（K. macrantha），它是一种多年生短根茎低矮草本，常生长于干旱土壤，特别在石灰岩含量高的地方，育有大花溚草'Barkoel'品种，可作温暖地区园林绿地和高尔夫球场的球道草坪。

溚草

〔名称〕通名：溚草。

拉丁名：*Koeleria cristata*（L.）Pers.

英　名：Crested hairgrass

〔形态特征〕（图6－42）多年生。密丛，具短根茎，秆直立高0.25～0.45m，花序下密生绒毛，叶鞘灰白色或淡黄色。叶片内卷或扁平，长15～70mm，宽1～2mm。穗状圆锥花序，长40～120mm，宽5～20mm，有光泽，草绿色或带紫色。小穗长4～5mm，具极短的柄或内无柄。花果期5～8月。

图6－42　溚草
（引自冯钟元）

〔分布〕广布我国东北、西北、华东、内蒙古及欧洲大陆之温带地区。多生长于山坡、草地、路旁。

〔生态习性〕生长势和适应性强，尤以耐干旱和微碱性土壤生长。非洲埃及等缺水地区常见草坪草。

〔繁殖〕播种繁殖。

〔用途〕园林绿地、运动场草坪及水土保持地被。

十二、洋狗尾草属植物

洋狗尾草属植物，属质地粗糙的草种。

洋狗尾草

〔名称〕通名：洋狗尾草。

拉丁名：*Cynosurus cristatus* L.

英　名：crested dogtail

〔形态特征〕（图6-43）多年生。具根头，秆丛生或单生，直立或基部倾斜，高0.20~0.50m，叶鞘平滑无毛。叶片扁平质软，长25~125mm，宽约2mm。圆锥花序紧缩成穗，颖披针形，第一颖长2~3mm，第二颖3.5~4mm，外稃与颖相形空虚，长4.5mm，内稃短于外稃。花果期6月。

〔分布〕原产欧洲，我国引种栽培。

〔生态习性〕欧洲温带和地中海地区田野荒芜地生长的草本植物，不耐高温干旱。

〔繁殖〕播种。

图6-43　洋狗尾草
（引自 Hitchcock）

〔用途〕粗放草坪或地被。

十三、喜沙草属植物

喜沙草属植物，喜海岸沙地。

产欧洲和北非，北美洲东海岸沙丘亦有之。为多年生粗壮的高秆草本，具根茎，增殖很快，耐瘠性强，为密集穗状花序。常见有：欧洲喜沙草（*Ammophila arenaria*（L.）Link）、美洲喜沙草（*A. breviligulata* Fern.）等。

另外，近年美国科学家提倡使用当地草坪植物，推荐细毛剪股颖（*Agrotis capillaris* L.）、巨剪股颖（*A. gigantea Roth*）、得州早熟禾（*Poa arachnifra* Torrey）、帚状裂稃草（*Schizachyrium scoparium*（Michaux）Nash）、黑麦（*Secale cereale* L）、海生二棱草（*Uniola paniculata* L. ）等草种，值得重视。

第三节　莎草科草坪草

薹草属植物，广布全世界寒、温带，亚热带和热带地域，为我国特有草坪和地被植物。

1. 白颖薹草①

〔名称〕通名：白颖薹草。别名：小羊胡子草。

拉丁名：*Carex rigescens*（Fr.）V. Krecz.

英　名：rigens sedge

〔形态特征〕（图 6 - 44）多年生。具细长匍匐根状茎，秆高 50 ~ 400mm，基部黑褐色，呈纤维状分裂的旧叶鞘，叶片短于秆，宽 1 ~ 3mm。穗状花序卵形或矩圆形，小穗5 ~ 8 个，密生，雄雌顺序。苞片鳞片状，果囊卵形或椭圆形，与鳞片近等长，两面具多数脉，基部圆，略具海绵状组织，边缘无

图 6 - 44　白颖薹草
（引自《中国高等植物
图鉴》第五册）

翅，顶端急缩为短喙，喙口具 2 小齿，小坚果宽，椭圆形。喜冷凉气候，春末夏初和秋季生长最旺。花果期 5 ~ 6 月。

〔分布〕辽宁、华北、山东、河南、西北地区广为分布。

〔生态习性〕生长于田边、草地、干旱山坡和河边。喜冷凉气候，耐寒性强，在 - 25℃低温条件下能顺利越冬。耐干旱和瘠薄，能适应多种类型土壤，以在肥沃湿润的土壤上生长最佳。耐荫中等，同杂草的竞争力较差。在春末至仲秋时生长最旺盛。耐践踏性中等。

〔繁殖〕以种子繁殖成草皮铺植或在场地直接播种，也可移植

---

① 薹草　耿伯介教授建议沿用"薹"字，庶可与苔藓之苔相区别。经核对字典，莎草科薹草的"薹"字未简化。

草株。

〔用途〕暖温带和干旱温带地区的公园、风景区、庭园作休息或观赏草坪，是高速公路、铁路两旁水土保持的优良地被。

2. 异穗薹草

〔名称〕通名：异穗薹草。别名：大羊胡子草。

拉丁名：*Carex heterostachya* Bge.

英　名：heterostachys sedge

〔形态特征〕（图6-45）多年生。具长匍匐根状茎。秆高0.20～0.30m，三棱柱形，纤细。叶基生，短于秆，宽2～3mm，基部具褐色叶鞘，小穗3～4枚，上部1～2枚雄性，其余小穗雌性。苞片短，叶状或刚毛状，较花序强。雌花鳞片卵形或椭圆形，褐色或紫褐色。果囊卵形至椭圆形，肿胀三棱形，稍长于鳞片、无脉，上部急缩成喙，喙顶端具2小齿，小坚果倒卵形，长2.5～3mm。花果期5～6月。

图6-45　异穗薹草
（引自《中国高等植物图鉴》第五册）

〔分布〕东北、华北、山东、河南、陕西、甘肃等地。常见于草地、山坡、林下和河滩等。

〔生态习性〕喜冷凉气候，生长旺季为春末夏初和仲秋。暑天炎热时生长势弱，其耐寒、耐荫性较白颖薹草强，在郁闭度80%的乔木下仍能正常生长。耐干旱性和耐盐性很强，在含盐量1%～3%、pH值7.5的土壤中生长良好。春季地温7℃～8℃时返青。在北京绿期200天左右。耐践踏性较差，忌低修剪。

〔繁殖、用途〕与白颖薹草基本相同。

3. 卵穗薹草

〔名称〕通名：卵穗薹草。别名：寸草、羊胡子草。

拉丁名：*Carex duriuscula* C. A. Mey

〔形态特征〕（图6-46）多年生。根状茎细长，匍匐状。秆疏丛生，高50~200mm，纤细，平滑，基部具灰黑色呈纤维状分裂的旧叶鞘。叶短于秆，宽约1mm，内卷成针状。穗状花序，卵形或宽卵形，长7~12mm，直径5~8mm，褐色。小穗3~6，密生，卵形，雄雌顺序，具少数花，苞片鳞片状，雌花鳞片宽卵形，褐色。蒴囊宽卵形或近圆形，稍长于鳞片，基部具海绵状组织，边缘无翅，上部急缩为短喙，喙口斜形。小坚果宽卵形，花果期4~6月。

〔分布〕东北、河北、内蒙古等地。生于干燥草地、沙地、路旁、山坡和湖边草地。

〔生态习性〕喜冷凉稍干燥气候。适应性强，返青后的草株能耐霜冻。最适生长温度为18℃~20℃。耐热性稍差，夏季高温期有休眠反应。对土壤要求不严，耐瘠薄、酸碱性土壤。在肥沃、水分充足、管理较好条件下，草坪颜色翠绿，绿色期长。

〔繁殖、用途〕与白颖薹草基本相似。

4. 东陵薹草

〔名称〕通名：东陵薹草。别名：京薹草、唐氏薹草。

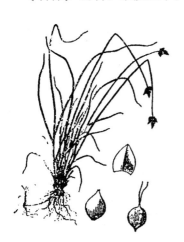

图6-46　卵穗薹草（引自《中国高等植物图鉴》第五册）

图6-47　东陵薹草（引自《中国高等植物图鉴》第五册）

拉丁名：*Carex tangiana* Ohwi

〔形态特征〕（图6-47）多年生。具长匍匐根状茎。秆高300~400mm，纤细，三棱柱形。叶长于秆，宽2~3mm，具隔节。小穗2~5，上部1~2枚雄性，棍棒状，其余小穗雌性，与雄性小穗远离，圆柱形或矩圆形，基部小穗梗长30~80mm，其余近无梗，苞片叶状，与花序近等长，具短苞鞘或无，雌花鳞片卵形或卵披针形，中间黄色，具3脉，两侧紫红色。果囊宽卵形，肿胀三棱形，上部急缩成短喙，喙顶端具2小齿。小坚果疏松地藏于果囊内，倒卵形。花果期5~6月。

〔分布〕东北、山西、河北、河南、陕西、甘肃等地。生于山坡、路旁、河边、向阳草坡、平原湿地。

〔生态习性〕对土壤和气候的适应性较强，耐低温较强。喜光、耐干旱。耐热性较差，仲夏高温时有休眠反应。

〔繁殖、用途〕与白颖薹草基本相似。

第七章　常见地被植物[①]

1. 肾蕨（蕨类骨碎补科）

〔名称〕通名：肾蕨。别名：篦子草、石黄皮。

拉丁名：*Nephrolepis auriculata*（L.）Triman

英　名：Sword Fern

〔形态特征〕（图7-1）根状茎，有直立的主轴及从主轴向四周发出的长匍匐茎及其圆形块茎，具疏生鳞片。叶簇生草质光滑无毛，披针形，一回羽状，羽片无柄。孢子囊群生于每组侧脉的上侧小脉顶端；囊群盖肾形。

〔分布〕长江流域和华南地区林下、溪边、石缝。

〔生态习性〕喜温暖湿润，耐荫性强，不耐严寒。

〔繁殖〕分株或用自生苗。

〔用途〕庭园地被。

2. 贯众（蕨类鳞毛蕨科）

〔名称〕通名：贯众。别名：贯节、百头、黑狗脊。

拉丁名：*Cyrtomium fortunei* J. Sm.

英　名：House Holly Fern

〔形态特征〕（图7-2）根状茎短，连同叶柄基部有密的阔卵状披针形黑褐色大鳞片。叶簇生，叶片阔披针形或矩圆披针形，单数一回羽状。孢子囊群生于内藏小脉顶端，在主脉两侧各排成不整齐的3~4行；囊群盖大，圆盾形，全缘。

〔分布〕华北、西北和长江流域以南各地。

〔生态习性〕喜温暖湿润气候，含石灰岩质地岩缝、墙缝、林

[①]　地被植物图除注明作者外，引自《中国高等植物图鉴》。

下、溪边。

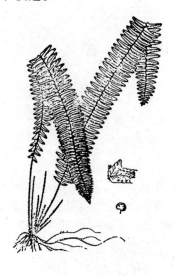

图7-1　肾蕨

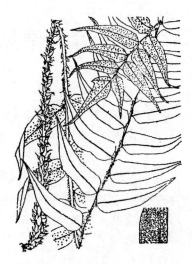

图7-2　贯众

〔繁殖〕分株或用自生苗。

〔用途〕庭园地被。

3. 蜈蚣蕨（蕨类凤尾蕨科）

〔名称〕通名：蜈蚣蕨。别名：长叶甘草蕨。

拉丁名：*Pteris vittata* L.

〔形态特征〕（图7-3）根状茎直立，密生条形鳞片。叶簇生，薄草质，叶片阔倒披针形，一回羽状。孢子囊群条形，生于小脉顶端的联结脉上，靠近羽片两侧边缘，连续分布；囊群盖同形，膜质。

〔分布〕广布长江流域以南各地和甘肃、陕西、河南部分地区。

〔生态习性〕喜温暖气候和钙质土；耐土旱。夏秋绿叶，低温时叶片枯死，翌春萌发。

〔繁殖〕分株或使用自生苗。

〔用途〕墙垣绿化和原野地被。

4. 薜荔（桑科榕属）

〔名称〕通名：薜荔。别名：水馒头、木莲、凉粉树。

拉丁名：*Ficus pumila* L.

英　名：Climbing Fig

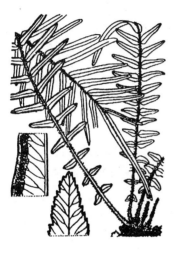

图7-3　蜈蚣蕨　　　　图7-4　薜荔

〔形态特征〕图（7-4）攀缘或匍匐灌木。幼时以不定根攀缘于墙壁、岩石或树上。叶二型，在不生花序托的枝上为小而薄，心状卵形；在生花序托的枝上叶较大，近革质，卵状椭圆形。花序托具短梗，单生于叶腋。

〔分布〕华南、华东、西南，生于丘陵地区。

〔生态习性〕生长势、适应性强，具观赏价值和防治侵蚀。

〔繁殖〕无性繁殖为主。

〔用途〕庭园和护坡地被。

5. 地瓜（桑科榕属）

〔名称〕通名：地瓜。别名：地瓜藤、地石榴。

拉丁名：*Ficus tikoua* Bur.

英　名：Digua Fig

〔形态特征〕（图7-5）匍匐木质落叶藤本，有乳汁。节着地生根，叶倒卵状椭圆形。花序托具短梗，簇生于无叶的短枝上，埋于土中，果实球形或卵球形，熟时粉红色。

〔分布〕湖南、湖北、广西、云南、贵州、四川、陕西等地。

〔生态习性〕喜温暖、瘠薄砂质土壤，耐干旱、适应性、抗逆性强，在荒野形成群落覆盖地面。

〔繁殖〕以分株等无性繁殖为主。

〔用途〕大地绿化，防治侵蚀和荒漠地被。

6. 细辛（马兜铃科细辛属）

〔名称〕通名：细辛。别名：马蹄香、华细辛、大药。

拉丁名：*Asarum sieboldii* Miq.

英　名：Wildgimger

〔形态特征〕（图7-6）多年生草本。根茎短，肉质根，茎端生1~2叶，叶肾状心形，叶柄长。单花顶生，暗紫色。蒴果肉质，近球形。

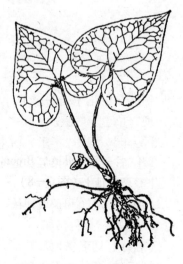

图7-5　地瓜　　　　　　　　图7-6　细辛

〔分布〕安徽、浙江、江西、湖北、湖南等地。

〔生态习性〕喜生长于山谷间、溪边和山坡林下、阴湿地。

〔繁殖〕分株或播种。

〔用途〕庭园等耐荫地被。

本属常见者有杜衡（*A. forbesii* Maxim.）、土细辛（*A. caudigerum* Hance）等，均属耐荫地被。

7. 火炭母（蓼科蓼属）

〔名称〕通名：火炭母。别名：黄鳝藤、晕药。

拉丁名：*Polygonum chinense* L.

英　名：Chinese knotweed

〔形态特征〕（图 7 - 7）多年生草本，高 0.50m 左右，叶有短柄，叶柄基部两侧常各有一耳垂形的小裂片。头状花序数个排成伞房花序或圆锥花序。瘦果卵形。

〔分布〕长江流域以南地区。

〔生态习性〕喜生长于山谷、水边及湿地，生长势、适应性强；具原野观赏价值，对防治污染效果较好。

〔繁殖〕播种育苗移栽或自播。

〔用途〕原野地被植物。国外选育有栽培品种，观赏和应用价值更高。

8. 地肤（藜科地肤属）

〔名称〕通名：地肤。别名：扫帚草、绿帚。

拉丁名：*Kochia scoparia*（L.）Schrad.

英　名：Belvedere，Broom cypress

〔形态特征〕（图 7 - 8）一年生草本。低矮，分枝多而紧密。叶互生，条形，数量多。花被红色并呈褐红。花小单生或腋生，穗状花序。胞果扁球形。

〔分布〕许多地方有分布，栽培甚广。

〔繁殖〕播种育苗移栽或自播。

〔用途〕夏秋季优良地被，整形后观赏价值高。

图7-7 火炭母　　　　　图7-8 地肤

本科有滨藜属滨藜（*Atriplex patens*（Litw.）Iljin）生长势、适应性强，具观赏价值，从国外引入栽培。

9. 鸡冠花（苋科青葙属）

〔名称〕通名：鸡冠花。

拉丁名：*Celosia cristata* L.

英　名：Common cockscomb

〔形态特征〕（图7-9）一年生草木。低矮，茎粗壮直立，叶互生，卵形或卵状披针形，有柄，全缘。花序顶生，呈黄、白或红紫色，肉质如鸡冠状。胞果卵形。

〔分布〕各地都有分布、栽培。

〔生态习性〕喜阳光、炎热、干燥气候。观赏价值高。变种多，如凤尾鸡冠（*C. cristata* var. *pyramidalis*），茎粗壮多分枝，穗状花序聚集成三角形圆锥花葶，呈羽毛状，十分美丽。

〔繁殖〕春季播种育苗移植或自播。

〔用途〕庭园或原野地被。

10. 叶子花（紫茉莉科叶子花属）

〔名称〕通名：叶子花。别名：九重葛、三角花。

拉丁名：*Bougainvillea spectabilis* Willd.

英　名：Bougainvillea

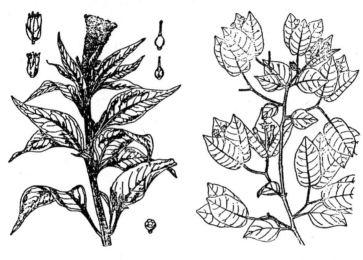

图 7 - 9　鸡冠花　　　　　　图 7 - 10　叶子花

〔形态特征〕（图 7 - 10）多年生，木质攀缘藤本。茎具利刺，单叶互生，卵形或卵圆形，全缘。花生于新梢顶端，常 3 朵簇生于 3 枚较大的苞片内，苞片叶状，椭圆形，或紫色、鲜红色，也有白色、橙色等。花期 6～12 月。

〔分布〕原产巴西。我国许多地方引种栽培。

〔生态习性〕喜温暖、阳光充足环境。生长势、适应性强。应注意整形修剪。变种较多，如红叶子花（*B. s.* var. *crimson* Lake）等，盆（钵）栽受人喜欢。

〔繁殖〕多扦插育苗或分株繁殖。

〔用途〕庭园栽培。常为棚架、篱垣、护坡等。

11. 紫茉莉（紫茉莉科紫茉莉属）

〔名称〕通名：紫茉莉。别名：胭脂花、丁香花、夜饭花。

拉丁名：*Mirabilis jalapa* L.

英 名：Four－O'clock, Marvel－of－Peru

〔形态特征〕（图 7－11）多年生草本作一年生栽培。根粗壮，茎直立，多分枝，节处膨大。花顶生。花 1 至数朵蔟生于枝端总苞内，花萼呈花冠状，喇叭形。花紫白、黄色。瘦果球形。

〔分布〕原产美洲热带，我国栽培甚广。

〔生态习性〕喜温暖气候和阳光，耐瘠、稍耐荫。

〔繁殖〕播种育苗移植或自播。

〔用途〕庭园及斜坡等，防治侵蚀地被。

12. 大花马齿苋（马齿苋科马齿苋属）

〔名称〕通名：大花马齿苋。别名：半支莲、太阳花、洋马齿苋、草杜鹃。

拉丁名：*Portulaca grandiflora* Hook.

英 名：Rose－moss, Sunplant, Purslane

〔形态特征〕（图 7－12）一年生肉质草本。茎匍匐或斜升，绿色或浅棕红色。花 1～3 朵或 4 朵簇生于枝顶。花有黄、红、紫、白等色。当太阳照射后开放，午后凋谢。蒴果盖裂。

〔分布〕原产巴西，我国栽培极广。

〔生态习性〕喜温暖、阳光和干燥，耐瘠性强。

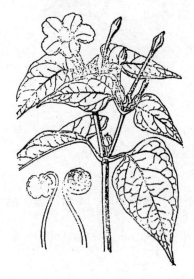

图 7－11 紫茉莉

〔繁殖〕播种、扦插或自播。

234

〔用途〕庭园或原野地被。

13. 石竹（石竹科石竹属）

〔名称〕通名：石竹。

拉丁名：*Dianthus chinensis* L.

英　名：Rainbow Pink，Chinese Pink

图 7 - 12　大花马齿苋　　　　　图 7 - 13　石竹

〔形态特征〕（图 7 - 13）多年生草本作一年生栽培。茎簇生，叶对生，条形或条状披针形。花单生或数朵顶生。苞叶 4~6，花瓣 5 片，粉红或红色。蒴果 4 瓣裂。

〔分布〕我国栽培普遍。

〔生态习性〕耐寒性强，喜阳和干燥、通风环境，不耐高温，故作越年生栽培。变种和栽培品种较多。

〔繁殖〕秋季播种育苗，也可扦插，能自播。

〔用途〕庭园或原野地被。

本科蝇子草属矮雪轮（*Silene pendula* L.）、高雪轮（*S. armeria* L.）等均为优良地被。

14. 飞燕草（毛茛科飞燕草属）

〔名称〕通名：飞燕草。别名：萝卜花。

拉丁名：*Consolida ajacis*（L.）Schur.

英　名：Rocket Consolida，Larspur

〔形态特征〕（图 7 - 14）越年生草本，茎叶被柔毛。叶互生，数回掌状深裂至全裂，裂片条形。总状花序顶生，淡紫色或蓝紫色。

〔分布〕原产欧洲南部，我国栽培甚广。

〔生态习性〕喜冷凉气候和阳光，耐寒，忌涝多湿环境。

〔繁殖〕播种育苗或自播。

〔用途〕庭园或原野地被。

图 7 - 14　飞燕草

15. 木通（木通科木通属）

〔名称〕通名：木通。别名：野木瓜、八月瓜、羊开口。

拉丁名：*Akebia quinata*（Thunb.）Decne.

英　名：Fiveleaf Akbia

〔形态特征〕（图 7 - 15）多年生落叶木质藤本，叶为掌状复叶，小叶 5，倒卵形或长倒卵形，全缘。总状花序腋生，果实肉质，长卵形。种子多数。

〔分布〕长江流域以南地区。

〔生态习性〕喜温暖、阳光，耐瘠性强，也适宜较阴湿环境。本属其他种的形态和习性基本相同。

〔繁殖〕播种育苗或无性繁殖。

〔用途〕斜坡绿化或防治侵蚀地被。

16. 细叶小檗（小檗科小檗属）

〔名称〕通名：细叶小檗。别名：三棵针、针雀。

拉丁名：*Berberis poiretii* Schneid.

英 名：Poiret Berberis

图7-15 木通 　　图7-16 细叶小檗

〔形态特征〕（图7-16）多年生落叶灌木。枝条褐色，有槽，刺分三叉或不分叉或无刺。总状花序有时近伞形。浆果红色，矩圆形。

〔分布〕我国栽培甚广。

〔生态习性〕喜阳和温暖气候，生长势和适应性强，耐瘠。生于山坡、路旁或溪边。

〔繁殖〕播种育苗移植或分株栽培。

〔用途〕庭园或护坡，防治侵蚀地被。

17. 箭叶淫羊藿（小檗科淫羊藿属）

〔名称〕通名：箭叶淫羊藿。别名：三枝九叶草、羊合叶。

拉丁名：*Epimedium sagittatum*（Sieb. et Zucc.）Maxim.

英 名：Arrow Epimedium

〔形态特征〕（图7-17）多年生常绿草本。根茎质硬多须根。基生叶1~3，三出复叶，叶柄细长，小叶卵状披针形，基部心形，箭镞形。圆锥花序或总状花序顶生。花有紫色斑点，内轮白色。蓇葖果卵圆形。

〔分布〕长江流域以南地区有分布。

〔生态习性〕喜荫蔽湿润环境。常生于阴湿山沟、山坡、林下及路旁石缝中。

〔繁殖〕播种育苗或分株。

〔用途〕庭园及阴湿生境地被。

18. 十大功劳（小檗科十大功劳属）

〔名称〕通名：十大功劳。别名：土柏枝。

拉丁名：*Mahonia fortunei*（Lindl.）Fedde

英 名：Chinese Mahonia

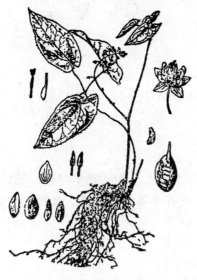

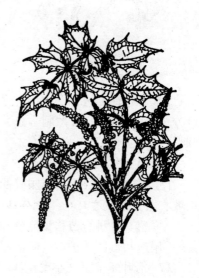

图7-17 箭叶淫羊藿　　　　　　图7-18 十大功劳

〔形态特征〕（图 7‐18）常绿灌木。单数羽状复叶，有叶柄，小叶 7~13，厚革质，上面亮绿色，下面淡绿色，平滑而光泽。总状花序密生多数小花，黄色。果球形，蓝黑色。

〔分布〕湖北、四川、台湾等省，各地广为栽培。

〔生态习性〕喜光、耐半荫，宜温暖气候。耐寒、耐干旱。对土壤要求不严格。

〔繁殖〕播种、扦插及分株繁殖。

〔用途〕庭园观赏植物，绿篱、花境或草地边缘丛植等地被。

19. 花菱草（罂粟科花菱草属）

〔名称〕通名：花菱草。别名：金英花、人参花。

拉丁名：*Eschscholzia californica* Cham.

英　名：California poppy

〔形态特征〕（图 7‐19）多年生草本，常作一、二年生栽培。全株光滑无毛，有白粉。叶互生，三出式多回羽状细裂，花单生枝顶，具长硬。花橘红色或黄色，乳白色。蒴果细长。

〔分布〕北美西部。我国引种栽培。

〔生态习性〕喜阳、耐寒。花朵在阳光下开放，阴天及夜间闭合。

〔繁殖〕秋季播种育苗移植或自播。

〔用途〕庭园及大面积地被；路边、花镜、草坪丛植，护坡地被。

20. 香雪球（十字花科香雪球属）

〔名称〕通名：香雪球。别名：小白花。

拉丁名：*Lobularia maritima*（Lam.）Desv.

英　名：Sweetalyssum

〔形态特征〕（图 7‐20）多年生草本，作一年生栽培。低矮，全株有丁字毛，茎丛生，多分枝。叶互生条形，全缘。总状花序集生于茎顶，开花期间如同花球。短角果近圆或卵形，扁平。种子近圆形，有一窄翅。

〔分布〕原产地中海沿岸，我国引种栽培。

〔生态习性〕喜光、较耐荫，忌炎热，耐寒性不强。

〔繁殖〕播种育苗移植或自播。

〔用途〕庭园及大面积地被或自播地被。

图 7-19　花菱草　　　　　图 7-20　香雪球

21. 诸葛菜（十字花科诸葛菜属）

〔名称〕通名：诸葛菜。别名：二月兰。

拉丁名：*Orychophragmus violaceus*（L.）O. E. Schulz

英　名：Violet Orychophragmus

〔形态特征〕（图 7-21）越年生草本。植株低矮，有粉霜；基部叶和下部叶具叶柄，大头羽状分裂，顶生裂片裂肾形或三角状卵形，基部心形。总状花序顶生，花深紫色。长角果条形。花期春末夏初。

〔分布〕我国南北方许多山坡、路边。

〔生态习性〕耐寒性强，对土壤要求不严，适应性强。

〔繁殖〕播种育苗或自播繁殖。

〔用途〕大面积具自然式地被或护坡地被。

22. 佛甲草（景天科景天属）

〔名称〕通名：佛甲草。别名：鼠牙半支莲。

图 7-21 诸葛菜

图 7-22 佛甲草

拉丁名：*Sedum lineare* Thunb.

英 名：Linear Stonecrop

〔形态特征〕（图 7-22）多年生肉质草本。低矮，不育枝斜生。叶条形，常 3 叶轮生。聚伞花序顶生，中心有一个短梗的花，花序分枝，花黄色。植株细腻，花色美丽。

〔分布〕我国分布栽培甚广。

〔生态习性〕耐寒、耐瘠性强；喜阳，可生长于低山阴湿处、石缝中或砂砾上。具 CAM 特性植物（景天酸代谢途径型）。

〔繁殖〕以无性繁殖为主。

〔用途〕庭园及大面积地被和原野斜坡地被。

23. 垂盆草（景天科景天属）

〔名称〕通名：垂盆草。别名：狗牙齿、柔枝景天。

拉丁名：*Sedum sarmentosum* Bunge

英 名：Stringy Stonecrop

241

〔形态特征〕（图7－23）多年生肉质草本。低矮，匍匐生根，不育枝和花枝细弱。3叶轮生，倒披针形至矩圆形，顶端近急尖。花聚伞状，有3~5个分枝。花少数无花梗，淡黄色。

〔分布〕我国分布栽培甚广。

〔生态习性〕耐寒、耐热、耐干旱性都强于佛甲草。适宜生长于山坡、溪流、岩石上，喜砂质土壤。具CAM特性植物。本属适宜作地被植物者很多。

〔繁殖〕无性繁殖为主。

〔用途〕庭园、原野地被。

24. 虎耳草（虎耳草科虎耳草属）

〔名称〕通名：虎耳草。别名：疼耳草、矮虎耳草。

拉丁名：*Saxifraga stolonifera* Meerb.

英　名：Greeping Rockfoil

〔形态特征〕（图7－24）多年生草本。低矮，茎基部伸出细长匍匐茎着地生根，再成植株。叶基生肾形，有浅裂，两面有长状毛，下面常红紫色或有斑点。圆锥花序稀疏，花白色。蒴果。

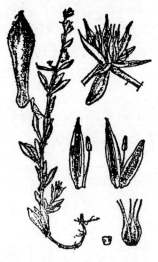

图7－23　垂盆草

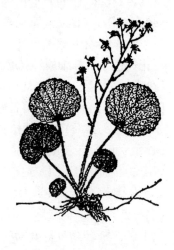

图7－24　虎耳草

〔分布〕四川、湖北及许多地方常有栽培。

〔生态习性〕喜温暖气候和阴湿地，经伏夏在秋季气温下降后再生力强。生态型多，应用价值高。

〔繁殖〕以分株移栽为主，或播种繁殖。

〔用途〕观叶为主的庭园地被。

25. 海桐（海桐花科海桐花属）

〔名称〕通名：海桐。

拉丁名：*Pittosporum tobira*（Thunb.）Ait.

英 名：Tobira Pittosporum

〔形态特征〕（图7－25）小乔木或灌木，人工控制成地被。枝条近轮生，叶聚生枝端，革质，狭倒卵形。花序近伞形，花香白色或带淡黄绿色。蒴果近球形，果皮木质，种子暗红色。

〔分布〕广东、福建、浙江、江苏等省及许多庭园有栽培。

〔生态习性〕喜光、温暖湿润气候，稍耐荫，耐修剪，对土壤适应性强。

〔繁殖〕播种或扦插育苗移植。

〔用途〕园林绿篱或孤植、丛植于庭园。

26. 檵木（金镂梅科檵木属）

〔名称〕通名；檵木。别名：檵紫、坚漆、山漆柴。

拉丁名：*Loropetalum chinense*（R. Br.）Oliver

英 名：Chinese loropetalum

〔形态特征〕（图7－26）落叶灌木或小乔木。小枝有褐锈色星状毛。叶革质，卵形。花两性，3～8朵簇生；苞片条形，萼筒有星状毛，有花梗，花瓣白色。蒴果木质，种子卵形。

〔分布〕长江中下游及其以南地区。

〔生态习性〕喜温暖气候、酸性土壤，适应性强。应控制高度成地被。

〔繁殖〕播种或扦插育苗移植。

〔用途〕花多显著，可作观花庭园地被。

图 7 - 25 海桐

图 7 - 26 檵木

27. 蚊母树（金镂梅科蚊母树属）

〔名称〕通名：蚊母树。

拉丁名：*Distylium racemosum* Sieb. et Zucc.

英 名：Racemose Distylium

〔形态特征〕（图 7 - 27）多年生常绿灌木。小枝和芽有垢状鳞毛。叶厚革质，椭圆形或倒卵形。总状花序，苞片披针形，雄蕊下位，着生于萼筒之内侧；子房与果实被鳞毛。蒴果卵圆形。

〔分布〕广东、福建、浙江、台湾等省及许多庭园。

〔生态习性〕适应性和抗逆性强，喜温暖、湿润气候，较耐荫、耐修剪。宜控制高度。

〔繁殖〕播种或扦插繁殖。

〔用途〕庭园，公路分车道，防治侵蚀地被。

28. 平枝枸子（蔷薇科枸子属）

〔名称〕平枝枸子。别名：枸刺木、岩楞子、山头姑娘。

拉丁名：*Cotoneaster horizontalis* Decne.

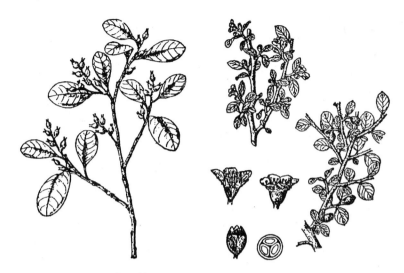

图 7 - 27　蚊母树　　　　　　图 7 - 28　平枝枸子

英　名：Rock cotoneaster

〔形态特征〕（图 7 - 28）落叶或半常绿灌木。低矮，枝水平开展成整齐两列状；小枝黑褐色。叶片近圆形或宽椭圆形，基部楔形，全缘。花 1～2 朵，近无梗，粉红色，萼筒钟状。梨果近球状，鲜红色。

〔分布〕陕西、甘肃、湖北、湖南、云南、贵州、四川等地，栽培甚广。

〔生态习性〕生长势、适应性、耐寒性、耐瘠性均强。

本属有许多乡土植物和匍匐枸子、矮生枸子、细尖枸子、小叶枸子等，都是优良地被植物。

〔繁殖〕播种或扦插繁殖。

〔用途〕庭园观花、观叶、观果地被或斜坡地被。

29. 蛇莓（蔷薇科蛇莓属）

〔名称〕通名：蛇莓。

拉丁名：*Duchesnea indica*（Andrews）Focke

英　名：Indian Mockstrawberry

〔形态特征〕（图7-29）多年生草本。具长匍匐茎，有柔毛。
三出复叶，小叶片近无柄，菱形，卵形或倒卵形，边缘具钝锯齿。
果膨大成半圆形海绵质，红色，花瓣黄色。瘦果。

〔分布〕辽宁以南许多省市区有分布。

〔生态习性〕耐寒、喜阳，较耐荫，适应性强。

〔繁殖〕插种或无性繁殖。

〔用途〕适作乔木、灌木的地下地被或原野地被。

30. 蛇含委陵草（蔷薇科委陵菜属）

〔名称〕通名：蛇含委陵草。别名：五皮风、五爪金龙、蛇含。

拉丁名：*Potentilla kleiniana* Wight et Arn.

英　名：Klein Cinquefoil

图7-29　蛇莓　　　　　　　图7-30　蛇含委陵草

〔形态特征〕（图7-30）多年生草木。根茎短，茎多分枝、细
长，稍匍匐。掌状复叶，基部叶小，叶5，倒卵形或倒披针形，边缘

有粗锯齿。托叶近膜质。贴生于叶柄，伞房状聚伞花序有多花。花黄色，瘦果宽卵形。

〔分布〕自东北至广东、广西等省区。

〔生态习性〕喜温暖湿润气候、酸性土壤，耐寒性、抗逆力强，不耐高温。本属翻白草、匍匐委陵草等也是优良地被。

〔繁殖〕播种或无性繁殖。

〔用途〕庭园或原野地被。

31. 珍珠绣线菊（蔷薇科绣线菊属）

〔名称〕通名：珍珠绣线菊。别名：喷雪花。

拉丁名：*Spiraea thunbergii* Sieb. ex Bl.

英　名：Thunberg Spiraea

〔形态特征〕（图7-31）灌木高可达1.5m，枝条弧形弯曲，小枝有棱，幼时有短柔毛。叶片条状披针形，边缘浅圆齿。伞形花序无总花梗，花3~7朵，基部丛生几个小形叶片；花白色，萼筒钟状，裂片三角形，蓇葖果。

〔分布〕山东、江苏、浙江等省栽培甚广。

〔生态习性〕喜温暖湿润气候，耐瘠、较耐寒。本属有许多种和品种是优良地被。

〔繁殖〕播种、扦插、分株繁殖。

〔用途〕庭园及大面积地被。

32. 红毛悬钩子（蔷薇科悬钩子属）

〔名称〕通名：红毛悬钩子。

拉丁名：*Rubus pinfaensis* L'evl. et Vant.

英　名：Pinfa Raspberry

〔形态特征〕（图7-32）落叶蔓生小灌木。小枝粗壮，红褐色，有棱，密生红褐色刚毛和疏生皮刺。三出复叶，边缘有不整齐的锯齿，沿叶脉疏生皮刺和柔毛。花单生或数朵在叶腋丛生，花梗短，花白色。聚合果球形，红色。

〔分布〕湖北、云南、贵州、四川、台湾等地。

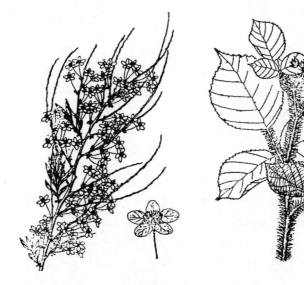

图7-31　珍珠绣线菊　　　　　图7-32　红毛悬钩子

〔生态习性〕生长势、适应性、耐瘠性均强。应驯化栽培。

〔繁殖〕播种或扦插繁殖。

〔用途〕庭园边缘栽培。原野斜坡或防治侵蚀地被。

33. 火棘（蔷薇科火棘属）

〔名称〕通名：火棘。别名：火把果、救军粮。

拉丁名：*Pyracantha fortuneana*（Maxim.）Li

英　名：Forture Pyracantha

〔形态特征〕（图7-33）常绿灌木。枝密生，窄叶倒卵状或倒卵状矩圆形，边缘有细锯齿，齿尖向内弯，近基部全缘。复伞房花序，花白色。梨果近圆形。

〔分布〕陕西、江苏、浙江、福建、湖北、湖南、广西、云南、贵州、四川等地栽培甚广。

〔生态习性〕喜温暖和阳光充足环境，适应性和耐瘠性很强。野生植株须经驯化后栽培。台湾火棘（*P. koidzumii*（Hayate）Rehd.）

和圆齿火棘（*P. crenulata*（D. Don）Roem.）及许多品种，都有使用价值。

〔繁殖〕播种或扦插繁殖。

〔用途〕庭园和原野地被。防治侵蚀和荒漠地被。

34. 金樱子（蔷薇科蔷薇属）

〔名称〕通名：金樱子。

拉丁名：*Rose leavigata* Michx.

英　名：Cherokee Rose

图 7-33　火棘　　　　　图 7-34　金樱子

〔形态特征〕（图 7-34）常绿攀缘灌木。有钩状皮刺和刺毛，羽状复叶，小叶椭圆状卵形或披针状卵形，有光泽。花白色。蔷薇果大近圆形，有直刺，顶端具宿存萼裂片。

〔分布〕华中、华东、华南、西南等地。

〔生态习性〕喜温暖、向阳山野，耐干旱和瘠薄性强。

〔繁殖〕播种或扦插。

〔用途〕庭园或原野地被，值得重视开发应用。

35.小冠花（豆科小冠花属）

〔名称〕通名：小冠花。别名：蝎子尾那。

拉丁名：*Coronilla emerus* L.

英　名：Scorpionsenna Coronilla

〔形态特征〕（图7-35）半灌木。根系粗壮，羽状复叶，小叶7~9，倒卵形，基部楔形，托叶披针形。伞形花序腋生，总花梗细长。花冠黄色。荚果条形。

〔分布〕原产欧洲，我国干旱地区先引种栽培。

〔生态习性〕喜温暖，较耐寒，抗逆性、再生力均强，但耐湿性差。本属有多变小冠花（*C. varia* L.）其生长特性与本种近似。

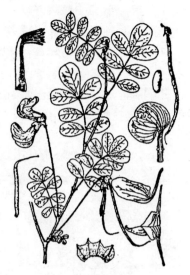

图7-35　小冠花

〔繁殖〕播种或分株。

〔用途〕护坡、防治侵蚀和荒漠地被。

36.百脉根（豆科百脉根属）

〔名称〕通名：百脉根。别名：牛角花、五叶草。

拉丁名：*Lotus corniculatus* L.

英　名：Birdsfoot Trefoil

〔形态特征〕（图7-36）多年生草本作一年生栽培。低矮，小叶5，其中2小叶生于叶柄基部，3小叶生叶柄顶端。花3~4朵排列成伞形花序具叶状总苞，花冠黄色。荚果长圆柱形，种子绿色肾形。

〔分布〕华中、西南、华南、陕西、甘肃等地山坡、草地湿润处。

〔生态习性〕喜温暖湿润气候，忌高温。

〔繁殖〕播种。

〔用途〕原野地被。

37. 苦参（豆科槐属）

〔名称〕通名：苦参。别名：地槐、苦骨、山槐子、地骨。

拉丁名：*Sophora flavescens* Ait.

英　名：Lightyellow Sophora

〔形态特征〕（图 7-37）小灌木。羽状复叶，小叶 25～29，披针形至条状披针形。总状花序顶生，萼钟状，花冠淡黄色，旗瓣匙形。花味苦。荚果。

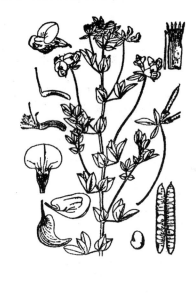

图 7-36　百脉根

图 7-37　苦参

〔分布〕南方许多地区有分布。

〔生态习性〕适应性、抗逆性很强，常见于沙地、山坡地阴处。

〔繁殖〕播种或分株。

〔用途〕原野地被。防治侵蚀和荒漠地被。

38. 白三叶（豆科车轴草属）

〔名称〕通名：白三叶。别名：白车轴草、荻草翘摇。

拉丁名：*Trifolium repens* L.

英 名：White clover

〔形态特征〕（图7-38）多年生草本。茎匍匐，无毛，叶具3小叶，小叶倒卵形至近倒心脏形，基部楔形，托叶椭圆形、抱茎。花序呈头状，有长总花梗。花冠白色或淡红色，荚果倒卵状矩形。

〔分布〕辽宁、黑龙江、新疆、贵州、云南等地有自然分布（美国植物探险家梅尔于1906年从辽宁营口搜集回国）。也有从国外引种的。

〔生态习性〕喜温暖湿润气候，耐酸性强，不耐高温和干旱。茎尖端能分泌化学物质，他感作用强，扩展力大，若侵入禾本科草坪，极难防除。

〔繁殖〕播种或无性繁殖。

〔用途〕庭园或原野地被，防治侵蚀和荒漠地被。

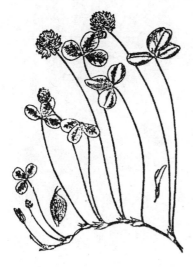

图7-38 白三叶

图7-39 紫藤

39. 紫藤（豆科紫藤属）

〔名称〕通名；紫藤。别名：朱藤、藤蔓。

拉丁名：*Wisteria sinensis*（Sims）Sw.

英　名：Chinese wisteria

〔形态特征〕（图 7 - 39）落叶攀缘灌木，小枝淡褐色至赤褐色，有细棱。单数羽状复叶，小叶 7～13，卵形或卵状披针形，先端渐尖。总状花序腋生，下垂，花大，紫色，荚果坚硬。

〔分布〕山东、河南、河北和长江流域及广东、广西等地。

〔生态习性〕生长势强，喜光和排水良好土壤。

〔繁殖〕播种育苗、扦插、压条、分株。

〔用途〕庭园棚架遮荫及斜坡防治侵蚀等地被。

40. 天竺葵（牻牛儿苗科天竺葵属）

〔名称〕通名：天竺葵。别名：入腊红。

拉丁名：*Pelargonium hortorum* Bailey

英　名：Fish Pelargonium

〔形态特征〕（图 7 - 40）多年生直立草本。茎肉质，基部木质，多分枝，有鱼腥气。叶互生，圆肾形，基部心脏形，上面有暗红色马蹄形环纹，伞形花序顶生，花多数，花瓣红色、粉红色、白色。蒴果。

〔分布〕原产非洲南部，我国引种栽培。

〔生态习性〕喜阳和温暖，不耐霜冻，适应性和抗逆力强。本属有马蹄纹天竺葵（*P. zonale*）、大花天竺葵（*P. domesticum*）、香叶天竺葵（*P. graveloens*）等。

〔繁殖〕茎扦插繁殖。

图 7 - 40　天竺葵

〔用途〕庭园和原野地被。

41. 续随子（大戟科大戟属）

〔名称〕通名：续随子。别名：千金子，小巴豆。

拉丁名：*Euphorbia lathyris* L.

英　名：Caper Euphobia

〔形态特征〕（图7-41）越年生草本。茎直立，粗壮，无毛，多分枝。茎下部的叶密生，条状披针形，无柄全缘，基部心形抱茎。总花序顶生2~4伞梗呈伞状，基部有2~4叶轮生。花总苞杯状。蒴果近球形。

〔分布〕原产欧洲，我国有栽培。

〔生态习性〕喜阳和温暖气候，生于向阳山坡。本属柏大戟（*E. cyparissias*）等都具使用价值的地被。

〔繁殖〕播种。

〔用途〕庭园地被。

42. 枸骨（冬青科冬青属）

〔名称〕通名：枸骨。别名：猫儿刺、老虎刺、八角刺。

拉丁名：*Ilex cornuta* Lindl.

图7-41　续随子　　　　　图7-42　枸骨

英 名：Chinese holly

〔形态特征〕（图7－42）常绿灌木。叶硬革质，矩圆状四方形，有硬而尖的刺齿，基部平截，两侧各有尖硬刺齿。花黄绿色。雌雄异株，果球形，鲜红色。

〔分布〕长江中、下游各省，栽培甚广。

〔生态习性〕适应性强，耐瘠、耐荫，生于山坡、谷地。本属钝齿冬青（*I. crenata* Thunb.）、代茶冬青（*I. vomitoria*）等也是优良地被。

〔繁殖〕播种育苗。

〔用途〕庭园地被。

43. 扶芳藤（卫矛科卫矛属）

〔名称〕通名：扶芳藤。别名：爬藤黄杨。

拉丁名：*Euonymus fortunei*（Turcz.）Hand. – Mazz.

英 名：Winter creeper Euonymus

〔形态特征〕（图7－43）常绿匍匐灌木。茎枝常有多数附生根，叶对生，薄革质，椭圆形。聚伞花序具长梗，顶端二歧分枝，每枝多数短梗花组成球状小聚伞，分枝中央有一单花，花白绿色。蒴果黄红色，近圆形。

〔分布〕黄河和长江流域各地，栽培甚广。

〔生态习性〕适应性强，喜阳、耐热、耐寒，可绕树、爬墙或匍匐在石山上。

〔繁殖〕扦插或分株。

〔用途〕庭园、墙垣绿化或治理侵蚀地被。

图7－43 扶芳藤

44. 爬山虎（葡萄科爬山虎属）

〔名称〕通名：爬山虎。别名：爬墙虎、地锦。

拉丁名：*Parthenocissus tricuspidata*（Sieb. et Zucc.）Planch.

英　名：Japanese creeping, Boston Ivy

〔形态特征〕（图7-44）落叶大藤本。枝条粗壮，多分枝，卷须顶端扩大成吸盘。叶宽卵形，通常3裂，叶缘有粗锯齿。聚伞花序通常生于短枝顶端的两叶之间。浆果蓝色。

〔分布〕吉林至广东广大的地域均有分布。

〔生态习性〕生长势、抗逆性强，喜向阳位置，忌辐射高温。在我国北方多为五叶爬山虎（*P. quinquefolia*）；另外，异叶爬山虎（*P. heterophylla*）和川鄂（花叶）爬山虎（*P. henryana*）等也有使用价值。

〔繁殖〕以扦插繁殖为主。

〔用途〕覆被墙壁、岩坡、斜坡、建筑物表面；高速公路和铁路旁等侵蚀地。

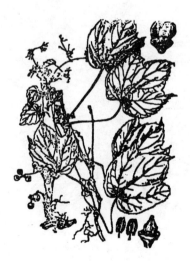

图7-44　爬山虎

图7-45　金丝桃

45. 金丝桃（藤黄科金丝桃属）

〔名称〕通名：金丝桃。别名：金丝海棠、照月莲、土连翘。

拉丁名：*Hypericum monogynum* L.

英　名：Chinese St. John's wort

〔形态特征〕（图 7 - 45）常绿或半常绿小灌木。全株光滑无毛，分枝稠密，小枝对生，红褐色；叶对生无柄，长椭圆形，顶端钝尖，基部渐狭而稍抱茎。花顶生，单生或成聚伞花序。花鲜黄色，雄蕊花丝多而细长，金黄色，花冠似桃花。花期 5～9 月。蒴果卵圆形。

〔分布〕河北至广东、四川、云南等地。

〔生态习性〕喜光，适应性强，稍耐荫，花朵十分漂亮，但不耐严寒。

本属有黄海棠（*H. ascyron*）、小连翘（*H. erectum*）、毛金丝桃（*H. hirsutum*）等。

〔繁殖〕以播种育苗、扦插、分株繁殖。

〔用途〕庭园或原野地被。

46. 西番莲（西番莲科西番莲属）

〔名称〕通名：西番莲。别名：鸡蛋果。

拉丁名：*Passiflora edulis* Sims

英　名：Passionflower

〔形态特征〕（图 7 - 46）蔓生植物。茎圆柱形，叶薄革质，掌状三深裂。花单生于叶腋，苞片 3 叶状，萼片 5，花瓣 5，与萼片近等长；副花冠由许多丝状体组成 3 轮排列，下部紫色，上部白色，花丝合生，紧贴雌蕊柄。浆果卵形，成熟后紫色，种子极多。

〔分布〕原产巴西。我国南方

图 7 - 46　西番莲

多有栽培。

〔生态习性〕喜湿，向阳攀缘地被。

〔繁殖〕播种育苗。

〔用途〕棚架遮荫、斜坡地被。

47. 倒挂金钟（柳叶菜科倒挂金钟属）

〔名称〕通名：倒挂金钟。别名：吊钟海棠。

拉丁名：*Fuchsia hybrida* Voss.

英　名：common Fuchsia

〔形态特征〕（图7－47）灌木状草本。叶对生，卵形，基部近圆形，叶柄较长。花两性，生于枝端叶腋，下垂。花萼红色，萼筒状；花紫红色，稍短于花萼裂片，雄蕊8，伸出于花瓣之外；花柱超出于雄蕊之外。

〔分布〕原产南美洲，我国南方多有栽培。

〔生态习性〕喜阴湿、温暖通风环境，不耐寒，怕涝，忌夏季炎热。

〔繁殖〕扦插。

〔用途〕庭园地被。

图7－47　倒挂金钟　　　　　图7－48　待霄草

48. 待霄草（柳叶菜科月见草属）

〔名称〕通名：待霄草。别名：月见草、夜来香、山芝麻。

拉丁名：*Oenothera odorata* Jacq.

英　名：Fragrant Eveningprimrose

〔形态特征〕（图 7-48）多年生草本。主根发达近木质；茎直立，基部叶丛生，具柄，互生，条状披针形，边缘具不整齐疏锯齿。花两性，单生于叶腋，鲜黄色。蒴果圆柱形。

〔分布〕原产南美洲，我国南方多有栽培。

〔生态习性〕喜阳和温暖气候，但不耐寒。因花于夜幕降临时开放，别具一格情趣。

〔繁殖〕播种育苗或自播。

〔用途〕庭园或原野地被。

49. 欧常春藤（五加科常春藤属）

〔名称〕通名：欧常春藤。别名：洋常春藤。

拉丁名：*Hedera helix* L.

英　名：*common* Ivy

〔形态特征〕（图 7-49）常绿悬垂藤本。叶互生，革质，3~5 裂，表面暗绿色，背面苍绿色或黄绿色，叶脉带白色。球状伞形花序，花黄色，通常聚生。浆果球形、黑色。花期 10 月。

图 7-49　欧常春藤

〔分布〕产于欧洲。我国南方许多地方引种栽培。

〔生态习性〕喜湿，较耐荫，畏严寒。藤具较短附生器官，自上往下生长，或伏地生长。品种较多，常见银边常春藤（*H. h.* var. *cullisii*）和金边常春藤（*H. h.* var. *marginata*）等。

〔繁殖〕扦插为主，也有播种育苗的。

〔用途〕庭园地被或墙垣绿化。

50. 中华常春藤（五加科常春藤属）

〔名称〕通名：中华常春藤。别名：爬树藤、爬墙虎。

拉丁名：*Hedera nepalensis* K. Koch var. *sinensis*（Tobl.）Rehd.

英　名：Chinese Ivy

〔形态特征〕（图7-50）常绿藤本，茎上有附生根，嫩枝有锈色鳞片，叶二型，不育枝的叶为三角状卵形或戟形；花枝上的叶椭圆状披针形。伞形花序单生或2~7顶生。花淡黄色或淡绿白色。果球形熟时红色或黄色。

〔分布〕华中、华南、西南及甘肃、陕西等地。

〔生态习性〕喜温暖湿润气候，耐荫。

〔繁殖〕扦插、播种。

〔用途〕庭园及路边、墙壁、岩石、斜坡覆被地被。

51. 石岩杜鹃（杜鹃花科杜鹃花属）

〔名称〕通名：石岩杜鹃。别名：钝叶杜鹃、日本杜鹃、豆瓣杜鹃。

图7-50　中华常春藤

图7-51　石岩杜鹃（引自谭沛祥　方文培《华南杜鹃花志》）

拉丁名：*Rhododendron obtusum*（Lindl.）Planch.

英　名：Japanese Rhododendron

〔形态特征〕（图7-51）常绿或半常绿灌木。根系密集数量多，枝密生，有的平卧状。叶片质厚有光泽，互生，椭圆形或倒卵形，似蚕豆瓣。花生长于新梢顶端，2至数朵簇生，花橘红色至深红色。盛花时花叶并茂。

〔分布〕原产日本，我国栽培甚广。

〔生态习性〕喜微酸性土壤、温暖湿润气候，忌高温、阳光曝晒。

〔繁殖〕扦插繁殖。

〔用途〕庭园、大面积景观地被或原野地被。

52.过路黄（报春花科珍珠菜属）

〔名称〕通名：过路黄。别名：金钱草。

拉丁名：*Lysimachia christinae* Hance

英　名：Christina Loosestrife

〔形态特征〕（图7-52）多年生草本。全株被铁锈色柔毛。叶对生，卵形至卵状披针形。聚伞花序，花成对，腋生，花冠黄色，长于花萼，花丝基部合生成筒。蒴果球形。

〔分布〕中原地区和长江流域广布。

〔生态习性〕喜温暖气候，生长势和匍匐性强。

〔繁殖〕分株栽培为主。

〔用途〕庭园和原野地被。

53.蓝雪花（蓝雪科蓝雪属）

〔名称〕通名：蓝雪花。别名：白花丹、蓝茉莉、蓝花矶松。

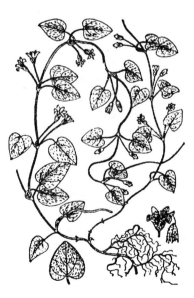

图7-52　过路黄

拉丁名：*Plumbago auriculata* Lam.

英　名：Blueflowed Leadword

〔形态特征〕（图7－53）半灌木。枝具棱槽。叶矩圆形，顶端钝而具短尖头，基部楔形。穗状花序顶生或腋生。花萼浅绿色，花冠高脚碟状，浅蓝色。蒴果膜质。

〔分布〕原产非洲南部。我国引种甚广。

〔生态习性〕喜温暖潮湿环境，稍耐荫，不耐寒。

〔繁殖〕扦插、分株。

〔用途〕庭园地被。

54. 金钟花（木樨科连翘属）

〔名称〕通名：金钟花。别名：黄金条。

拉丁名：*Forsythia viridissima* Lindl.

英　名：Green stem Forsythia.

〔形态特征〕（图7－54）落叶灌木。枝条直立，小枝四棱形，绿色，髓呈薄片状。叶对生，椭圆状矩圆形至披针形，无毛，顶端锐尖。先花后叶，1～3朵腋生。蒴果卵球形。

图7－53　蓝雪花

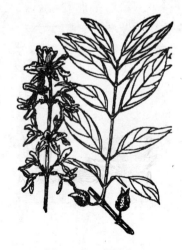

图7－54　金钟花

〔分布〕长江流域各省。

〔生态习性〕温暖、湿润气候，喜光、适应性强。

〔繁殖〕扦插或分株。

〔用途〕庭园地被。

55. 络石（夹竹桃科络石属）

〔名称〕通名：络石。别名：爬山虎、钻骨风、棉絮绳。

拉丁名：*Trachelospermum jasminoides*（Lindl.）Lem.

英　名：Chinese Starjasmine

〔形态特征〕（图7-55）常绿木质藤本。具乳汁，枝条和节有气生根，攀缘树上或墙壁。叶对生，椭圆形或卵状披针形。聚伞花伞腋生和顶生，花白色。蓇葖果。

〔分布〕原产我国，栽培甚广。

〔生态习性〕喜阴湿温暖气候，不耐寒，忌水湿，生长势和耐瘠性强。变种较多，利用价值高。

〔繁殖〕扦插、压条或播种。

〔用途〕庭园地被、攀缘植物栽培。

图7-55　络石

图7-56　五爪金龙

263

56. 五爪金龙（旋花科旋花属）

〔名称〕通名：五爪金龙。别名：喇叭花。

拉丁名：*Impomoea cairica*（L.）Sweet

英　名：Fingerleaf Morningglory

〔形态特征〕（图7-56）多年生缠绕藤本。茎灰绿色。叶互生指状，五深裂几达基部，裂片椭圆状披针形。花序有花1~3朵，腋生，总花梗短；花冠漏斗状，淡紫红色。蒴果瓣裂。

〔分布〕原产北美洲，我国引种栽培甚广。

〔生态习性〕喜温暖湿润气候。

〔繁殖〕播种或自播。

〔用途〕庭园、攀缘绿化或原野地被。

57. 马蹄金（马蹄金科或为旋花科，马蹄金属）

〔名称〕通名：马蹄金。别名：黄胆草、金钱草。

拉丁名：*Dichondra repens* Forst.

英　名：Creeping Dichondra

〔形态特征〕（图7-57）多年生草本。茎细长，匍匐地面，被灰色短柔毛，节着土生根。叶互生，圆形或肾形，基部心形。花单生叶腋，黄色形小，花梗短于叶柄。花冠钟形。蒴果近球形。

〔分布〕长江流域以南许多地方，栽培甚广。

〔生态习性〕喜温暖、湿润气候，但耐寒性较差。

〔繁殖〕无性繁殖或播种。

〔用途〕庭园或原野地被。

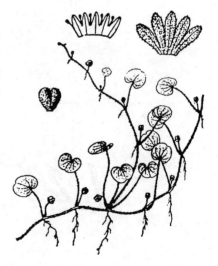

图7-57　马蹄金

58. 迎春花（木犀科迎春属）

〔名称〕通名：迎春花。别名：迎春、金腰带。

拉丁名：*Jasminum nudiflorum* Lindl.

英　名：Winter Jasmine

〔形态特征〕（图 7－58）落叶灌木。小枝细长，有四棱，绿色无毛。三出复叶，对生，小叶卵状椭圆形。花单生叶腋，花冠黄色，高脚碟状。早春开花故名迎春。

〔分布〕陕西、甘肃、河南、山东、云南、贵州、四川等地。

〔生态习性〕喜光，耐寒、耐旱、耐碱，适应性强。

〔繁殖〕扦插、压条繁殖。

〔用途〕庭园及垂吊栽培地被。

59. 勿忘草（紫草科勿忘草属）

〔名称〕通名：勿忘草。别名：粘粘草。

拉丁名：*Myosotis sylvatica* Hoffm.

英　名：Woodland Forgetmenot

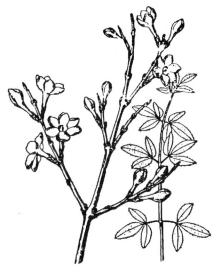

图 7－58　迎春花

图 7－59　勿忘草

〔形态特征〕（图7-59）直立性，一年生（越年）草本，被长梗毛或短柔毛。叶互生，矩圆状条形或倒披针形，近无柄。总状花序长而疏散。花冠蓝色，喉部黄色。

〔分布〕长江流域及东北、华北、西北地区等地。

〔生态习性〕耐寒、喜温暖、日照充分、凉爽气候。品种甚多，使用价值高。

〔繁殖〕播种或自播。

〔用途〕庭园或原野地被。

60. 马缨丹（马鞭草科马缨丹属）

〔名称〕通名：马缨丹①。别名：五色梅。

拉丁名：*Lantana camara* L.

英 名：common Lantana

〔形态特征〕（图7-60）半藤本灌木。有臭味，茎四方形，有糙毛和下弯钩刺。叶对生，卵形至卵状矩圆形。头状花序腋生。总花梗长于叶柄。花冠黄色、橙黄色、粉红色。果实圆球形。

图7-60 马缨丹

〔分布〕原产热带美洲，我国引种作庭园栽培。

〔生态习性〕喜温和阳光，耐干旱和瘠薄，生长势、适应性强。

〔繁殖〕扦插育苗。

〔用途〕庭园及治理侵蚀地被。

61. 臭牡丹（马鞭草科臭牡丹属）

〔名称〕通名：臭牡丹。别名：矮桐子、大红袍、臭八宝。

拉丁名：*Clerodendrum bungei* Steud.

---

① 马缨丹为世界十大恶性杂草之一，宜有控制的使用。

英　名：Rose Glorybower

〔形态特征〕（图7－61）常绿小灌木。嫩枝稍有柔毛，叶有强烈臭味，宽卵形或卵形。聚伞花序紧密顶生。花萼紫红色或下部绿色；花冠淡红、红色或紫色。核果倒卵形或球形。成熟后蓝紫色。

〔分布〕华北、西北、西南各省。

〔生态习性〕喜温暖、湿润气候，较耐荫。

〔繁殖〕播种、分株、根蘖繁殖。

〔用途〕原野地被。

62. 美女樱（马鞭草科马鞭草属）

〔名称〕通名：美女樱。

拉丁名：*Verbena hybrida* Voss

英　名：common Garden Verbena

〔形态特征〕（图7－62）多年生草本或作一、二年生栽培。茎具四棱，枝多横展，匍匐状。叶对生，有柄，长椭圆形，边缘有不等大的阔圆齿或近基部稍分裂。穗状花序顶生，开花部分呈伞房状；花有蓝、紫、红、粉红、白色等。小坚果。

图7－61　臭牡丹　　　　　图7－62　美女樱

〔分布〕原产美洲热带地区。我国引种栽培较多。

〔生态习性〕耐寒，喜温暖气候，耐瘠。不耐高温、干旱。

另一种细叶美女樱（*V. tenera* Spreng.）植株低矮。

〔繁殖〕播种、扦插、压条、自播。

〔用途〕庭园或原野地被。

63. 宝盖草（唇形科野芝麻属）

〔名称〕通名：宝盖草。别名：珍珠草、接骨草。

拉丁名：*Lamium amplexicaule* L.

英　名：Henbit Deadnettle

〔形态特征〕（图 7 - 63）越年生草本。叶无柄圆形或肾形，两面均被疏生伏毛。轮伞花序 6 ~ 10 花；花萼筒状钟形，花冠粉红或紫红色。小坚果倒卵形。

〔分布〕河南、华东、华中、西南、西北等地。

〔生态习性〕喜温暖，较耐寒，适应性强。

〔繁殖〕播种或自播。

图 7 - 63　宝盖草

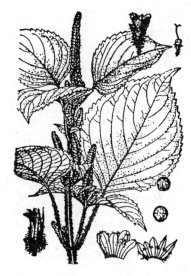

图 7 - 64　紫苏

〔用途〕原野地被。

64. 紫苏（唇形科紫苏属）

〔名称〕通名：紫苏。别名：白苏。

拉丁名：*Perilla frutescens*（L.）Britton

英　名：common Perilla

〔形态特征〕（图7－64）一年生草本。叶片宽卵形或圆卵形。轮伞花序2花组成顶生或腋生，偏向一侧。花萼钟形，有黄色腺点。花冠紫红色或粉红色至白色。小坚果近球形。

〔分布〕我国栽培甚广。

〔生态习性〕喜温暖湿润气候，耐瘠薄性、适应性强。

〔繁殖〕播种或自播。

〔用途〕原野地被。

65. 彩叶草（唇形科鞘蕊花属）

〔名称〕通名：彩叶草。别名：五色草、洋紫苏。

拉丁名：*Coleus blumei* Benth.

英　名：common coleus

〔形态特征〕（图7－65）多年生草本或亚灌木，常作一年生栽培。茎四棱，少分枝。叶对生，菱状卵形，质薄，有黄、红、紫等多种色彩。轮伞状圆锥花序。花期夏秋季。以观叶为主的地被。

〔分布〕我国引种栽培甚广。

〔生态习性〕喜温、热、向阳及潮湿土壤。

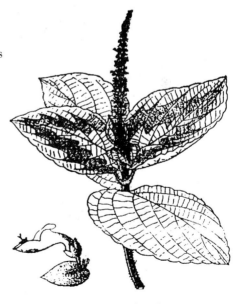

图7－65　彩叶草

〔繁殖〕播种、扦插，能自播。

〔用途〕庭园及原野地被。

66. 筋骨草（唇形科筋骨草属）

〔名称〕通名：筋骨草。

拉丁名：*Ajuga ciliata* Bunge

英　名：ciliate Bugle

〔形态特征〕（图7-66）多年生草本。茎紫红色或绿紫色，幼嫩部分被灰白色长柔毛。叶卵状椭圆形至狭椭圆形。轮伞花序多花，密集排列，顶生假穗状花序。花萼漏斗状钟形，花冠紫色，具蓝色条纹。

〔分布〕华北、西北和西南部分地区，栽培甚广。

〔生态习性〕喜温暖阴湿地方。

〔繁殖〕播种、分株、扦插。

〔用途〕庭园和原野地被。

67. 连钱草（唇形科活血丹属）

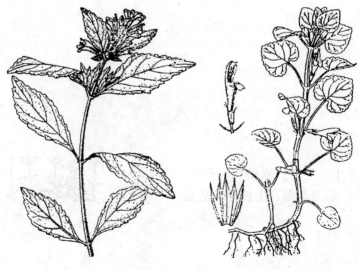

图7-66　筋骨草　　　　　图7-67　连钱草

〔名称〕通名：连钱草。别名：活血丹、金钱草、佛耳带。

拉丁名：*Glechomal longituba*（Nakai）Kupr.

英　名：Longtube Cround Ivy

〔形态特征〕（图 7－67）多年生草本。具发达匍匐茎，节着土生根。茎下部叶较小，心形或肾形，上部叶较大，心形。叶柄长为叶片 1～2 倍。轮伞花序少花，花冠淡蓝色至紫色。

〔分布〕华北、华东、华中、西南多有分布。

〔生态习性〕适应性、生长势强，喜阴湿环境。

〔繁殖〕无性繁殖为主。

〔用途〕原野或庭园地被。

68. 百里香（唇形科百里香属）

〔名称〕通名：百里香。别名：地姜、千里香、地椒。

拉丁名：*Thymus mongolicus* Ronn.

英　名：mongolian Thyme

〔形态特征〕（图 7－68）落叶丛生小灌木。茎可在地上匍匐生长，小枝直立或斜生。枝带红紫色，叶卵形。花头状，花萼筒状钟形，花冠紫红色至粉红色。小坚果近圆形。

〔分布〕甘肃、陕西、青海、山西、河北等地有分布，全国栽培甚广。

〔生态习性〕喜阳，耐干旱、瘠薄，不耐潮湿，生长势和适应性强。

〔繁殖〕播种、扦插、分株。

〔用途〕庭园和原野地被。

图 7－68　百里香

69. 枸杞（茄科枸杞属）

〔名称〕通名：枸杞。

拉丁名：*Lycium chinense* Mill.

英　名：Chinese Wolfberry

〔形态特征〕（图 7 - 69）落叶或常绿灌木。枝细长，呈蔓状，常弯曲下垂，有棘刺。叶互生或簇生在短枝上，卵形。早春嫩叶、嫩梢色彩鲜绿；夏季开花，单生或 3~5 朵簇生叶腋，花淡紫色。浆果卵形，成熟时深红色或橘红色。

〔分布〕各地都有分布和栽培。

〔生态习性〕适应性和抗逆性很强，生长势也强。

〔繁殖〕播种、扦插、分株。

〔用途〕庭园、林缘、岩石缝间地被，防治侵蚀和荒漠地被。

图 7 - 69　枸杞

图 7 - 70　凌霄花

70. 凌霄花（紫葳科凌霄属）

〔名称〕通名：凌霄花（紫葳科凌霄属）。

拉丁名：*Campsis grandiflora*（Thunb.）Loisel.

英　名：Chinese Trumpetcreper

〔形态特征〕（图 7 - 70）落叶木质藤本。借气生根攀附于其他物体上。叶对生，单数羽状，小叶 7 ~ 9 （ ~ 11） 枚，卵形。花序圆锥状，顶生，花萼钟形，花冠漏斗状钟形，橘红色。蒴果长如豆荚。

〔分布〕我国分布广，栽培亦多。

〔生态习性〕喜温暖湿润气候，不耐寒，稍耐荫。另有美洲凌霄（ *C. radicans* Seem. ），其形态特征有区别。

〔繁殖〕扦插、分株或播种。

〔用途〕庭园、攀缘植物或原野地被。

71. 矮栀子（茜草科栀子属）

〔名称〕通名：矮栀子。

拉丁名：*Gardenia augusta* var. *radicans* （Thunb.） Makino

英　名：Miniature gardenia

〔形态特征〕（图 7 - 71）常绿灌木。分枝多，叶轮生或对生，倒卵状披针形，革质有光泽或暗绿色或淡绿色。花单生枝顶或叶腋，花冠肉质白色，花具浓香味。

〔分布〕我国分布和栽培甚广。

图 7 - 71　矮栀子

图 7 - 72　六月雪

〔生态习性〕生长势和适应性强，耐瘠，半耐荫。

〔繁殖〕扦插。

〔用途〕庭园地被。

72. 六月雪（茜草科六月雪属）

〔名称〕通名：六月雪。别名：白马骨。

拉丁名：*Serissa serssoides*（DC.）Druce

英　名：Snow of June

〔形态特征〕（图7-72）多枝灌木。叶对生，常聚生于小枝上部，形状变异很大，卵形至披针形，顶端急尖至稍钝。花白色，近无梗，多朵簇生小枝顶；花冠筒与萼裂片近等长。*S. foetida* 称满天星，与六月雪近似，但其萼齿为三角形，花冠长约为萼的2倍。

〔分布〕长江流域下游和广东、广西有分布，栽培甚广。

〔生态习性〕适应性和抗逆性强。

〔繁殖〕扦插、分株或播种。

〔用途〕庭园地被。

73. 小叶六道木（忍冬科六道木属）

〔名称〕通名：小叶六道木。

拉丁名：*Abelia parvifolia* Hemsl.

英　名：Littleleaf Abelia

〔形态特征〕（图7-73）灌木。幼枝红褐色，叶卵形或狭卵形，基部钝至近圆形，近全缘或略有疏浅锯齿。聚伞花序生小枝上部叶腋；花粉红色至淡紫红色，瘦果状核果。

〔分布〕华中及西南地区。

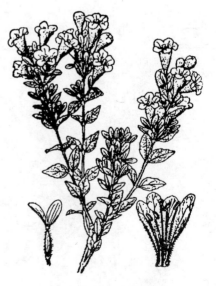

图7-73　小叶六道木

〔生态习性〕喜温暖湿润气候，较耐寒、耐荫。

〔繁殖〕扦插、分株，也可播种。

〔用途〕庭园地被。

74. 金银花（忍冬科忍冬属）

〔名称〕通名：金银花。别名：忍冬、二苞花、通灵草。

拉丁名：*Lonicera japonica* Thunb.

英　名：Japanese Honeysuckle

〔形态特征〕（图7-74）攀缘灌木。幼枝密生柔毛或腺毛。叶宽披针形，基部圆形至近心形。总花梗单生上部叶腋，花先白色略带紫色后转黄色，芳香，唇形，雄蕊和花柱均稍超过花冠，浆果球形黑色。

〔分布〕辽宁至陕西及南方许多地方，栽培甚广。

〔生态习性〕适应性和抗逆性强，斜坡瘠地能很快覆盖。变种多，如白金银花、红金银花等。

〔繁殖〕扦插、压条、分株及播种。

〔用途〕庭园及原野地被。防治侵蚀地被。

图7-74　金银花　　　　　　图7-75　风铃草

75. 风铃草（桔梗科风铃草属）

〔名称〕通名：风铃草。别名：吊钟花、钟花。

拉丁名：*Campanula medium* L.

英　名：Canterburybells

〔形态特征〕（图 7－75）越年生草本。茎粗壮直立，基部叶多数，叶对生披针形，上部叶基部半抱茎。总状花序顶生，花冠有不同深浅的蓝、紫、淡红或白色。初夏开花，钟形似铃。

〔分布〕原产南欧，我国栽培甚广。

〔生态习性〕喜阳、耐寒，不耐炎热，抗逆性强。

〔繁殖〕播种或自播。

〔用途〕庭园或原野地被。

76. 欧蓍草（菊科蓍属）

〔名称〕通名：欧蓍草。别名：千叶蓍。

拉丁名：*Achillea millefolium* L.

英　名：common Yarrow

〔形态特征〕（图 7－76）多年生草本。根状茎匍匐，茎直立稍有棱，密生白色长柔毛。叶披针形，2～3 回羽状全裂。头状花序多数，密集成复伞房状；舌状花白色、粉红色或紫红色，筒状花黄色，瘦果矩圆形。

〔分布〕原产欧洲和新疆，内蒙古、东北等地，栽培甚广。

〔生态习性〕喜温暖湿润气候，适应性、耐瘠性强。

〔繁殖〕扦插、分株、播种和自播。

〔用途〕庭园和原野地被。防治侵蚀地被。

图 7－76　欧蓍草

77. 蟛蜞菊（菊科蟛蜞菊属）

〔名称〕通名：蟛蜞菊。

拉丁名：*Wedelia chinensis*（Osb.）Merr.

英　名：Chinese Wedelia

〔形态特征〕（图 7－77）多年生草本。叶对生，条状披针形或倒披针形，全缘或有疏锯齿，两面密被伏毛，无柄或有短叶柄。头状花序单生于枝端或叶腋。舌状花黄色。瘦果倒卵形。

〔分布〕广东、福建、广西、台湾等地。

〔生态习性〕喜高温湿润气候，适应性和抗逆性强。

〔繁殖〕无性繁殖或播种。

〔用途〕庭园和原野地被。

78. 野菊（菊科菊属）

〔名称〕通名：野菊。

拉丁名：*Dendranthema indicum*（L.）Des Monl.

图 7－77　蟛蜞菊

图 7－78　野菊

英　名：Indian Dendranthema

〔形态特征〕（图 7－78）多年生草本。有粗壮地下根茎，茎直立或铺地生长，叶卵形或矩圆状卵形，基部羽状深裂，顶裂片大。头状花序，在茎枝顶端排成伞房状圆锥花序或不规则伞房花序，舌状花黄色。瘦果。

〔分布〕全国分布很广。

〔生态习性〕喜温暖、向阳地带，适应性和抗逆性均强。

〔繁殖〕扦插、分株或自播。

〔用途〕原野地被，防治侵蚀和荒漠地被。

79. 蒲儿根 （菊科千里光属）

〔名称〕通名：蒲儿根。

拉丁名：*Senecio oldhamianus* Maxim.

英　名：Oldham Groundsel

〔形态特征〕（图 7－79）越年生野生草木。茎直立，下部叶及叶柄着生处被蛛丝状棉毛或无毛，多枝。下部叶有长柄近圆形。头

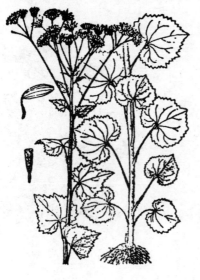

图 7－79　蒲儿根　　　　图 7－80　胜红蓟

状花序复伞房状排列。筒状花多数，黄色。瘦果倒卵状圆柱形。

〔分布〕长江流域中上游和西南地区；越南、缅甸也有分布。

〔生态习性〕喜温暖气候，适应性抗逆性强，在恶劣环境处也能自播形成植被。

〔繁殖〕播种、自播。

〔用途〕大地绿化地被。

80. 胜红蓟（菊科胜红蓟属）

〔名称〕通名：胜红蓟。

拉丁名：*Ageratum conyzoides* L.

英　名：Tropic Ageratum

〔形态特征〕（图7-80）一年生草本。茎稍带紫色，被白色，节着地生根。叶对生，卵形或菱状卵形，基部钝圆形或宽楔形。头状花序较小，在茎或分枝顶端排成伞房花序；总苞片矩圆形，顶端急尖，花淡紫色或浅蓝色。全株具臭味。

〔分布〕原产墨西哥，我国南方各地多有种植。

〔生态习性〕喜温暖，适应性、抗逆性、耐瘠性强，不耐寒。

〔繁殖〕播种或扦插、分株。

〔用途〕庭园和原野地被。

81. 马兰（菊科马兰属）

〔名称〕通名：马兰。别名：鱼鳅串、马兰头、鸡儿肠。

拉丁名：*Kalimeris indica*（L.）Sch. - Bip.

英　名：Indian Kalimeris

〔形态特征〕（图7-81）多年生草本。有根茎，茎直立，叶互生薄质，倒披针形或倒卵状矩圆形，顶端钝或尖，全缘。头状花序，单生于枝顶排成疏伞房状。舌片淡紫色，筒状花多数。瘦果倒卵状矩圆形。

图7-81　马兰

〔分布〕多数省有分布。

〔生态习性〕适应性、生长势强，喜温暖气候。但侵入草坪是难除的杂草。

〔繁殖〕无性繁殖为主。

〔用途〕大地绿化。

82. 大花金鸡菊（菊科金鸡菊属）

〔名称〕通名：大花金鸡菊。

拉丁名：*Coreopsis grandiflora* Hogg.

英　名：Bigflower corepsis

〔形态特征〕（图7-82）多年生。植高0.30~0.80m，茎下部常有稀疏的糙毛，上部有分枝。叶对生，基部叶有长柄，披针形或匙形；下部叶羽状全裂。头状花序，单生枝端，具长花序梗。总苞片外层较短，顶端尖，有缘毛。花黄色。瘦果，广椭圆形或近圆形。花果期6~9月。

〔分布〕原产北美洲，我国许多地方有栽培。

图7-82　大花金鸡菊　　　　图7-83　波斯菊

〔生态习性〕适应性、抗逆性强。

〔繁殖〕播种、分株，也能自播。

〔用途〕庭园和大地地被。

83. 波斯菊（菊科波斯菊属）

〔名称〕通名：波斯菊。别名；秋英、秋樱、大波斯菊。

拉丁名：*Cosmos bipinnatus* Cav.

英　名：common Cosmos

〔形态特征〕（图7-83）一年生草本。植株粗壮，叶对生，二回羽状全裂，线形全缘。头状花序，有长总梗，顶生或腋生。盘缘舌状花，先端截形或微有齿，淡红色或红紫色。花期：秋季。

〔分布〕我国许多地方有栽培。

〔生态习性〕喜温暖、阳光，耐瘠性强。

〔繁殖〕播种或自播。

〔用途〕庭园和大地绿化地被。

84. 箬竹（禾本科竹亚科箬竹属）

〔名称〕通名：箬竹。别名：棕子叶。

拉丁名：*Indocalamus tessellatus*（Munro）Keng f.

英　名：cheguer - shaped Indocalamus

〔形态特征〕（图7-84）地下茎为复轴型，秆低矮，中空极少，箨鞘宿存，无毛，边缘下部具流苏状褐色纤毛，箨舌弧形。枝单生稀或2枝生于每节；叶片披针形，下面散生银色短柔毛，并在沿中脉的一侧有一行毡毛。

〔分布〕长江流域以南地区，栽培甚多。

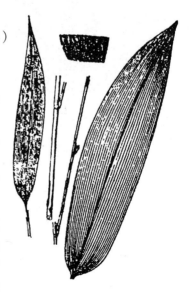

图7-84　箬竹

281

〔生态习性〕喜温暖、阴湿环境，耐荫。

〔繁殖〕分株。

〔用途〕庭园及大地绿化地被。

85. 菲白竹（禾本科竹亚科赤竹属）

〔名称〕通名：菲白竹。

拉丁名：*Pleioblastus angustifolius*（Mitford）Nakai

英　名：Japanese Dwarf Striped Sasa Bamboo

〔形态特征〕（图7-85）地下茎复轴型的低矮竹类，秆每节2至数分枝。叶鞘淡绿色，一侧边缘有明显纤毛；鞘口有数条白色繸毛；叶片狭长披针形，绿色底上有不规则的白色纵条。

〔分布〕原产日本，我国有引种栽培。

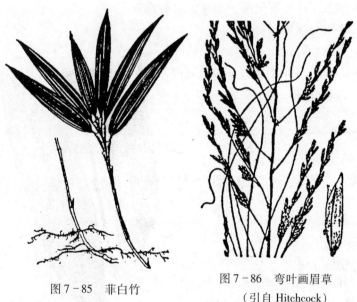

图7-85　菲白竹

图7-86　弯叶画眉草
（引自 Hitchcock）

〔生态习性〕耐荫，浅根性。喜温暖湿润气候。夏季畏炎热与日晒。

〔繁殖〕分株。

〔用途〕庭园地被。

86. 弯叶画眉草（禾本科画眉草属）

〔名称〕通名：弯叶画眉草。

拉丁名：*Eragrostis curvula*（Schrad.）Nees

英　名：Weeping lovegrass

〔形态特征〕（图 7-86）多年生。秆成密丛，高 0.09~1.20m，下部节可生分枝，叶片细长、粗糙，内卷如丝状，长达 0.40m。圆锥花序开展，分枝单生或基部近于轮生。颖质薄披针形，先端渐尖，第一颖长约 1.5mm，第二颖长约 2.5mm；第一外稃长 2.5mm，内稃与外稃近等长。染色体数目变化较大，通常 2n=20~80，或 2n=42 或 63。

〔分布〕原产非洲。最先由华东农业科学研究所（南京，今江苏省农科院前身）引入栽培，现种植甚广。

〔生态习性〕喜阳、耐高温，较耐干旱或阴湿。

〔繁殖〕播种或分株。

〔用途〕庭园绿化或斜坡地被。

87. 知风草（禾本科画眉草属）

〔名称〕通名：知风草。

拉丁名：*Eragrostis ferruginea*（Thunb.）Beauv.

英　名：Korean lovegrass

〔形态特征〕（图 7-87）多年生草丛型草木。叶鞘强压扁，叶片条形。圆锥花序开展，基部常包于鞘内，分枝及小穗柄有腺体；小穗带紫黑色。

〔分布〕东北、华北以南各省市区。

〔生态习性〕喜温暖，耐高温、干旱，适应性和抗逆性强。

〔繁殖〕播种或分株。

〔用途〕大地绿化，防治侵蚀和荒漠地被。

图 7-87　知风草

88. 牛鞭草（禾本科牛鞭草属）

〔名称〕通名：牛鞭草。别名：马鞭梢（西南地区）。

拉丁名：*Hemarthria altissima* (Poir.) Stapf et C. E. Hubb.

英 名：Tell Hemarthria

〔形态特征〕（图 7 - 88）多年生。秆基部横卧地面，节处着地生根，前梢向上倾斜，长可达 1m。叶片条形，宽 4～6mm。总状花序微扁，纤细，单生秆顶或成束腋生。穗轴不易断落，节间厚。小穗对生于各节，有柄的不孕，无柄的结实。无柄小穗嵌生于穗轴节间与小穗柄愈合而成凹穴中，卵状矩圆形。

〔分布〕长江流域以南许多地方。

〔生态习性〕喜温暖湿润河滩、湿地。与扁穗牛鞭草（*H. compressa* (L. f.) R. Br）的生态习性近似。

〔繁殖〕无性繁殖为主。

〔用途〕大地绿化，治理水污染环境。

89. 荻（禾本科芒属）

〔名称〕通名：荻。

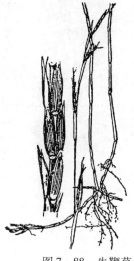

图 7 - 88 牛鞭草

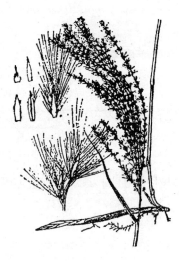

图 7 - 89 荻

拉丁名：*Miscanthus sacchariflorus*（Maxim.）Benth. et Hook. f.

英　名：Sweetcaneflower Silvergras

〔形态特征〕（图7-89）多年生。有根茎，叶片条形。圆锥花序扇形，长0.20～0.30m；主轴长不足花序的1/2；总状花序长0.10～0.20m；穗轴不断落，小穗成对生于各节，一柄长，一柄短；基盘的丝状毛长约为小穗的2倍。

〔分布〕东北、华北、西北、华东、西南等地。

〔生态习性〕喜温暖山坡草地和河（湖）岸边湿地。适应性和抗逆性强。

〔繁殖〕分株、断茎繁殖。

〔用途〕护堤岸、固沙、坡地地被。

90. 丛毛羊胡子草（莎草科羊胡子草属）

〔名称〕通名：丛毛羊胡子草。

拉丁名：*Eriophorum comosum* Nees

英　名：Tuftedhair cottonsedge

〔形态特征〕（图7-90）多年生草本。根状茎粗短，秆密丛生，基部具宿存的黑褐色叶鞘。叶茎生，无秆生叶，叶条形内卷。聚伞花序伞房形，有多数小穗。小穗单生或2～5个簇生。小坚果狭矩圆形扁三棱，顶端有喙。

〔分布〕西南及华中、甘肃部分地区。

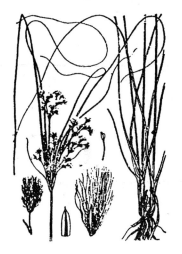

图7-90　丛毛羊胡子草

〔生态习性〕适应性、抗逆性强，常丛生于岩壁缝间。

〔繁殖〕播种、分株。

〔用途〕庭园、大地绿化地被。

91. 山稗子（莎草科薹草属）

〔名称〕通名：山稗子。别名：浆果薹草。

拉丁名：*Carex baccans* Ness

〔形态特征〕（图 7 - 91）多年生草本。根状茎粗壮，丛生，秆三棱柱形，基部具红褐色呈纤维状分裂的叶鞘。叶条形，革质。圆锥花序复出，侧生枝圆锥花序。小穗极多数，全部从囊状的囊内不具花的枝先出叶中生出。圆柱形，褐红色。果囊倒卵形，呈浆果状，血红色。

〔分布〕西南、华南地区。

〔生态习性〕喜温暖气候，稍耐荫。

〔繁殖〕播种。

〔用途〕庭园和大地绿化地被。

92. 野灯心草（灯心草科灯心草属）

〔名称〕通名：野灯心草。

拉丁名：*Juncus setchuensis* Buchrn.

英　名：Devil's Rush

〔形态特征〕（图 7 - 92）多年生草本。根茎横走，茎簇生，芽苞叶鞘或鳞片状，下部常红褐色或暗褐色，茎细弱。花被片卵状披

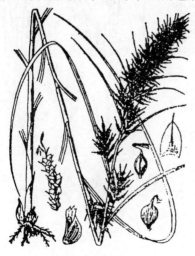

图 7 - 91　山稗子

图 7 - 92　野灯心草

286

针形等长。

〔分布〕长江流域中下游水边湿地。

〔生态习性〕喜温暖湿地环境。

〔繁殖〕分株、播种。

〔用途〕大地绿化，治理水污染环境。

93. 铃兰（百合科铃兰属）

〔名称〕通名：铃兰。别名：草玉铃、君影草。

拉丁名：*Convallaria majalis* L.

英　名：Lily‐of‐the valley

〔形态特征〕（图7‐93）多年生草本。根茎匍匐生长。叶通常2枚，椭圆形或椭圆披针形。叶柄长，呈鞘状互相抱着。花葶高150～300mm。总状花序较稀疏，花梗下弯，花白色钟形，浆果球形，熟后红色。

〔分布〕我国分布很广，生于阴坡潮湿地，溪、沟边。

〔生态习性〕耐寒和阴湿环境，忌炎热高温。

〔繁殖〕分株或断茎繁殖。

〔用途〕庭园地被。

94. 萱草（百合科萱草属）

〔名称〕通名：萱草。别名：黄花菜。

拉丁名：*Hemerocallis fulva* L.

英　名：Orange Day lily

〔形态特征〕（图7‐94）多年生作一年生栽培。具短根茎和肉质肥大纺锤状块银。叶基生条形似禾草。花大，黄色、橘黄色。圆锥花序，蒴果。

〔分布〕我国分布很广。

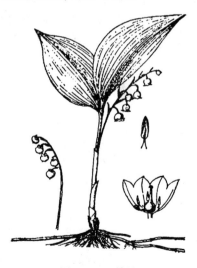

图7‐93　铃兰

〔生态习性〕喜温暖、耐干旱。

〔繁殖〕播种或分株。

〔用途〕庭园或大地绿化地被。

95. 玉簪（百合科玉簪属）

〔名称〕通名：玉簪。别名：玉春棒、白鹤花。

拉丁名：*Hosta plantaginea* (Lam.) Aschers.

英　名：Plantain lily

〔形态特征〕（图7-95）多年生草本。具粗壮根状茎。叶宽大，有长柄，心状卵形至倒状矩圆形。花葶于夏秋两季从叶丛中抽出。总状花序，花被片下部合生成筒。蒴果圆柱形。

〔分布〕我国分布较广。变种和品种甚多。

〔生态习性〕生于阴湿地。喜温暖，耐荫性强。

〔繁殖〕分株或播种。

〔用途〕庭园地被。

96. 土麦冬（百合科土麦冬属）

〔名称〕通名：土麦冬。别名：山麦冬。

拉丁名：*Liriope spicata* (Thunb.) Lour.

图7-94　萱草

图7-95　玉簪

〔形态特征〕（图7-96）多年生。根近末端处常膨大呈矩圆形或纺锤形的肉质小块银。根茎短，木质。茎短丛生，禾叶状。花葶通常长于或等于叶。总状花序，花常簇生于苞片腋内。淡紫色或淡蓝色。

〔分布〕我国分布广，生于山谷、林地、路旁、湿地。

〔生态习性〕喜阴湿，忌阳光直射，适应性、抗逆性均强。本属阔叶山麦冬（*L. platyphylla* Wang et Tang），适应性稍差。

〔繁殖〕分株为主繁殖。

〔用途〕庭园和大面积地被。

97. 麦冬（百合科沿阶草属）

〔名称〕通名：麦冬。别名：沿阶草、麦门冬。

拉丁名：*Ophiopogon japonica*（L. f.）Ker-Gawl.

英　名：Dwarf Lily Turf

〔形态特征〕（图7-97）根较粗，常膨大成椭圆形或纺锤形小块根。根茎细长，茎短，叶基生成密丛，禾叶状。总状花序，花在苞叶腋，多短于叶片。花白色或淡紫色。种子球形。

图7-96　土麦冬

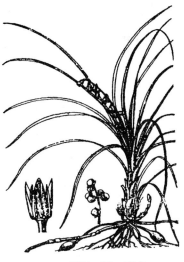

图7-97　麦冬

〔分布〕除华北、东北、西北外，多数地方有分布。

〔生态习性〕喜半荫较耐寒，宜湿润环境。

〔繁殖〕分株或切断根茎栽培，也可播种。

〔用途〕庭园和大面积地被。

98. 吉祥草（百合科吉祥草属）

〔名称〕通名：吉祥草。别名：观音草、松寿草、玉带草。

拉丁名：*Reineckea carnea*（Andr.）Kunth

英　名：Pink Reineckea

〔形态特征〕（图7-98）根茎在地下或地表匍匐生长，叶3～8枚簇生于根茎顶端，条形或披针形。花葶短于叶。穗状花序，苞片卵状三角形，淡褐色或带紫色，花粉红色。浆果球形。

〔分布〕西南、华中、华南、华东和陕西等地。

〔生态习性〕生于阴湿山地、山谷密林。喜温暖、阴湿环境，较耐寒。

〔繁殖〕分株。

〔用途〕庭园和大面积地被。可作乔灌木林下地被。

图7-98　吉祥草

99. 葱兰（石蒜科菖蒲莲属）

〔名称〕通名：葱兰。别名：玉帘、菖蒲莲。

拉丁名：*Zephyranthes candida* Herb.

英　名：Autumn Zephyr-lily

〔形态特征〕（图7-99）鳞茎，有明显的颈部，叶条形，与花同时抽出。花单生花葶顶端，苞片佛焰苞状，花白并带淡红色，7～10月开放，蒴果近圆形。

〔分布〕原产南美洲，我国多有引种栽培。

〔生态习性〕喜温暖、湿润环境，不耐寒。

〔繁殖〕分株或播种。

〔用途〕庭园地被，花境或草坪点缀地被。

100. 蝴蝶花（鸢尾科鸢尾属）

〔名称〕通名：蝴蝶花。别名：扁竹根。

拉丁名：*Iris japonica* Thunb.

英　名：Fringed Iris

〔形态特征〕（图7-100）根茎细弱，入地浅，横生，叶剑形，上面绿色有光泽，下面暗绿色。花葶高于叶，具条棱，大多数顶生，长而稀疏的总状花序，苞片披针形，花淡紫或淡蓝色。蒴果，种子圆球形。

〔分布〕许多省区有分布栽培。

〔生态习性〕喜阴湿环境，本属有许多种可作庭园地被。

〔繁殖〕分株或播种。

〔用途〕庭园或大地绿化地被。

图7-99　葱兰

图7-100　蝴蝶花

291

植物名称（中文名称）索引

植物名称（拉丁名）索引

参 考 文 献

1. ［明］计成．园冶［M］．北京：城市建筑工程出版社，1957 年重印．

2. 司马长卿．上林赋．昭明文选．世界书局卷八，第 106－113 页，1935.

3. 陈植．陈植造园文集［M］．北京：中国建筑工业出版社，1988.

4. 夏纬瑛．"周礼"书中有关农业条文的解释．北京：农业出版社，1979.

5. 陈从周．说园［M］．上海：同济大学出版社，1984.

6. 童隽．造园史纲［M］．北京：中国建筑工业出版社，1983.

7. 钱学森．园林艺术是我国创立的独特艺术部门［J］．城市规则，1984，1：23－25.

8. 耿以礼主编．中国主要植物图说（禾本科）［M］．北京：科学出版社，1959.

9. 吴征镒主编．中国植被［M］．北京：科学出版社，1981.

10. 中国科学院植物所．中国高等植物图鉴（1－5 册）［M］．北京：科学出版社，1981.

11. 耿伯介等．中国植物志 9 卷 1 分册［M］．北京：科学出版社，1996.

12. 陈守良等．中国植物志 10 卷 1 分册［M］．北京：科学出版社，1990.

13. 李杨汉．禾本科作物的形态与解剖［M］．上海：上海科学技术出版社，1979.

14. 胡中华．草地［M］．上海：上海科学技术出版社，1959.

15. 胡叔良等．草坪学及应用技术［M］．台北：地景出版部，1991.

16. 周寿荣主编．草坪地被与人类环境［M］．成都：四川科学技术出版社，1996.

17. 谭继清，谭志坚．新编中国草坪与地被［M］．重庆：重庆出版社，2000.

18. 蔡福贵．地被植物（上）（下）［M］．台北：地景出版社，1993.

19. 赵洪璋等．作物育种学［M］．北京：农业出版社，1979.

20. 沈德绪等．园艺植物遗传学［M］．北京：农业出版社，1985.

21. 南京农学院主编．普通植物病理学［M］．北京：农业出版社，1979.

22. 北京农业大学主编．农业植物病理学［M］．北京：农业出版社，1982.

23. 王焕民等．新编农药手册［M］．北京：农业出版社，1989.

24. 翁仁宪等. 台湾本地草坪草之研究与利用［M］. 台湾杂草学会会刊 17：2，79 – 88，1996.

25. 赵士洞译. 俞德浚，耿伯介校. 国际植物命名法规［M］. 北京：科学出版社，1984.

26. 袁以苇等译. 国际栽培植物命名法规（1980）. 南京中山植物园研究论文集 159 – 174，1987.

27. 徐礼根、谭志坚、谭继清. 美国结缕草品种来源和应用区域. 国艺学报，2004，31（1）：124 ~ 129.

28. Wilson, E. H. et al., CHINA – MOTHER OF GARDENS, The Stratford Co. Boston, Mass. USA. 1929.

29. Hedley Donovan, LAWNS AND GROUND COVERS, Alexansria, Virginia, 1979.

30. Susan Chamberlin, LAWNS AND GROUND COVERS, HPBOOK USA. 1982.

31. Jack E. Ingels, THE LANDSCAPE BOOK, Van Nostrand Reinhold Company, New York, 1983.

32. Cunningghan, Isabel Shipley, Frank N. Meyer, plant hunter in Asia. The Iowa State University Press, Ames, Iowa, 1984.

33. Richard W. Smiley, Compendium of Turfgrass Diseases APS PRESS, USA. 1992.

34. Hanson A A, Juska F V, Burton G W. Turfgrass Science. Agronomy Amer. Soc. Agron., 1974, 14：370 ~ 409.

35. 江原 薫. 芝草と芝地，养贤堂，1976.

36. 竹松哲夫、竹内安智. 芝草除草の基础と応用. 博友社，1991.

37. 竹内安智. 沟叶结缕草他感作用的可能性. 芝草研究 26：1，25 – 33，1997.

致　谢

中国城市园林绿化和大地绿化，特别是草坪地被，近些年来得到了很大的发展。本书的出版要感谢中国草地学会草坪学术委员会黄雅文高级工程师，重庆刘清益、周晓星、李德汇等同志，青岛刘维章同志，南京中山植物园草坪课题组的同志，浙江大学生命科学学院徐礼根同志等。此外，要感谢前中国农业科学院西南农业研究所的同事们，特别要感谢奉中央指示探索中国农业现代化和农业科学技术现代化发展之路的赵利群老所长，感谢黎渔农、耿伯介、胡叔良、李扬汉等教授的多年指导与帮助。本书第一版和第二版的出版得到了中国建筑工业出版社的鼎力支持，正是他们的慧眼和对书稿的精细雕琢以及校正文字，才使得本书成为国内外读者们喜爱的读物。

谭继清　谨启
2013 年春节于重庆